LEGO® bauen

Unzählige Dinge warten darauf, dass du sie baust!

LEGO® BAUEN

Das »inoffizielle« Handbuch

Allan Bedford

dpunkt.verlag

Übersetzung: Volkmar Gronau, Flensburg
Satz: G&U Language & Publishing Services GmbH, *www.gundu.com*
Copy-Editing: Alexander Reischert, Köln
Lektorat: Dr. Michael Barabas
Herstellung: Friederike Diefenbacher-Keita
Umschlaggestaltung: Helmut Kraus, *www.exclam.de*
Druck und Bindung: Himmer AG, Augsburg

Bibliografische Information der Deutschen Nationalbibliothek
Die Deutsche Nationalbibliothek verzeichnet diese Publikation in der Deutschen Nationalbibliografie; detaillierte bibliografische Daten sind im Internet über *http://dnb.d-nb.de* abrufbar.

ISBN 978-3-86490-083-9

Deutsche Ausgabe der amerikanischen Auflage 2013

Wieblinger Weg 17
69123 Heidelberg

Title of American original: The Unofficial LEGO® Builder's Guide.
No Starch Press, Inc., San Francisco • *www.nostarch.com*
ISBN: 978-1-59327-441-2

5 4 3 2 1 0

Für meine Mutter, meinen Vater und meine Schwester.
Danke für eure großartige und standhafte Liebe und Unterstützung.
Ohne euch hätte es dieses Buch nie gegeben.

Der Autor

Allan Bedford ist schon sein ganzes Leben lang ein LEGO-Fan und -Bastler. Sein ehrgeizigstes Werk ist eine Nachbildung des berühmten CN Towers in Toronto aus 5000 Teilen. Als begeisterter Fotograf verbringt Bedford seine Zeit damit, die Straßen und Einwohner seiner Wahlheimat Toronto zu dokumentieren.

Der Illustrator

Eric »Blakbird« Albrecht ist Luftfahrtingenieur im Nordwesten der USA. Er betreibt die weltbekannte Technicopedia (*http://www.technicopedia.com/*) und ist ein begeisterter Anwender der LEGO CAD-Tools, mit denen er mehr als 1000 fotorealistische Zeichnungen offizieller Modelle und Eigenkreationen (MOCs) erstellt hat. Außerdem hat er Dutzende von Bauanleitungen für einige der weltbesten Technic-MOCs (mit durchschnittlich je 1500 Bauteilen) geschrieben.

Inhalt

Inhaltsverzeichnis

2

3

6

7

8

9

10

A

B

Danksagung

Als Erstes gebührt allen Lesern und Fans der ersten Ausgabe dieses Buches großer Dank. Ich habe Berichte gehört und E-Mails gelesen, aus denen deutlich hervorgeht, wie sehr ihr dieses Buch schätzt. Und weil das so war, habt ihr Mundpropaganda betrieben, euren Freunden und Verwandten davon erzählt, bei eurem Buchhändler nachgefragt und das Buch verschenkt. Ihr alle seid wahre LEGO-Baumeister, und ohne euch wäre dieses Buch nicht so erfolgreich geworden. Vielen Dank!

Als Nächstes möchte ich den Mitarbeitern von No Starch Press, wo die Originalausgabe erschienen ist, dafür danken, wie sehr sie mich und dieses Buch über die Jahre hinweg unterstützt haben. Danke, Serena Yang, für all die harte Arbeit, die du aufgewandt hast, um diese Neufassung zustande zu bringen und endlich Farbe in das Buch zu bekommen. Danke auch dafür, dass du mich dazu gebracht hast, nichts von dem zu vergessen, was auf meiner Aufgabenliste stand! Riley Hoffman und Alison Law möchte ich für die Beiträge danken, die sie zu dem neuen Erscheinungsbild und dem neuen Layout geleistet haben, und dafür, dass sie geholfen haben, mit den Hunderten von kleinen Änderungen fertig zu werden. Ein weiteres Dankeschön geht an Bill Pollock, der mich dazu ermuntert hat, diese farbige Runderneuerung von *LEGO bauen* in Angriff zu nehmen, und viele Vorschläge und gute Ratschläge beigesteuert hat. Ebenso möchte ich Karol Jurado für die vielen Stunden harter Arbeit danken, die sie in die erste Ausgabe gesteckt hat. Danke auch an Leigh Poehler dafür, dass du im Laufe der Jahre so viele E-Mail-Anfragen beantwortet hast! Ich schätze es immer sehr, eine ermutigende Antwort zu erhalten.

Auch wenn ich sie bereits in der Widmung angesprochen habe: Diese Danksagung wäre nicht vollständig ohne die erneute Erwähnung meiner Eltern. Es gibt auf der Welt keine größeren Fans von *LEGO bauen*! Dank eurer rastlosen Bemühungen, Freunden und Bekannten nah und fern davon zu erzählen, gibt es jetzt noch viel mehr Fans. Danke, Mom und Dad.

Ein weiteres Dankeschön geht an Patricia Witkin dafür, dass sie so viele Möglichkeiten gefunden hat, dieses Buch Technik- und LEGO-Bloggern vorzustellen, die daraufhin begeisterte Kritiken schrieben. Mit deiner Hilfe ist die Zahl der *LEGO bauen*-Fans noch mehr gestiegen!

Dank an Joe Meno für die fortgesetzte Unterstützung durch dich persönlich und durch *BrickJournal*. Außerdem muss ich Joe sowie John Fiala und Frédéric Siva für die Zeit und Kraft danken, die sie in die Lektüre und Korrektur der ersten Ausgabe gesteckt haben. Ich weiß eure ehrlichen und aufschlussreichen Rückmeldungen sehr zu schätzen.

Du hast sicher gemerkt, dass *LEGO bauen* jetzt endlich in Farbe vorliegt. Ein ganz besonderes Dankeschön geht an Eric Albrecht, der mehrere Monate lang mit mir zusammengearbeitet hat, um Hunderte von Computergrafiken für die Abbildungen in diesem Buch neu zu rendern. Du hast großartige Arbeit geleistet, Eric – vielen Dank!

Ein Dankeschön verdienen auch die Softwareentwickler und Autoren der Teilebibliotheken für das »virtuelle Bauen« mit LEGO-Steinen. Viele der Bilder in diesem Buch haben wir mit euren Programmen erstellt, und ohne sie wäre dieses Buch nicht halb so aufregend geworden. Alle Leser, die selbst virtuelle LEGO-Modelle erstellen möchten, sollten sich auf jeden Fall auf *http://ldraw.org/* umsehen.

Und an die Clique von Hipstamatic gerichtet: vielen Dank für eure Liebe und Unterstützung!

Was kann ich Jacki sagen? Danke dafür, dass du Jacki bist! Ich bin sehr dankbar für unsere Freundschaft. Danke für dein Vertrauen und deine fotografische Inspiration.

Megan, danke für deine künstlerische Saite, deine starke Schulter und dein ständiges Nachhaken.

Ein Dankeschön geht an Dana für fortgesetzte Geduld, Anleitung und Kameradschaft trotz beispielloser Veränderungen.

Lisa, ich bin so froh, dass wir jetzt als ältere, echtere Versionen unserer selbst zu einer unglaublichen neuen Freundschaft gefunden haben.

Einleitung

LEGO-Steine begeistern schon seit Jahrzehnten Bastler aller Altersgruppen. Es gibt viele Möglichkeiten, um LEGO-Elemente miteinander zu verbinden, und Millionen verschiedener Dinge, die sich damit bauen lassen. Für viele sind diese unzähligen Möglichkeiten geradezu überwältigend. Oft stellen sie sich die Frage: »Wie fange ich an?«

Diese Frage hoffe ich mit diesem Buch beantworten zu können. *LEGO bauen* beginnt ganz am Anfang und setzt keinerlei Vorkenntnisse voraus.

In **Kapitel 1** erfährst du, was LEGO-Elemente sind, in welche Gruppen sie fallen und was verhindert, dass die Teile, die du zusammensteckst, wieder auseinanderbrechen.

Kapitel 2 baut auf diesen elementaren Kenntnissen auf und stellt die wesentlichen Bautechniken vor. Grundlegende Konstruktionsprinzipien (etwa wie man eine Säule aus gestapelten Steinen sichert) werden erklärt und illustriert, um dir das Rüstzeug für die folgenden Beispiele zu geben.

In **Kapitel 3** lernst du das Bauen nach einem Maßstab und erfährst, wie du einen Bahnhof im richtigen Größenverhältnis für Minifiguren konstruierst.

Den etwas größeren Miniland-Maßstab, der auch für die Ausstellungen in den Legoland-Freizeitparks verwendet wird, lernst du in **Kapitel 4** kennen.

Um großmaßstäbliches Bauen geht es in **Kapitel 5**. Hier erfährst du, wie du Jumboversionen von LEGO-Elementen konstruierst.

In **Kapitel 6** drehen wir das Prinzip wieder um und bauen winzige Modelle im Mikromaßstab, für die nur ein Minimum an Teilen erforderlich ist.

Hast du dich jemals gefragt, wie du mit LEGO-Steinen eine Kugel formen kannst? **Kapitel 7** beschreibt »Bildhauerei« mit LEGO-Steinen und enthält auch die schrittweise Bauanleitung für eine Kugel aus nur 220 Standardelementen!

Mosaike sind das Thema von **Kapitel 8**. Hier erfährst du, wie du wunderschöne Muster legen, aber auch Fotos mithilfe von regulären LEGO-Elementen nachbilden kannst.

In **Kapitel 9** bekommst du deine Ausbildung zum Modelldesigner! Ich führe den ganzen Designvorgang vor, angefangen von der Motivwahl bis zur Konstruktion eines kompletten Prototyps. Dazu gibt es die vollständige Bauanleitung für einen Space Shuttle.

Kapitel 10 zeigt, wie du Bauanleitungen für deine eigenen LEGO-Modelle erstellen und weitergeben kannst. Ein weiteres Thema ist die Gestaltung von Spielfeldern und -figuren für Brettspiele mithilfe von LEGO-Elementen.

Die Brickopedia (**Anhang A**) ist ein illustriertes Nachschlagewerk für die gebräuchlichsten und vielseitigsten LEGO-Elemente. Darin sind zwar nicht sämtliche jemals produzierten Teile verzeichnet, aber die Einträge umfassen doch eine stattliche Sammlung von LEGO-Steinen, -Platten, -Schrägsteinen und sonstigen Elementen, die das LEGO-System ausmachen.

Anhang B stellt Designraster vor. Dabei handelt es sich um eine besondere Form von kariertem Papier, auf dem du deine LEGO-Modelle planen kannst.

Ich hoffe, dass dieses Buch LEGO-Bastlern, die über die Anleitungen in den offiziellen Bausätzen hinausgehen und eigene Modelle entwerfen möchten, gute Dienste leistet. Ob du nun ein Neuling bist oder bereits ein erfahrener Bastler, der sich noch einmal lang vergessene Techniken ins Gedächtnis rufen oder einige neue kennenlernen möchte – in jedem Fall ist dieses Buch die richtige Wahl für dich!

Setz dich also vor einen Haufen LEGO-Steine und fang an zu bauen!

Wenn du Fragen zu den Informationen in diesem Buch hast, kannst du mir gern (in englischer Sprache) eine E-Mail an ***ULBG@apotome.com*** *senden. Ich freu mich auch darauf, von den Modellen zu hören (oder vielleicht sogar Bilder davon zu sehen), die du mit den in diesem Buch beschriebenen Techniken gebaut hast.*

1

Das LEGO-System: Unendliche Möglichkeiten

Für Millionen von Menschen überall auf der Welt sind LEGO-Steine ein Inbegriff von Kreativität. Wie alt wir auch immer sein mögen, so erkennen wir doch jenes Geräusch wieder, das diese Bausteine verursachen, wenn wir in einer Kiste voll von ihnen herumkramen oder in einem Stapel wühlen, der auf dem Fußboden aufgetürmt ist.

Wenn du vor einem Haufen LEGO-Steine sitzt, siehst du etwas, was zugleich außerordentlich komplex als auch außerordentlich einfach ist: nämlich die unterschiedlichen Bestandteile eines *Systems*. Das LEGO-System ist eine Zusammenstellung von einzelnen Teilen, die du zu größeren Objekten und Gruppen von Objekten kombinieren kannst.

In diesem Kapitel lernst du das LEGO-System kennen und erfährst, was es so besonders macht. Ich zeige dir eine Reihe der Bauteile, die das System ausmachen, und ihre Beziehungen zueinander. Außerdem schauen wir uns an, wie Geometrie und Farbe bei der Konstruktion mit LEGO-Steinen ins Spiel kommen.

Das LEGO-System besteht aus einer enormen Menge an verschiedenen Teilen oder *Elementen*. Jeder Baustein ist ein Element, und jedes Element (mit wenigen Ausnahmen) kann auf fast unbegrenzte Weise mit anderen verbunden werden. Aus einer Handvoll Steinen kannst du eine Mauer bauen.

Füge noch einige wenige Teile mehr für ein Dach hinzu, und du hast ein komplettes Haus ... vielleicht auch noch ein Auto sowie eine Auffahrt, um dieses zu parken. Am nächsten Tag kannst du die Teile wieder auseinandernehmen, um damit einen Raumkreuzer zu bauen, die Skulptur einer Katze oder sogar eine mittelalterliche Festung inklusive Rittern. Ist das LEGO-System nicht erstaunlich?

Terminologie der Bausteine

Wenn du dir den Haufen LEGO-Steine genauer ansiehst, wirst du feststellen, dass gar nicht alle dieser »Bausteine« wie solche aussehen. Einige sind abgeschrägt, andere zylindrisch oder kegelförmig, wieder andere sind dünner als der Rest. Um vernünftig bauen zu können, musst du die einzelnen Merkmale der verschiedenen Elemente kennen. In diesem Abschnitt lernst du daher die wichtigsten Eigenschaften der einzelnen Kategorien von LEGO-Steinen kennen.

In der folgenden Aufstellung der verschiedenen Arten von LEGO-Elementen wirst du zweifellos viele wiederfinden, die dir vertraut sind und sich bereits in deiner Sammlung befinden, wahrscheinlich aber auch einige neue kennenlernen. Das gehört zur Faszination des LEGO-Systems dazu. Wenn du neue Kästen kaufst oder gebrauchte Steine auf Flohmärkten oder in Secondhandshops erwirbst, kannst du dabei immer wieder neue Elemente entdecken, mit denen sich weitere Konstruktionsmöglichkeiten eröffnen.

Die Größen der Elemente

Um die verschiedenen Bauteile genau zu bezeichnen, verweise ich jeweils auf ihre Größe und Form. Um das System zu erläutern, beginnen wir mit dem grundlegenden 1 × 1-Stein, den du in Abbildung 1–1 siehst.

Abbildung 1–1: Ein 1 × 1-Stein, stark vergrößert dargestellt

Der 1 × 1-Stein ist der Standard, auf den die Maße aller anderen Bauteile verweisen. Wenn du zwei 1 × 1-Steine nebeneinandersetzt, erhältst du die Maße des nächstgrößeren Standardsteins, nämlich des 1 × 2-Steins (siehe Abbildung 1–2). Ein Element mit derselben Höhe wie der 1 × 1-Stein ist »einen Stein hoch«. Ein Stein mit derselben Höhe wie der 1 × 1-Stein, aber der doppelten Länge, ist ein 1 × 2-Stein.

Abbildung 1–2: Zwei 1 × 1-Steine nebeneinander entsprechen der Größe eines 1 × 2-Steins.

Gewöhnlich wird bei diesen Größenangaben die kürzere Seite eines Steins (die Breite) vor der längeren (der Länge) genannt. Das Element in Abbildung 1–3 wird also als 2 × 4-Stein bezeichnet (da es so breit ist wie zwei 1 × 1-Steine und so lang wie vier davon). Diese Maßangaben werden von allen LEGO-Konstrukteuren verwendet, weshalb ich mich auch in diesem Buch daran halten werde.

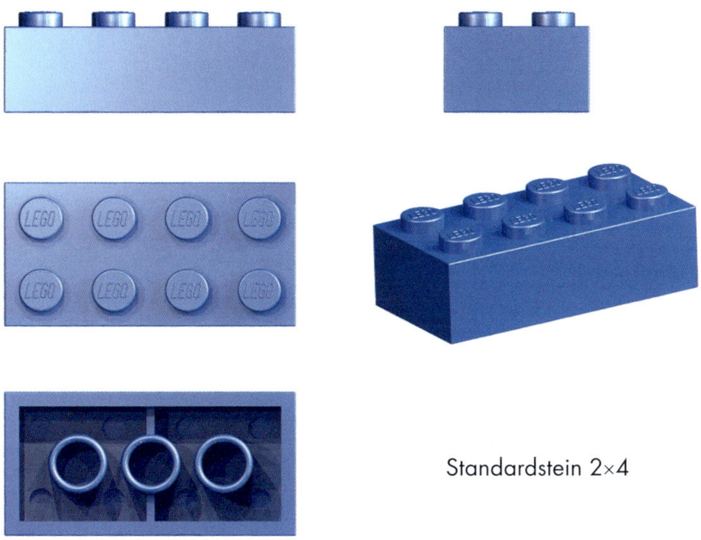

Abbildung 1–3: Aufbau eines 2 × 4-Steins. Wenn du dir den Stein von allen Seiten ansiehst, bekommst du ein Gefühl für seine allgemeine Größe und Form.

Eine weitere wichtige Vereinbarung ist die Verwendung von *n* als Platzhalter für die Länge eines Steins. Wenn ich beispielsweise davon spreche, dass ich die Außenwand eines Gebäudes aus $1 \times n$-Steinen zusammenbaue, dann steht das *n* für die verschiedenen möglichen Steinlängen wie 1×2, 1×4, 1×8 usw. Anstatt alle Größen einzeln anzugeben, verwende ich einfach den Platzhalter *n* für alle verwendbaren Längen.

Die Noppe

Die *Noppe* (in Abbildung 1–4 eingekreist) ist Bestandteil fast aller LEGO-Elemente und dient als Maßeinheit für die Länge und Breite eines Teils. Die Noppen machen das charakteristische Aussehen von LEGO-Elementen aus und sind für das Funktionieren des Systems unverzichtbar.

Abbildung 1–4: Die Noppe ist eines der beiden Bestandteile eines LEGO-Elements, das die Verbindung mit nahezu allen anderen Elementen möglich macht.

Der 1×1-Stein aus Abbildung 1–4 weist eine Noppe auf und ist damit eine Noppe breit und eine Noppe lang. In Abbildung 1–3 dagegen siehst du einen 2×4-Stein: zwei Noppen breit und vier Noppen lang.

Das Röhrchen

Das *Röhrchen* innerhalb des Steins hilft dabei, die Elemente zusammenzuhalten. Mit den Röhrchen werden die Noppen eingeklemmt, um die LEGO-Elemente zu verbinden. Zu sehen sind die Röhrchen an der Unterseite der meisten LEGO-Elemente (siehe Abbildung 1–5).

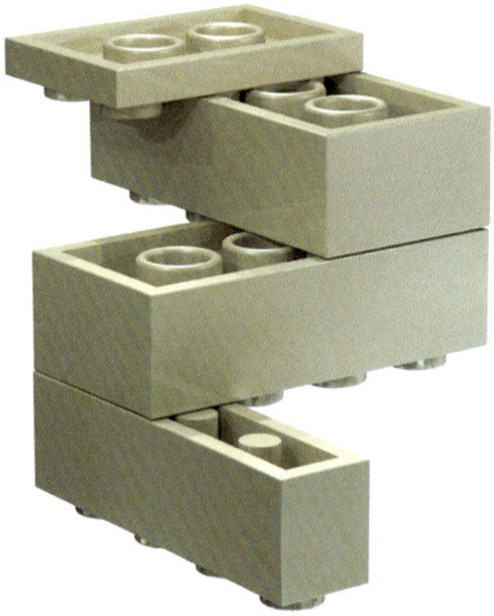

Abbildung 1–5: Die Unterseite der LEGO-Elemente zeigt die zweite geheime Zutat, die die Steine zusammenhält.

In Abbildung 1–5 wird das Zusammenwirken von Röhrchen und Noppen anhand einer einfachen Kombination aus auf dem Kopf stehenden Elementen dargestellt. Die verschiedenen Elemente weisen unterschiedliche Arten von Röhrchen auf. In dem dünnsten Bauteil oben in Abbildung 1–5 sind sie verkürzt, in den 2×4-Steinen darunter länger ausgeführt. Der 1×4-Stein (unten in der Skulptur) weist dünne Stiele statt hohler Rohre auf. Trotz dieser Unterschiede dienen aber alle diese Arten von Röhrchen demselben Zweck: Sie klemmen die Noppen der angeschlossenen Elemente mit gerade der richtigen Kraft ein, um die Steine zusammenzuhalten.

Steine

Im allgemeinen Sprachgebrauch werden zwar alle LEGO-Elemente als »LEGO-Steine« bezeichnet, doch genau genommen gilt die Bezeichnung »Stein« nur für einen bestimmten Typ. Ein *Stein* im engeren Sinne ist ein LEGO-Element, das die Höhe des 1×1-Standardelements aufweist – wie die in Abbildung 1–6. Steine haben gerade Seiten und eine rechteckige Form.

Abbildung 1–6: Verschiedene Größen von Standardsteinen

LEGO-Steine ähneln den Backsteinen zum Hausbau und können unter anderem auch dazu verwendet werden, die Wände von Gebäuden zu konstruieren. Allerdings lassen sich damit auch Fahrzeuge, Städte, Burggräben, Flugzeuge und viele andere Dinge bauen, die sich im wirklichen Leben nicht aus Backsteinen herstellen lassen.

Steine verschiedener Größen verwenden

Der 1×1-Stein wird auf viele verschiedene Weisen verwendet – in Miniland-Figuren (Kapitel 4), in Mosaiken (Kapitel 8), in kleinformatigen Tiermodellen und überall dort, wo feine Details benötigt werden. Dieser Stein ist äußerst flexibel, dennoch werden seine Möglichkeiten oft übersehen. Die

Steine der Größe 1 × 2 und 1 × 3 sind praktisch, um Säulen entweder als echte Tragkonstruktionen oder als dekorative Elemente zu bauen, wie du in Kapitel 2 noch sehen wirst. Die längeren Steine der Kategorie 1 × *n* bilden das Rückgrat für feine Konstruktionsarbeiten mit dem LEGO-System. Es gibt eine große Menge von Anwendungsmöglichkeiten für sie. Unter anderem bilden sie die üblichen Wände für praktisch alle Arten von kleinen Gebäuden, da ihre Dicke die Größenverhältnisse vieler Wände in »echten« Bauwerken auf annehmbare Weise widerspiegelt.

Bei den breiteren Bausteinen sticht einer aus allen anderen heraus: Für viele Konstrukteure bildet der 2 × 4-Stein das Musterbild eines LEGO-Steins. Dieses Element findest du in Modellen jeder Größe und Art. Für viele Projekte stellen sie das Grundmaterial dar, zu dem andere Elemente hinzugefügt werden. Dies sind die wahren »Bausteine« des LEGO-Systems.

Platten

Auf den ersten Blick mag die gewöhnliche *Platte* (siehe Abbildung 1–7) nicht so nützlich erscheinen wie ihr großer Bruder, der Stein, denn schließlich muss man drei Platten aufeinanderstecken, um die Höhe eines regulären Steins zu erhalten. Aber gerade das ist es, was die Platte zu einem wertvollen Bauelement macht: Da sie nur ein Drittel der Dicke eines ausgewachsenen Steins aufweist, lassen sich damit feine Details und interne Befestigungen konstruieren und realistische maßstabsgerechte Modelle bauen.

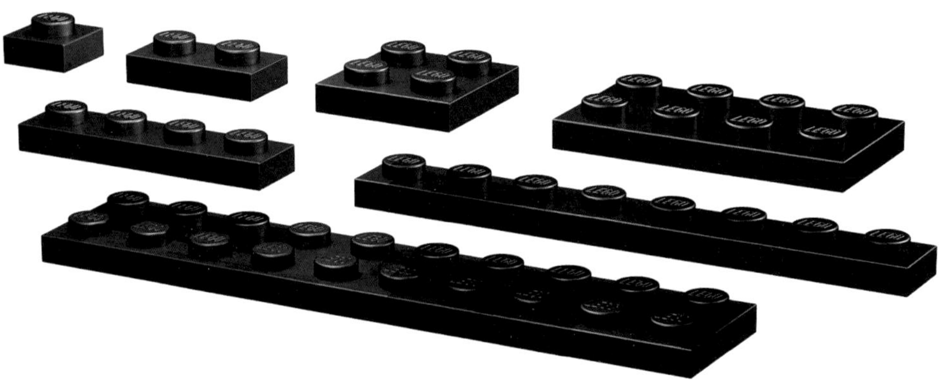

Abbildung 1–7: Verschiedene Größen von Standardplatten

Die Platte ist oft das kleine Teil zur rechten Zeit. Es gibt sie in vielen Breite-Länge-Verhältnissen, in denen auch Steine gefertigt werden: 1 × 1, 1 × 4, 2 × 2, 2 × 4 usw.

Platten verschiedener Größen verwenden

Die 1 × 1-Platte kannst du fast in jedem Modell finden, vom kleinsten Auto über kunstvolle Mosaike (siehe Kapitel 8) bis hin zu riesigen Skulpturen (wie denen in Kapitel 7). Auch 1 × 2- und 1 × 3-Platten werden in einer breiten Palette von Anwendungen und Farben eingesetzt.

Die längeren 1 × *n*-Platten kannst du für verschiedenste Zwecke verwenden, beispielsweise als Rotorblätter für kleinmaßstäbige Hubschraubermodelle oder als bunte Streifen an der Seitenwand von Lokomotiven. Sie bilden auch eine großartige Möglichkeit, um Säulen aus Steinen oder anderen Platten zusammenzuhalten, die du ohne Versatz übereinandergestapelt hast, um ein bestimmtes Muster zu erzielen (siehe Kapitel 2). Ebenso wie die 2 × *n*-Steine die Grundlage der Steinkategorie bilden, so formen die Platten der Größen 2 × 2, 2 × 3 und 2 × 4 das Rückgrat ihrer Klasse, mit deren Hilfe du bei wenig Aufwand viel erreichen kannst.

Schrägsteine

Wenn du tief in deiner LEGO-Sammlung gräbst, wirst du wahrscheinlich irgendwann Elemente zutage fördern, die wie Rampen für winzige Fahrzeuge aussehen. Dies sind so genannte *Schrägsteine*, da wenigstens eine ihrer Seiten abgeschrägt ist (siehe Abbildung 1–8). Dabei gibt es Abschrägungen in verschiedenen Winkeln zwischen 18° und 75°, wobei jedoch Gefälle von 33° und 45° am weitesten verbreitet sind.

Abbildung 1–8: Schrägsteine gibt es in einer Vielzahl von Winkeln und Formen.

Manchmal werden die Schrägsteine auch als *Dachsteine* bezeichnet, allerdings kannst du damit weit mehr tun, als einfach nur einem LEGO-Haus ein Dach aufzusetzen. Mit Schrägsteinen kannst du Modellen den letzten Schliff geben, indem du rechtwinklige Kanten abschrägst, einem Flugzeug

Tragflächen mit abgekantetem Profil gibst, einen Baum halbwegs lebensecht nachformst ... oder eben ein Gebäude mit einem Dach versiehst. Es gibt auch Schrägsteine mit umgekehrter Form, bei denen die Oberseite schmaler ist als die Unterseite, die also das Spiegelbild eines regulären Schrägsteins darstellen (siehe Abbildung 1–9). (Um das auszuprobieren, kannst du deine LEGO-Steine auch auf einen Spiegel setzen. Aber erwarte nicht, dass die Steine dabei selbst bemerken, wie toll sie sind ...)

Abbildung 1–9: Diese beiden Schrägsteine bilden praktisch Spiegelbilder voneinander. Viele Schrägsteine gibt es sowohl in der regulären als auch in der umgekehrten Form.

Sonderelemente

Manche Elemente des LEGO-Systems widersetzen sich einer Klassifizierung, etwa diejenigen aus Abbildung 1–10. Sie sind entweder komplett einmalig oder weichen zumindest so stark von anderen Elementen ab, dass sie eine eigene Kategorie bilden. Viele dieser Teile weisen eine einmalige Form oder eine ungewöhnliche Ausrichtung der Noppen auf. Gewöhnlich bieten Steine dieser Art irgendeine besondere Funktion. Sie sind in vielen gewöhnlichen und besonderen Situationen nützlich.

Bei manchen Klassifizierungssystemen (gewöhnlich in Katalogen für die Suche nach Teilen und den Verkauf) werden Sonderelemente in die bestehenden Standardkategorien eingeordnet, selbst wenn sie nicht genau dort hineinpassen, was es manchmal schwierig macht, diese Teile zu finden. Die »Brückenplatte« ganz links in Abbildung 1–10 wird beispielsweise oft als Platte mit einer einzelnen Noppe in der Mitte beschrieben, manchmal aber auch als *modifizierte Platte* oder *Versatzplatte* bezeichnet. Du könntest sie aber genauso gut als Fliese mit Mittelnoppe bezeichnen, da ihre Oberfläche eher an eine Fliese als an eine Platte erinnert. Ohne eine eigene Kategorie lässt sich dieses Teil nur schlecht klassifizieren.

Abbildung 1–10: Sonderelemente können die verschiedensten Formen und Größen aufweisen.

Bogenelemente

Bogenelemente (siehe Abbildung 1–11) scheinen eine zu besondere Form aufzuweisen, um sie außerhalb von architektonischen Anwendungen einzusetzen, aber du kannst allen Arten von Modellen damit Charakter verleihen und bei ihrer Gestaltung helfen.

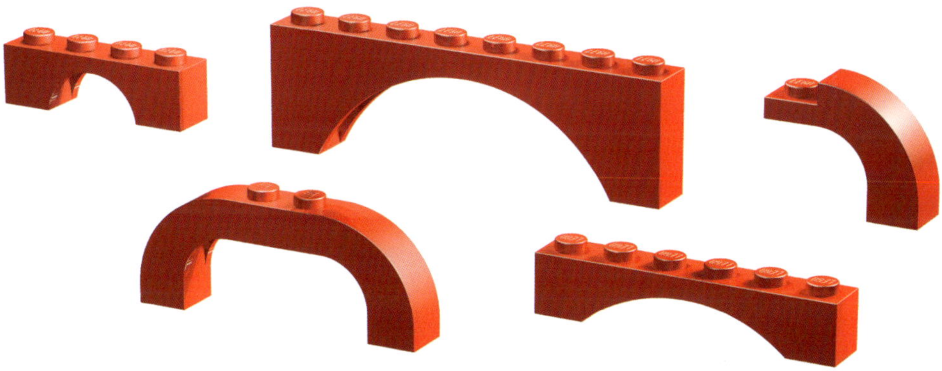

Abbildung 1–11: Die Bögen gehören zu den elegantesten LEGO-Elementen. Es gibt sie in verschiedenen Größen und Formen.

Einen Bogen als Torbogen einzusetzen, ist trivial; der zielgerichtete Einsatz von Bogenelementen der verschiedenen Größen und Formen erfordert etwas mehr Tüftelei. Es ist gewöhnlich am besten, sich unmittelbar von dem Gebäude inspirieren zu lassen, das du nachzubauen versuchst – oder von einer ähnlichen Struktur, wenn du etwas Neues ohne direkte Vorlage konstruierst. Wenn du dir ansiehst, auf wie viele verschiedene Weisen Bögen in Gebäuden eingesetzt werden, stellt sich bald ein ähnliches Gefühl ein wie im Falle jener Denksportaufgaben, bei denen du herausfinden sollst, wie viele Dreiecke durch die Dutzende sich schneidender Linien in einem Bild gebildet werden.

Fliesen und Paneele

Normale *Fliesen* lassen sich leicht erkennen, denn sie sehen aus wie Platten ohne Noppen (siehe Abbildung 1–12). Rundkacheln erwecken den Eindruck von winzigen, glatten Gullydeckeln.

Abbildung 1–12: Fliesen weisen eine dünne Nut an der Unterseite auf, um sie leichter entfernen zu können.

Paneele dagegen gibt es in komplizierteren Formen und mehr Größen (siehe Abbildung 1–13). Sie wirken wie Fliesen, an die im rechten Winkel andere Fliesen angebracht sind, um vertikale Wände zu bilden. Einige Arten von Paneelen verfügen über Noppen.

Abbildung 1–13: Paneele gibt es in vielen verschiedenen Größen und Formen.

Zylinder und Kegel

Zylinderelemente (*Rundsteine*) weisen eine zylindrische Form auf wie eine Konservendose oder eine Trommel (siehe Abbildung 1–14), *Kegel* dagegen erinnern an umgestülpte Eistüten. Es gibt zwar nur wenige Elemente, die in die Kategorie der Zylinder und Kegel fallen, doch was sie an Menge nicht haben, machen sie durch Nützlichkeit wett.

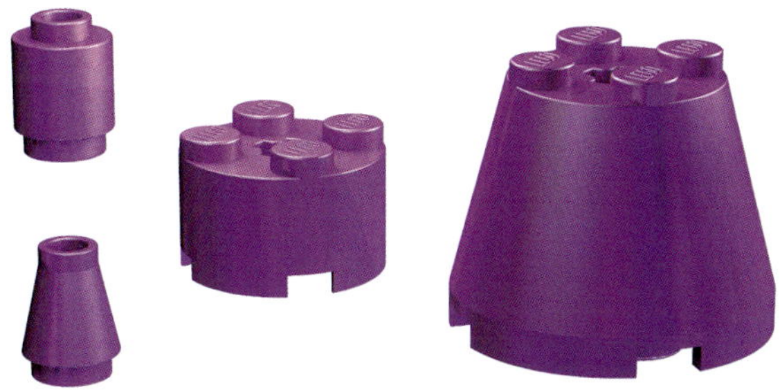

Abbildung 1–14: Die Elemente mit den senkrechten Wänden sind Zylinder, jene mit den abgeschrägten Wänden Kegel.

Von Baumstämmen über Lichtmasten bis zu den Düsen von Wasserkanonen lassen sich Zylinder und Kegel auf vielfältige Weise einsetzen.

Rundplatten

Rundplatten sind einfach nur flache Versionen der bausteinhohen Zylinderelemente. Die einzigen Elemente in dieser kleinen Unterkategorie sind die Rundplatten der Größen 1 × 1, 2 × 2 und 4 × 4 (siehe Abbildung 1–15).

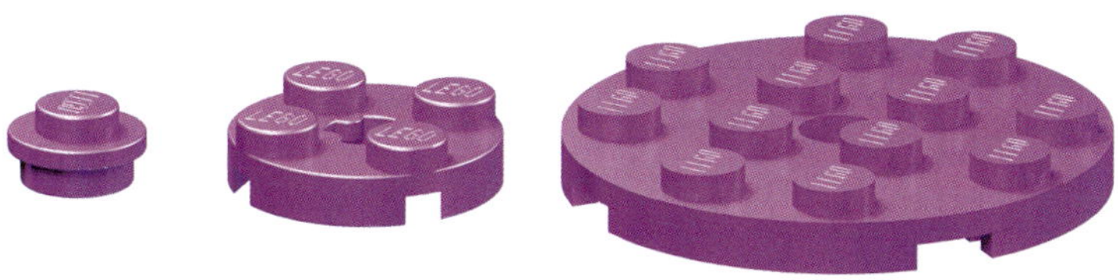

Abbildung 1–15: Die drei einzigen Rundplattenelemente im ganzen System

Grundplatten

Große Standardplatten und kleine Grundplatten lassen sich leicht verwechseln. Wo hören die Standardplatten auf und wo fangen Grundplatten an? Eine *Grundplatte* wollen wir als ein Element definieren, das so hoch wie ein Stein und größer als 8 × 16 Noppen ist *oder* das einen »Waffelboden« aufweist, an dessen Unterseite keine weiteren Steine angeschlossen werden können. Dieser zweite Typ von Grundplatte ist außerdem dünner als eine Standardplatte, wie du in Abbildung 1–16 siehst. Grundplatten gibt es in einfacher Form (ausschließlich mit regulären Noppen auf der Außenseite), aber auch mit einem aufgedruckten Muster (z.B. Straßen).

Grundplatten können als Fundament für Modelle verschiedener Arten dienen, etwa für Gebäude, Maschinen oder Skulpturen. Sie erweisen sich als nützlich für alles, was eine Plattform zur Stabilisierung, für den Transport oder die Präsentation benötigt.

Abbildung 1–16: Der Höhenunterschied zwischen einer Standardplatte der Größe 1 × 1 und einer Grundplatte mit Waffelboden

Dekorative Elemente

Wenn du deinen Modellen ein bisschen Leben einhauchen willst, kommen *dekorative Elemente* ins Spiel – realistisch aussehende Fenster, Türen, Bäume usw. Solche Elemente bilden oftmals eine einteilige Lösung für besondere Konstruktionsprobleme, und wie du in Abbildung 1–17 siehst, können sie die unterschiedlichsten Formen annehmen.

Abbildung 1–17: Zäune, Fenster, Bäume und Flaggen sind nur wenige Beispiele für dekorative Elemente.

Präzision, Geometrie und Farbe

Nachdem du jetzt die grundlegenden LEGO-Begriffe und die wichtigsten Kategorien der Elemente kennst, wollen wir uns ansehen, wie wichtig die Präzision, die Geometrie und die Farben im LEGO-System sind.

Die Bedeutung der Fertigungsgenauigkeit

Beim Bauen mit LEGO-Steinen wird eine wichtige Tatsache sehr schnell deutlich: Alle Elemente sind mit einem hohen Grad an Genauigkeit gefertigt, ähnlich der Präzision bei der Herstellung von Flugzeugteilen. Auf den ersten Blick scheint es nicht viel auszumachen, wenn es beim Zusammenbauen weniger Steine um Abweichungen von der Breite eines Haares kommen könnte. Aber was geschieht, wenn du immer mehr Steine aufeinandersetzt? Wann werden winzige Abweichungen bei der Qualitätskontrolle deutlich?

Abbildung 1–18: Die Auswirkungen eines winzigen Fehlers summieren sich mit den einzelnen Lagen.

Schau dir als Beispiel Abbildung 1–18 an. Stelle dir vor, du baust einen Torbogen. Auf der rechten Seite verwendest du korrekt gefertigte Steine, die alle genau die vorgesehene Höhe aufweisen. Die linke Seite jedoch baust du aus einer Handvoll Steinen zusammen, die nicht dem üblichen Qualitätsstandard genügen, sondern ein klein bisschen niedriger sind – vielleicht nicht mehr als die Dicke eines Bleistiftstrichs. Wie du siehst, reichen wenige Lagen ungenau gefertigter Steine aus, um eine Konstruktion zunichtezumachen. Lassen sich diese beiden nicht zueinander passenden Säulen noch zu einem stabilen Modell verbinden?

Die Höhe ist nur eine der drei Dimensionen, in denen die Elemente zueinanderpassen müssen. Auch Abweichungen bei der Länge oder der Breite werden sehr schnell deutlich, wenn sich ein Stein nicht mehr sicher auf die darunterliegenden drücken lässt. Die Noppen fluchten dann nicht mehr richtig, sodass es praktisch unmöglich wird, auch nur ein Modell bescheidener Größe fertigzustellen.

Mit derselben Sorgfalt geht die LEGO-Gruppe an Aspekte wie die Höhe und Breite der Noppen, die Höhe und Dicke der inneren Röhrchen, der Stärke der Wände von Steinen und Platten usw. heran. Diese Fertigungsgenauigkeit ist ein Markenzeichen des Unternehmens, das diese Steine schon seit Jahrzehnten erfolgreich herstellt.

Kleine Spielereien mit der LEGO-Geometrie

Der 1 × 1-Stein, der als Grundmaß dient, weist einen rechteckigen Querschnitt im Breite-Höhe-Verhältnis von 5:6 auf (siehe Abbildung 1–19).

Dies bedeutet, dass die Höhe von fünf aufeinandergesteckten 1 × 1-Steinen genau der Länge eines 1 × 6-Steins entspricht, wie Abbildung 1–20 zeigt.

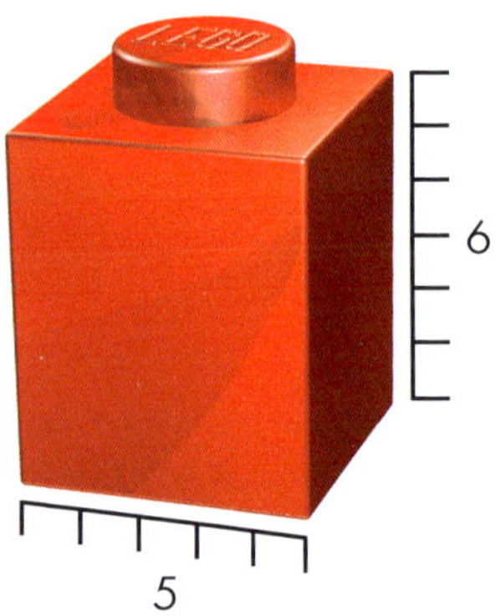

Abbildung 1–19: Das Breite-Höhe-Verhältnis von 5:6 gilt für alle LEGO-Standardsteine.

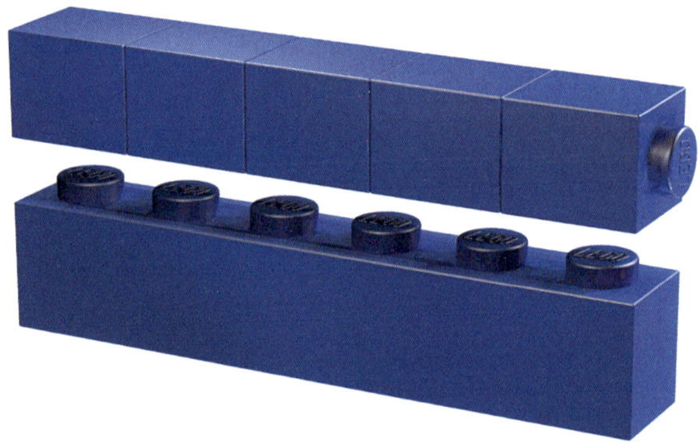

Abbildung 1–20: Das Breite-Höhe-Verhältnis von 5:6 anschaulich gemacht

Warum ist das so? Weil die fünf 1 × 1-Steine je sechs Einheiten hoch sind und jede Noppe eines 1 × 6-Steins fünf Einheiten breit ist. In beiden Fällen ergibt sich ein Maß von 5 × 6 = 30. (Bei der Höhe berücksichtigen wir nur die Wandung des Steins ohne die Noppe.) Wenn wir uns in Kapitel 8 mit Mosaiken beschäftigen, werden wir diese Geometrie noch deutlich in Aktion sehen.

Das System weist noch einige andere interessante geometrische Verhältnisse auf. Beispielsweise haben die Röhrchen an der Unterseite eines Standardsteins die gleichen Abstände wie die Noppen, und auch der Innendurchmesser der Röhrchen entspricht dem Durchmesser einer Noppe. Dadurch ist es möglich, einen Stein oder eine Platte oben auf freiliegende Noppen aufzusetzen (sofern es nicht mehr Noppen als Röhrchen gibt). Dies siehst du in Abbildung 1–21.

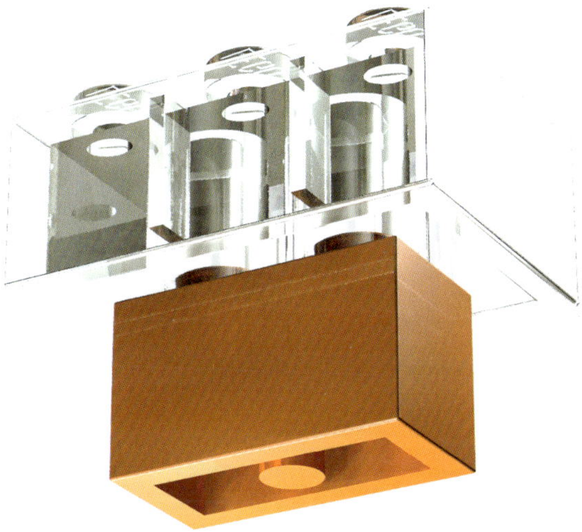

Abbildung 1–21: Röhrchen, direkt auf die Noppen gesetzt, nicht dazwischen …

Das ist neben der Verwendung von Brückenplatten die einzige Möglichkeit, um Elemente um eine halbe Noppenlänge (statt einer ganzen) gegeneinander zu versetzen.

Beachte auch das Höhenverhältnis zwischen einer Standardplatte und einem Standardstein (siehe Abbildung 1–22).

Abbildung 1–22: Drei aufeinandergesteckte Platten ergeben die Höhe eines Standardsteins.

Drei Platten übereinander entsprechen einem Stein. Dies bedeutet, dass du drei aufeinandergesteckte Platten als Ersatz für einen Stein der gleichen Größe verwenden kannst. Damit lassen sich Muster innerhalb von Wänden und anderen Strukturen hervorrufen. Beispielsweise wurden für den weißen Streifen in dem Feuerwehrauto aus Abbildung 1–12 Platten auf verschiedenen Höhen in eine Konstruktion aus anderen Platten und Steinen eingefügt, um die Illusion einer Schräge hervorzurufen.

Abbildung 1–23: Ein Feuerwehrauto mit Streifen aus Platten

Farben

Viele Jahre lang waren LEGO-Steine hauptsächlich in Rot, Gelb und Blau erhältlich. Als 1958 das ursprüngliche Patent für das Grundprinzip angemeldet wurde, gab es nur sieben Farben: Weiß, Schwarz, Rot, Blau, Gelb, Grün und Transparent. Heute treten die Steine in vielen weiteren Farben auf, z.B. in Moosgrün, Braun, Hellblau, Dunkelgrau, Orange und Rosa!

Angesichts der ursprünglichen Farbeinschränkungen improvisierten einige Konstrukteure, um mit den vorhandenen Farben neue hervorzurufen. Der Trick bestand darin, mehrere Farben nebeneinander zu verwenden, um eine Art von Mischung zu erreichen. Beispielsweise erscheint ein weißer Stein eher hellgrau, wenn er neben einem schwarzen Element steht (siehe Abbildung 1–24). Ein gelber Stein neben einem roten nimmt eine leicht orangefarbene Tönung an (siehe Abbildung 1–25).

Abbildung 1–24: Neben dunkelgrauen oder schwarzen Steinen erscheinen weiße Steine hellgrau. Mit dieser Technik kannst du auch grelle Farben dämpfen.

Abbildung 1–25: Wenn du in einem Modell gelbe Steine neben roten verbaust, kannst du eine Andeutung von Orange hervorrufen.

Durch die Auswahl der Farben in deinen Modellen kannst du für ein realistisches Aussehen, für Einzigartigkeit und sogar Humor sorgen. Ein Feuerwehrauto in Rot wirkt sicherlich lebensnäher als eines aus blauen oder grauen Steinen. Ein Schneemannmodell sieht mehr nach Schneemann aus, wenn du die vertraute weiße Farbpalette wählst. (Natürlich kannst du auch ein paar rote Hörner hinzufügen, um die Sache etwas lustiger oder boshafter zu machen.) Ein Vergnügungspark sieht spannender und fröhlicher aus, wenn du viele Farben in verspielten Mustern verwendest. Farben sind für fast alles, was du baust, von großer Bedeutung.

Nicht genügend Steine der richtigen Farbe?

Ein Problem, mit dem sich vor allem junge Konstrukteure häufig konfrontiert sehen, besteht darin, dass sie nicht genügend Steine einer bestimmten Farbe haben, um einem Modell ein einheitliches Erscheinungsbild zu geben. Das ist ärgerlich, soll dich aber nicht daran hindern, anspruchsvolle Modelle zu konstruieren.

Es gibt zwei Möglichkeiten, um die vorhandenen Steine unabhängig von ihrer Farbe bestmöglich zu nutzen, ohne ein Vermögen für die Erweiterung der Sammlung ausgeben zu müssen:

- Passe die Modelle an die Farben an, die du hast. Wenn du kleinere Modelle baust, kannst du darin bei einer oder zwei Farben bleiben.
- Verwende mehrere Farben als Gestaltungselement, um deine Sammlung bestmöglich zu nutzen. Viele Fahrzeuge, Gebäude, Tiere und andere Objekte in der Realität sind mehrfarbig oder können in verschiedenen Farben nachgebaut werden.

Auch in den offiziellen LEGO-Kästen werden mit einer eingeschränkten Farbpalette großartige Wirkungen erzielt. Manche enthalten nur wenige Farben und bilden gute Lehrstücke, um sich anzusehen, wie man wirkungsvoll mit wenigen Farben umgeht. Außerdem bilden sie eine gute Ergänzung, um deine Sammlung um zwei oder drei Farben zu erweitern. Hast du Bausätze mit vielen roten und weißen Steinen? Abgesehen von den Modellen, die in der Bauanleitung vorgestellt werden, kannst du damit auch Zuckerstangen konstruieren oder einen kleinen Leuchtturm mit der entsprechenden Farbpalette (siehe die Abbildungen 1–26 und 1–27).

Abbildung 1–26: Wenn du nur über Steine in wenigen Farben verfügst, musst du das, was du hast, bestmöglich einsetzen.

Abbildung 1–27: Die Streifen dieses Leuchtturms wurden durch sorgfältige Platzierung von roten und weißen Steinen hervorgerufen. Versuche dieses Modell aus weißen und roten Elementen sowie aus braunen oder dunkelgrauen für das Fundament nachzubauen!

HINWEIS

Um deine Sammlung um Teile einer bestimmten Farbe zu erweitern, kann es sinnvoll sein, mehrere Exemplare eines bestimmten Kastens hinzuzufügen, vor allem wenn du diesen als Sonderangebot erhalten kannst.

Rückblick: Das LEGO-System

In diesem Kapitel hast du noch nicht allzu viel über das Bauen mit LEGO-Elementen gelernt, aber dazu wirst du im Folgenden noch viel erfahren. Allerdings kennst du jetzt die Grundprinzipien und die Terminologie des LEGO-Systems. Und auf dieses Wissen wirst du in den folgenden Kapiteln zurückgreifen, in denen es um die eigentlichen Konstruktionstechniken und Baumöglichkeiten geht. Die Steine und Platten unterscheiden zu können, ist nämlich von grundlegender Bedeutung für alles, womit du dich im Rest dieses Buches beschäftigen wirst – ob es nun darum geht, einen Bahnhof im richtigen Maßstab für eine Minifigur zu bauen, eine Kugel oder sogar eine Miniaturraumfähre.

2

Zurück zu den Grundlagen: Tricks und Techniken

Wie alt du auch immer werden magst, eines ändert sich nie: Sobald du einen Haufen LEGO-Steine vor dir siehst, hast du das Bedürfnis, sie miteinander zu verbinden. LEGO-Steine gehören einfach zusammen.

Was aber ist die beste Möglichkeit, um die Steine zu verbinden? Das hängt natürlich davon ab, was du gerade baust. Die offizielle LEGO-Literatur beschreibt die vielen Möglichkeiten dazu. Beispielsweise heißt es dort, dass du sechs 2×4-Steine in 102.981.500 verschiedenen Mustern miteinander kombinieren kannst. (Irgendjemand in der LEGO-Gruppe muss sich hervorragend in Geometrie und Mathematik auskennen ... oder hat einfach viel zu viel Zeit!) Abbildung 2–1 zeigt nur drei der Millionen von Möglichkeiten. Um dir alle vorführen zu können, bräuchte ich ziemliche viele Seiten.

Abbildung 2–1: 2 × 4-Steine lassen sich auf viele Weisen miteinander kombinieren.

Entscheidungen ohne Ende: Die besten Möglichkeiten zur Verbindung von Bausteinen

Viel wichtiger als die *Anzahl* der Kombinationsmöglichkeiten sind die Prinzipien der Verbindung, also die Frage, *wie* du die Bauteile aneinander anschließt.

Beispielsweise kannst du zwei 2 × 4-Steine grundsätzlich auf drei verschiedene Weisen miteinander verbinden, die du in Abbildung 2–2 bis 2–4 siehst: Sie lassen sich stapeln, überlappen und versetzt kombinieren.

Abbildung 2–2: Gestapelt

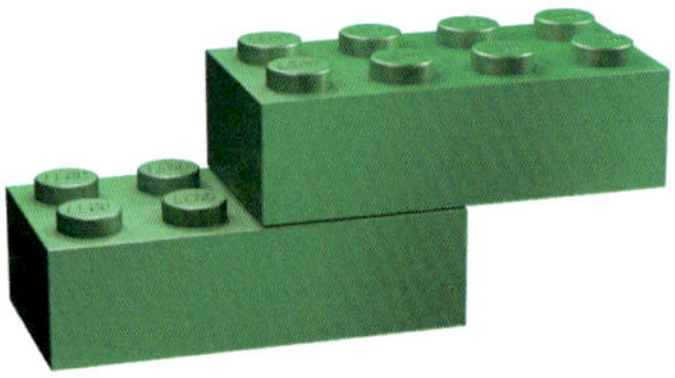

Abbildung 2–3: Überlappend

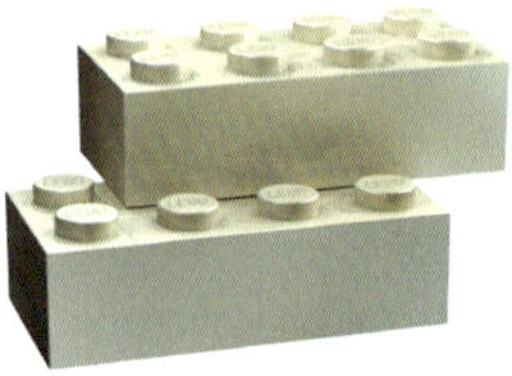

Abbildung 2–4: Versetzt

Jede dieser Abbildungen zeigt eine eigenständige Art von *Verband* oder Verbindungsmöglichkeit für LEGO-Steine. Ganz allgemein ist der *Mauerwerksverband* eine Art und Weise, in der Steine angeordnet oder miteinander verbunden sind. Sehen wir uns die einzelnen Arten von Verbänden für LEGO-Steine genauer an, um ein Gefühl für ihre jeweilige Stärke zu bekommen.

Stapeln

Das *Stapeln* von Steinen ist zwar nicht gerade die übliche und erst recht nicht die stabilste Bauweise, kann aber durchaus notwendig sein. Nehmen wir beispielsweise an, du möchtest bei einem kleinen Laden deiner LEGO-Stadt senkrechte Streifen an der Außenwand erscheinen lassen oder am Seitenruder eines Flugzeugs ein buntes Linienmuster zeigen.

Der Grund für die Verwendung senkrecht übereinandergestapelter Steine ist gewöhnlich ästhetischer und nicht konstruktiver Natur. Das hat einen ganz einfachen Grund: Wie du in Abbildung 2–5 siehst, sind Steinstapel, die nicht durch umgebende Bauteile oder Lagen gesichert sind, im Allgemeinen ziemlich instabil.

Abbildung 2–5: Rumms! Ohne stützende Elemente kippt der mittlere Steinstapel weg, wenn du es am wenigsten erwartest.

Wenn du Steine stapeln musst, ist es daher wichtig, sie oben und unten durch längere Steine oder Platten zu sichern. Beispielsweise wurden in Abbildung 2–6 die vertikalen Streifen auf der Heckflosse des Flugzeugs durch gestapelte 1 × 1-Steine gebildet. Diese Stapel sitzen jeweils auf einer Brückenplatte, aber darunter werden sie durch eine 2 × 8-Platte zusammengehalten. Am oberen Ende werden die gestapelten Steine durch eine 1 × 4-Platte über dem obersten Schrägstein gesichert.

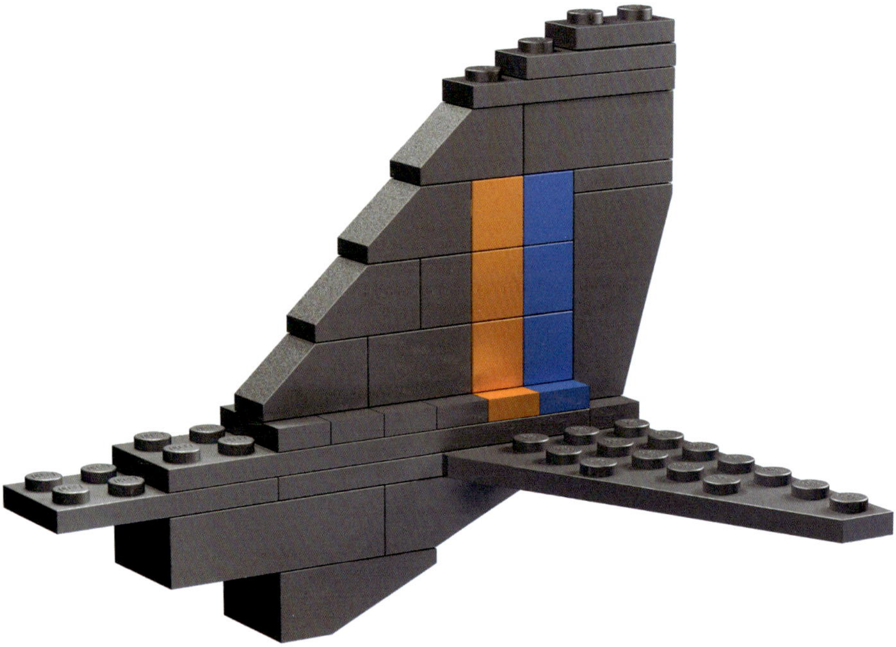

Abbildung 2–6: Wenn du Steine stapelst, musst du sie mit einer »Klammer« zusammenhalten, damit sie nicht auseinanderfallen.

Überlappen

Keine Bautechnik macht deine Modelle stabiler als das *Überlappen*. Wie echtes Mauerwerk halten auch LEGO-Wände am besten zusammen, wenn die übereinanderliegenden Steine wie in Abbildung 2–7 überlappen. Verbindungen dieser Art verstärken die Konstruktion deiner Modelle und verhindern, dass sie auseinanderbrechen.

Abbildung 2–7: Steine können auf verschiedene Weise überlappen.

Das Überlappen von Steinen macht deine Modelle fester und erlaubt es dir, eines der grundlegenden Merkmale des LEGO-Systems zu nutzen, nämlich das Ineinandergreifen von Elementen. Modelle aus Standardsteinen und -platten weisen fast immer ein oder mehr Überlappungsmuster auf. (Weiter hinten in diesem Kapitel zeige ich dir, wie du Wände baust und durch Überlappungskonstruktionen miteinander verbindest.)

Auch andere Elemente müssen überlappend verbunden werden. Dazu gehören etwa Türen und Fenster, die, wie in Abbildung 2–8 gezeigt, mithilfe dieser Technik verbunden werden, damit sie nicht aus den Wänden herausbrechen.

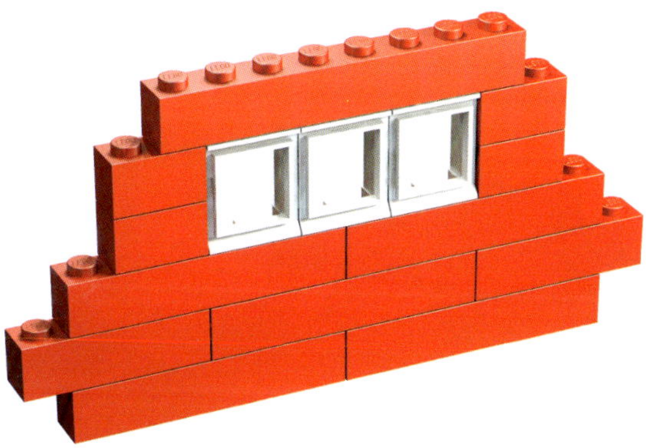

Abbildung 2–8: Ein geschickt platzierter Stein verhindert das Auseinanderbrechen einer Wand.

Der 1 × 8-Stein in Abbildung 2–8 überspannt sowohl das Fenster als auch die Steine rechts und links daneben, sodass er sie alle zusammenhält. Dadurch ergibt sich eine solide Struktur.

Die beste Möglichkeit, um eine gute Überlappung zu erreichen, besteht darin, möglichst wenige Steine übereinanderzustapeln, damit sich keine vertikalen Nahtstellen ergeben (siehe Abbildung 2–9).

Abbildung 2–9: Eine schlecht konstruierte Wand (links) und eine gut konstruierte im Vergleich (rechts)

Die Wand in der linken Hälfte von Abbildung 2–9 besteht aus Stapeln. Du kannst dir vorstellen, wie instabil sich die Gesamtkonstruktion verhalten wird, wenn du versuchst, die Tür zu öffnen, da der 1×4-Stein darüber mit keinem anderen Bauteil verbunden ist. Auf der rechten Seite dagegen ist der 1×8-Stein über der Tür auch mit den Steinen rechts und links davon verbunden (ähnlich wie der Fenstersturz in Abbildung 2–8). Dadurch bleibt die Tür in der Wand verankert und kann nicht so leicht ausbrechen.

Versetzen

Wenn du Steine *versetzt*, hat jede Lage Steine einen Abstand von einer Noppe vom Rand der darunterliegenden Lage, sodass sich ein Treppenstufenmuster wie in Abbildung 2–10 ergibt.

Abbildung 2–10: Diese einfache Versatzkonstruktion lässt sich für die Dächer vieler Arten von Modellen einsetzen.

Versetztes Bauen ist vor allem für Skulpturen wichtig (siehe Kapitel 7), da du dadurch organische Formen aus rechteckigen Steinen konstruieren kannst, indem du sie in der richtigen Weise kombinierst.

Durch das Versetzen kannst du wie in Abbildung 2–10 ein Dach einfach aus regulären Steinen konstruieren, ohne Schrägsteine zu benötigen.

Abbildung 2–11 zeigt die Versatztechnik, die für das Dach aus Abbildung 2–10 verwendet wurde. Der Deutlichkeit halber habe ich hier für die einzelnen Lagen unterschiedliche Farben verwendet. (Offensichtlich eignen sich 2 × *n*-Steine für diese Technik am besten.) Um das Modell stabiler zu machen, habe ich die Steine nicht nur von einer Lage zur nächsten versetzt, sondern sie auch überlappend aufeinandergesteckt.

Abbildung 2–11: Denke auch beim Versetzen der einzelnen Lagen an die Überlappung!

Wände bauen

Bei der Konstruktion mit LEGO-Steinen scheinen wir ständig Wände zu bauen – seien es die Wände einer Feuerwache, eines Krankenhauses, einer Polizeiwache, einer mittelalterlichen Festung oder sogar einer außerirdischen Basis auf einem fernen Planeten. Im Abschnitt »Überlappen« auf Seite 22 hast du bereits gelernt, wie du starke, einzeln stehende Wände konstruierst. Jetzt wollen wir uns ansehen, wie du mehrere Wände miteinander verbinden kannst.

Wände verbinden

In den Abbildungen 2–7 bis 2–9 hast du gesehen, wie du einfache Wände mithilfe der Überlappungstechnik bauen kannst. Für realistisch aussehende Gebäude sind einzeln stehende Wände aber nicht gerade geeignet (es sei denn, du baust eine Ruine nach). Die Einwohner deiner LEGO-Welt werden viel mehr Nutzen von den Gebäuden haben, wenn du darin Räume, Flure und Wände vorsiehst, die nicht zusammenstürzen.

Natürlich ist es nicht möglich, zwei separat gefertigte Wände auf feste Weise miteinander zu verbinden. Baue die Wände stattdessen gleichzeitig, sodass sie sich gegenseitig verstärken. Die Wände sollten schon von der ersten Schicht oder Lage der Steine an miteinander verbunden sein, wie Abbildung 2–12 zeigt.

Die zweite Lage der Steine hält die erste durch Überlappung fest, wie du in Abbildung 2–13 erkennst. Der orangefarbene 1×4-Stein verbindet die eine blaue Wand mit der anderen, indem er den 1×6- mit dem 1×8-Stein zusammenschließt.

Diese Überlappungstechnik ist die entscheidende Bauweise für stabile Modelle. Wie du in Abbildung 2–14 siehst, sind die restlichen Steine der zweiten Lage nicht so wichtig wie der orangefarbene Stein aus Abbildung 2–13. Auch sic bilden einen Teil der Wand, aber keinen Teil der Verbindung, die die beiden Wände zusammenhält.

Abbildung 2–12: Die erste Lage Steine bei der Konstruktion zweier miteinander verbundener Wände

Abbildung 2–13: Der orangefarbene 1×4-Stein ist der Hauptteckstein der Überlappung. Er verbindet die beiden blauen Wände in der zweiten Lage.

Abbildung 2–14: Der Rest der zweiten Lage wird hinzugefügt.

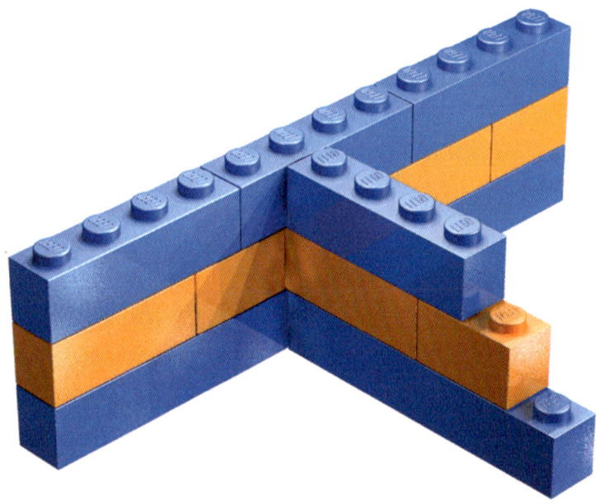

Abbildung 2–15: Das fertige Beispiel

In Abbildung 2–15 siehst du, dass die Überlappungstechnik sowohl zur Verbindung der beiden Wände als auch innerhalb jeder einzelnen Wand verwendet wird. Beispielsweise überspannen die blauen 1×4-Steine der dritten Lage die Nahtstellen der orangefarbenen Steine unter ihnen, so wie die orangefarbene Schicht die Nahtstellen der blauen Steine darunter überspannt hat. Wenn die einzelnen Steinlagen einander auf diese Weise überlappen, erhältst du am Ende ein sehr stabiles Modell.

Schon nach wenigen Lagen zeigt sich, dass sich die Wände gegenseitig aussteifen. Wenn du gegen eine Mauer drückst, wirst du feststellen, dass sie nicht nachgibt. Die Überlappungstechnik führt zu stabilen Wänden, die noch stabiler werden, wenn du dieselbe Technik zur Verbindung der Wände untereinander einsetzt.

Runde Wände aus eckigen Steinen

Natürlich willst du manchmal auch etwas anderes bauen als gerade und rechtwinklig miteinander verbundene Wände. Bei manchen Modellen ist eine organischere oder zumindest nicht ganz so eckige Form erforderlich.

Wie aber kannst du aus rechteckigen Steinen gekrümmte Wände konstruieren? Eine mögliche Technik besteht darin, so viele 1 × 3-Steine auszugraben, wie du nur finden kannst, und dann wie in Abbildung 2–16 miteinander zu verbinden.

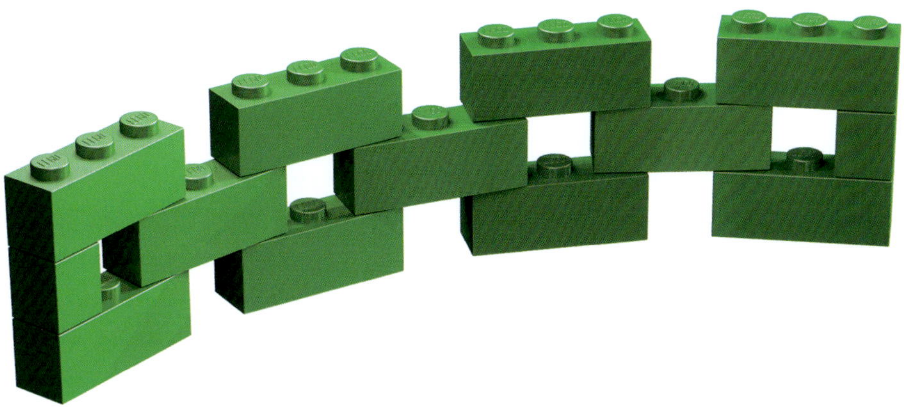

Abbildung 2–16: Mit auf diese Weise verbundenen 1 × 3-Steinen ist es möglich, gekrümmte und sogar komplett kreisförmig verlaufende Wände zu bauen.

Mit dieser Methode kannst du eine Wand krümmen und sogar ganz im Kreis verlaufen lassen. Diese Technik bietet sich beispielsweise an, wenn du einen Pferch für Bauernhoftiere baust, den Rumpf einer Rakete, einen Zaun um ein Haus usw.

Um ein anderes Erscheinungsbild zu erreichen, kannst du 1 × 1-Rundsteine in die Lücken zwischen den 1 × 3-Steinen einfügen, wodurch die Wand massiver aussieht (siehe Abbildung 2–17). Dadurch lässt sich die Wand nicht mehr so stark krümmen wie in Abbildung 2–16, aber du hast damit immer noch eine hervorragende Möglichkeit an der Hand, deinen Modellen ganz neue Formen zu geben.

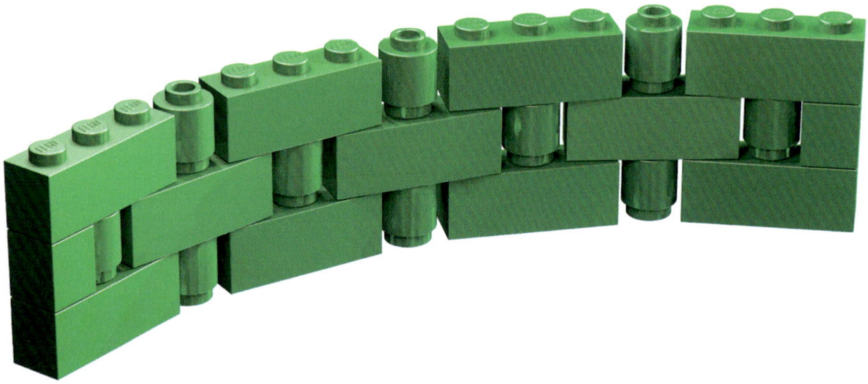

Abbildung 2–17: Wenige kleine Teile können das Erscheinungsbild der Wand stark verändern.

Wenn du ein bisschen mit der Länge und der Krümmung der Wand herumspielst, wirst du feststellen, dass es sogar möglich ist, die Enden an vorhandenen Rechteckkonstruktionen zu befestigen (siehe Abbildung 2–18). Dadurch kannst du beispielsweise zwei Festungsmauern über eine gekrümmte Eckverbindung zusammenschließen oder einen runden Wachturm bauen und in einer Burg mit rechtwinklig verlaufenden Mauern platzieren. Stecke an verschiedenen Stellen 1 × 1-Rundplatten unter die 1 × 3-Steine, um die gekrümmte Wand mit anderen Teilen deines Modells zu verbinden.

Abbildung 2–18: Das Runde muss an das Eckige: Hier dient eine 1 × 1-Rundplatte (eingekreist) als Anker, um die gekrümmte Wand auf einer flachen Oberfläche zu befestigen.

Aussteifung: Aus den Augen, aber nicht aus dem Sinn

Aussteifung ist die Kunst der Verstärkung deiner Modelle – gewöhnlich auf der Innenseite –, um sie stabiler und robuster zu machen. Die Aussteifung kann einfach aus wenigen langen Steinen bestehen, mit denen eine ansonsten instabile Struktur verstärkt wird, in größeren Modellen aber auch anspruchsvolle Konstruktionen aus Stützen und Trägern umfassen. Diese Verstärkung soll es möglich machen, das Modell anzufassen und zu transportieren oder aufrecht hinzustellen, ohne dass es umkippt.

Aussteifung = Träger + Stützen

Abbildung 2–19 zeigt einige einfache Wände, bei denen es sich um die Außenmauern eines Bürogebäudes, die Seiten einer Standuhr oder sogar die Anfänge eines hohen, aber schlanken Towers auf einem Flughafen handeln kann. Die mit A und B markierten Steine verbinden die anderen Wände. Diese Verstärkung oder Aussteifung besteht aus einer zentralen Stütze sowie zwei horizontalen Trägern und macht das Modell robuster.

Wie viel Aussteifung erforderlich ist, hängt ganz von dem jeweiligen Modell ab. Bei kleineren Modellen kannst du darauf verzichten, bei umfangreichen Gebäuden und Türmen können sehr viele verstärkende Elemente notwendig sein. Durch eine ordnungsgemäße Aussteifung bekommt dein Modell eine solide Struktur. Das ist vor allem für den Fall hilfreich, dass du das Modell transportieren möchtest, sei es zu Freunden oder zu einer öffentlichen Ausstellung. Außerdem hält es dadurch auch mehr aus, wenn du einfach damit herumspielst.

Warum aber füllst du nicht einfach das gesamte Innere des Gebäudes aus und gestaltest es somit ganz massiv? Das könnte zwar bei kleineren Modellen noch funktionieren, allerdings werden größere Modelle dadurch viel schwerer, als sie sein müssten, und außerdem würdest du viel mehr Steine verbrauchen als nötig. Warum solltest du deine Steine ohne Grund verstecken? Verwende so viele für Stützkonstruktionen, wie erforderlich ist, aber nicht mehr. Mit den dadurch eingesparten Steinen kannst du dann andere Teile des Modells oder andere Modelle bauen.

Die Aussteifung soll funktional sein und muss nicht gut aussehen. Ein großer Vorteil besteht darin, dass du beliebige Steine verwenden kannst, um ein Modell von innen oder von der Unterseite zu verstärken. Schließlich sind diese Steine nicht sichtbar, sodass du jede Farbe nehmen kannst, die du gerade zur Hand hast.

In Abbildung 2–19 steht die Stütze (A) von den Wänden des Gebäudes getrennt. Der Träger (B) führt von der Stütze zur Außenwand (D). Was als rotes Viereck erscheint (C), ist in Wirklichkeit das Ende des Trägers (B), der in die Wand eingebaut ist, um eine starke Verbindung zwischen (A) und (B) zu bilden.

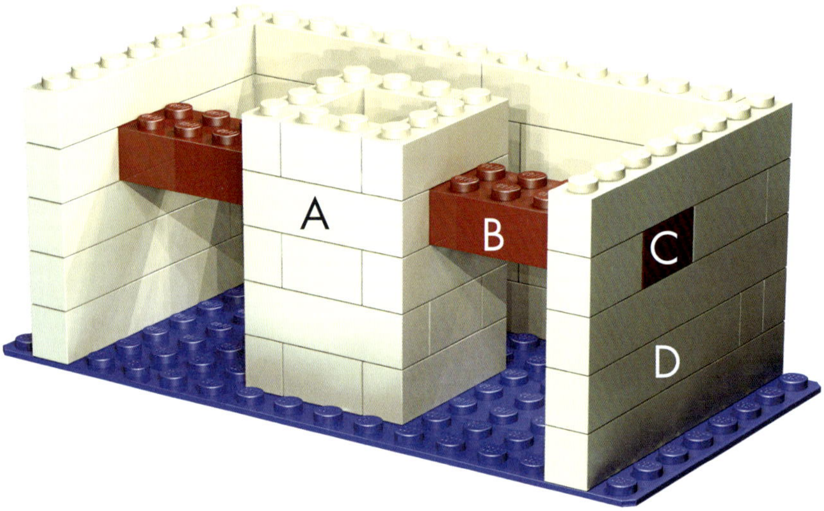

Abbildung 2–19: Ein Blick hinter die Kulissen zeigt die Stützen und Träger, die die Aussteifung dieses Beispielgebäudes bilden.

Um die Aussteifung besser zu beherrschen, musst du mehr über Stützen und Träger wissen.

Träger

In Abbildung 2–5 hast du eine Form von Stützen gesehen (den Stapel von 2 × 2-Steinen). Normalerweise werden Stützen jedoch nicht wie in diesem Bild nebeneinander aufgestellt. Stattdessen bilden sie die Ecken von Gebäuden, die Strukturen an den Seiten von Durchgängen oder die Unterstützung für ausgedehnte Decken.

Ein Grund dafür, dass die Säulen in Abbildung 2–5 umkippen, besteht darin, dass sie durch nichts zusammengehalten werden. Das ist die Stelle, an der *Träger* ins Spiel kommen. Dabei handelt es sich um die waagerechten Gegenstücke zu Stützen. Zusammen mit Stützen dienen Träger dazu, starke Strukturen zu formen.

Ein Träger kann einfach ein einzelner Stein sein (wie der in Abbildung 2–20), der zwei getrennte Teile einer Struktur verbindet. Es kann sich dabei aber auch um eine viel größere und kompliziertere Teilstruktur handeln. *Teilstrukturen* sind Komponenten eines Modells, die du separat zusammenbaust und dann in das Hauptmodell einfügst (wie der zusammengesetzte Träger aus Abbildung 2–21 oder die Leiter des Feuerwehrautos).

Abbildung 2–20: Ein 2 × 8-Stein kann als einfacher Träger dienen.

Abbildung 2–21: Ein zusammengesetzter Träger aus Steinen und Platten

Aus Steinen und Platten oder aus mehreren Lagen Steinen kannst du zusammengesetzte Träger bauen (siehe Abbildung 2–21). Dabei ist es sogar möglich, sehr lange und doch stabile Träger zu konstruieren.

Beachte, dass die schwarzen Platten in Abbildung 2–21 die Nahtstellen zwischen den gelben Steinen überspannen, so wie du normalerweise Steine einander überlappen lässt. Die Überlappungstechnik kannst du zur Verbindung aller Arten von Elementen verwenden. Überspanne die Nahtstellen in einer Lage mit den Elementen der darüberliegenden Schicht.

Träger, wie du sie nicht bauen solltest

Baue einige Steine wie in Abbildung 2–22 zusammen und drücke dann mit dem Finger auf die Oberseite. Schon bei geringem Kraftaufwand brechen die Steine zwischen den beiden Stützen auseinander und purzeln nach unten. Die Struktur fällt in sich zusammen, was in deinen Modellen aber nicht passieren soll.

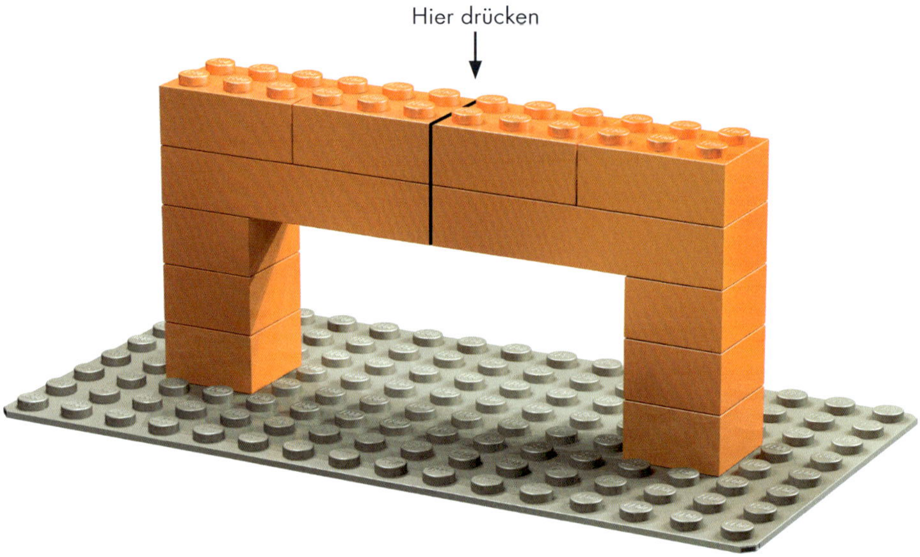

Abbildung 2–22: Um das Experiment durchführen zu können, musst du den hier verwendeten Mauerwerksverband genau nachbauen.

Träger auf die richtige Weise bauen

Versuche jetzt eine ähnliche Konstruktion mit dem Verband aus Abbildung 2–23 zu bauen. Beachte die Platzierung der Steine und ihre Überlappung. Wenn du jetzt oben drückst, wirst du es ziemlich schwer haben, den Träger zusammenbrechen zu lassen. Jetzt weißt du, warum es so wichtig ist, Steine überlappend übereinanderzustecken.

Mit dem Träger aus Abbildung 2–23 kannst du die Außenwände eines großen Gebäudes verbinden oder die breite Öffnung eines Hangars für LEGO-Flugzeuge mit einem Sturz versehen.

Abbildung 2–23: In diesem Beispiel sorgt ein einfacher Überlappungsverband dafür, dass der Träger unter Druck nicht nachgibt.

Stützen

Stützen können zusammen mit Trägern eingesetzt werden, um eine seitliche Aussteifung zu erzielen. Außerdem kannst du damit offene Räume in aufgeschnittenen Modellen gestalten, etwa zwischen den Etagen eines Bürogebäudes oder den Decks einer Raumstation. Mithilfe von Stützen kannst du den Stockwerken die gewünschte Höhe geben, ohne die Fassade zu schließen. Wie die Abbildungen 2–24 bis 2–27 zeigen, können Stützen viele verschiedene Formen annehmen.

Abbildung 2–24: Eine einfache Stütze

Abbildung 2–25: Eine Verbundstütze

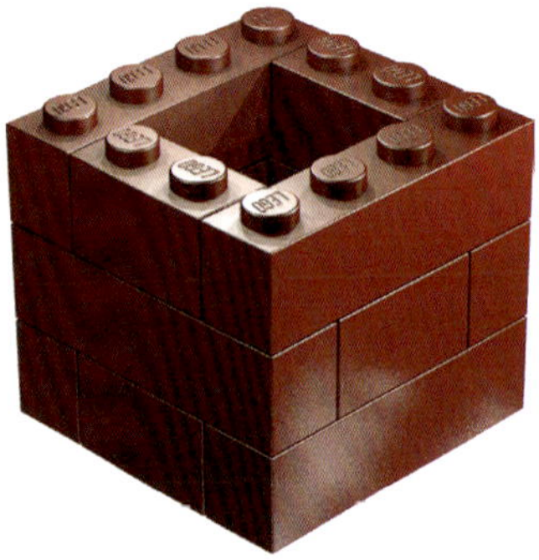

Abbildung 2–26: Stütze in Kaminbauform

Abbildung 2–27: Stütze in Schlüsselloch-Bauform

Einfache Stützen

Abbildung 2–24 zeigt übereinandergestapelte 2×2-Steine. Eine einfache Stütze wie diese kann für manche Projekte geeignet sein, aber wenn du sie zu hoch baust, ist die resultierende Konstruktion schwächer als diejenigen, die ich dir im Folgenden zeigen werde.

Einfache Stützen kannst du nicht nur, wie in Abbildung 2–24 gezeigt, aus Steinen der Größe 2×2, sondern auch 2×3, 2×4 oder jeder anderen beliebigen Größe aufbauen.

Verbundstützen

Abbildung 2–25 zeigt eine Stütze in Verbundbauweise, die stabiler ist, aber auch mehr Steine verbraucht. Anders als die 2×2-Version kann diese aus 2×4-Steinen aufgebaute Variante einem gewissen seitlichen Druck widerstehen, ohne wegzubrechen. Sie lässt sich auch sehr einfach bauen, was es möglich macht, mehrere Stützen dieser Art schnell zusammenzusetzen (sogar als vorübergehend eingesetzte Hilfsabstützungen).

Kaminbauform

Die Kaminbauform aus Abbildung 2–26 ist genauso stabil wie die Verbundstütze, hilft dabei aber gleichzeitig Gewicht und Steine einzusparen. Da der Kern hohl ist, bietet diese Variante fast die gesamte horizontale Stabilität der Stütze aus 2×4-Steinen bei nur 75 % des Gewichts. Das kann sehr wichtig werden, wenn du ein transportierbares größeres Modell bauen willst.

Ein Nachteil der Kaminbauform besteht darin, dass du beim Bauen ständig Vorsorge dafür treffen musst, dass der Kern quadratisch bleibt und sich nicht verzieht. Fertige dazu eine 2 × 2-Säule aus sechs oder mehr Steinen ein und führe sie von Zeit zu Zeit in den Kern ein.

Schlüsselloch-Bauform

Was machst du mit den ganzen übrigen 1 × 2-Steinen? Du baust daraus eine Stütze in Schlüssellochform! Das Grundmuster aus Abbildung 2–27 lässt sich sowohl in der Größe als auch in der Form abwandeln. Die hier gezeigte Anordnung ist nur eine der Möglichkeiten, um zusammengesetzte Wände aus kleineren Steinen (1 × 3 oder noch kleiner) zu bauen. Du kannst das Muster ändern und die Stütze in der Größe bauen, die deinen Zwecken entgegenkommt.

Wie bei der Kaminbauform musst du auch hier mit einer Steinsäule in Form des Kerns dafür sorgen, dass die Wände sauber ausgerichtet sind. Da Schlüssellochstützen aus vielen Einzelteilen bestehen, neigen sie dazu, sich mit zunehmender Höhe zu verziehen und zu verdrillen. Wenn du beim Bauen aber auf ausreichend gerade Wände achtest, erhältst du sowohl eine funktionale als auch attraktive Stütze.

Stütze in Mischform

Wenn du die Verbundstütze mit der Kaminbauform mischst, erhältst du eine interessante neue Variante, wie Abbildung 2–28 zeigt.

Diese Mischform löst unmittelbar eines der Hauptprobleme der hohlen Kaminstütze: Durch die Einschaltung von einer oder zwei Lagen aus 2 × 4-Steinen (siehe Abbildung 2–29) bleiben die 1 × 2- und 1 × 4-Steine sauber ausgerichtet.

Angesichts der Zusammenstellung von Steinen, die sich im Inventar der meisten Konstrukteure finden, ist diese Mischform vielleicht die realistischste Alternative. Wahrscheinlich baust du ein großmaßstäbiges Modell nicht komplett aus 2 × 4-, 1 × 2- oder 1 × 4-Steinen, sondern verwendest je nach Bedarf Elemente verschiedener Größen. Dadurch bleibt für Stützen wahrscheinlich noch eine gute Mischung der drei angegebenen Größen übrig.

Abbildung 2–28: Die Stütze in Mischform ist sowohl leicht als auch selbstaussteifend.

Abbildung 2–29: Eine Explosionszeichnung der Mischbauform zeigt den Aufbau der einzelnen Lagen.

Nicht alle Modelle brauchen eine interne Aussteifung, trotzdem sind die Konstruktionstechniken, die du hier gelernt hast, für viele verschiedene Zwecke nützlich. In Kapitel 3 erfährst du, wie du einfache Stützen für kleine Gebäude verwenden kannst, wie du mithilfe von Trägern die Etagen eines Gebäudes abstützt und wie du eine stabile Tragkonstruktion für ein Dach erstellst. Diese grundlegenden Techniken sind es, die den erfolgreichen LEGO-Konstrukteur ausmachen.

Teile trennen

Wir lernen zwar gerade die Techniken, um Steine zu verbinden, aber früher oder später willst du deine LEGO-Modelle wieder auseinanderbauen. Ob es sich nun um ein Modell aus einem der offiziellen Kästen handelt, das du nach Anleitung zusammengesetzt und einige Monate lang in einem Regal ausgestellt hast, oder um einen Roboter, den du erst letztes Wochenende gebastelt hast – irgendwann wirst du die Teile wiederverwenden wollen.

Der erste Schritt besteht darin, große Teile abzulösen, die du dann in kleinere Abschnitte zerlegst, und schließlich trennst du die einzelnen Elemente voneinander.

Irgendwann stößt du dabei auf zwei oder mehr Teile, die so fest zusammengebaut sind, dass du sie nicht aufstemmen oder auch nur einen Fingernagel zwischen sie bekommen kannst. Meistens geschieht dies bei zwei kleinen Platten, die sich heftig dagegen wehren, voneinander getrennt zu werden (was nur beweist, wie fest der Noppen-Röhrchen-Mechanismus zusammenhält). Trotzdem aber willst du die Teile auseinanderbauen.

In einigen offiziellen LEGO-Bausätzen und Steinsortimenten ist ein merkwürdig geformtes Kunststoffteil zu finden (siehe Abbildung 2–30), das zwar eigentlich kein Baustein ist, aber doch einige Noppen aufweist. Hierbei handelt es sich um einen *Elementetrenner.*

Abbildung 2–30: Der Elementetrenner – ein praktisches Werkzeug für alle Konstrukteure, unabhängig von ihrer Erfahrung.

Wenn du noch keinen Elementetrenner hast, solltest du am besten gleich zwei kaufen, da sie oft paarweise eingesetzt werden. Falls in keinem deiner LEGO-Bausätze ein solches Werkzeug mitgeliefert wurde, kannst du es direkt im LEGO-Shop unter *http://shop.lego.com/de-DE/* unter der Bestellnummer 630 erwerben. Sie kosten 2,49 EUR das Stück ... dafür wird sich dein Zahnarzt freuen, dass du widerspenstige Steine und Platten künftig voneinander trennen kannst, ohne sie mit den Zähnen auseinanderzureißen.

Nehmen wir als Beispiel zwei fest aufeinandergesteckte 2 × 2-Platten. Stecke das Paar auf den einen der beiden Trenner und drücke dann den zweiten von oben dagegen, sodass du eine Art Zange erhältst (siehe Abbildung 2–31). Drücke die beiden Trenner dann vorsichtig gegeneinander, um eine Hebelwirkung zu erzielen, bis sich die beiden Platten voneinander lösen.

Abbildung 2–31: Zwei Elementetrenner werden zusammen eingesetzt, um zwei 2 × 2-Platten voneinander zu lösen. Selbst bei den widerspenstigsten Verbindungen reicht es meistens aus, die beiden Hebel vorsichtig gegeneinanderzudrücken.

Eine andere Situation, die häufig auftritt, besteht darin, dass du ein kleines Teil von einem großen entfernen musst, etwa die 1 × 2-Platte, die in der Mitte der 4 × 6-Platte aus Abbildung 2–32 festsitzt. Hier reicht ein einziger Elementetrenner aus, um das kleine Teil abzulösen. Abbildung 2–33 zeigt, wie das Werkzeug den Trick vollführt.

Abbildung 2–32: Irgendwann wirst du damit zu kämpfen haben, eine kleine 1 × 2-Platte von der Mitte einer weit größeren ablösen zu müssen.

Abbildung 2–33: Durch die besondere Form des Elementetrenners kannst du an die 1 × 2-Platte herankommen und von der großen Platte darunter weghebeln.

Abbildung 2–34 zeigt einen Trick, um Teile auch ohne Elementetrenner voneinander zu lösen. Hier siehst du zwei fest miteinander verbundene 1 × 2-Platten. Anstatt mit dem Fingernagel in die Nahtstelle zu bohren, baust du oben und unten je einen 1 × 2-Stein an. Dadurch erhältst du eine ausreichende Hebelwirkung, um eine kleine Lücke zu öffnen, in die du dann greifen kannst, um die Platten vollständig voneinander zu lösen.

Mit einem Stein als Hebel kannst du auch Teile in Situationen lösen, wie sie in Abbildung 2–32 dargestellt sind. Stecke einen Stein auf die 1 × 2-Platte und drücke ihn vorsichtig seitwärts (siehe Abbildung 2–35). Wenn du das tust, ohne den Stein anzuheben, wird sich die 1 × 2-Platte schließlich von den Noppen der 4 × 6-Platte lösen.

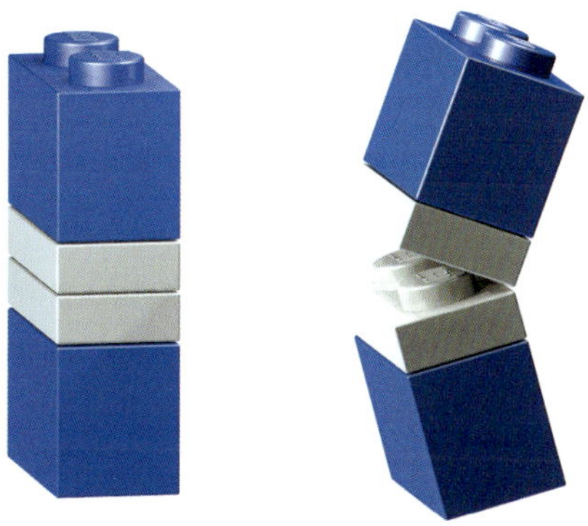

Abbildung 2–34: Als einfache Lösung kannst du auf Steine zurückgreifen, die sich bereits in deiner Sammlung befinden.

Abbildung 2–35: Hier dient ein regulärer 1 × 2-Stein als Ersatz für einen Elemente-trenner.

Rückblick: Grundlegende Konstruktionsprinzipien

Nachdem du jetzt die besten Möglichkeiten kennst, Steine zu robusten Modellen zu verbinden, musst du wissen, wie du deine Konstruktionen planst. Um möglichst viel Spaß am Bauen zu haben, ist es immer wichtig, Probleme möglichst auszuschließen. Dazu kannst du folgende beiden Grundprinzipien anwenden:

Groß bauen, klein denken

Wie groß das fertige Modell auch immer werden soll, erscheint es grundsätzlich sinnvoll, dieses in kleinere Abschnitte zu zerlegen, die sich leichter fertigstellen lassen. Dadurch wirkt das Projekt weniger entmutigend. Außerdem kannst du leichter herausfinden, wie du sehr hoch liegende Teile baust oder solche, die in einem anderen Winkel als der Rest des Modells stehen. Bei einem Wolkenkratzer solltest du beispielsweise Abschnitte aus jeweils wenigen Stockwerken fertigstellen und dann miteinander verbinden.

Wenn du das Modell eines realen Objekts gestaltest, etwa eines Gebäudes oder Fahrzeugs, dann untersuche das Original genau, um die einzelnen Abschnitte auszumachen, die sich aus der Natur des Objekts ergeben. Die Grenzen solcher Abschnitte zeichnen sich beispielsweise durch deutliche Änderungen von Größen und Formen oder durch Farbwechsel aus.

Anhand dieser vorhandenen Grenzen kannst du bestimmen, wie du dein Modell in Bauabschnitte zerlegst. Bei einem Lastwagen kannst du beispielsweise die Fahrerkabine getrennt von der Ladepritsche konstruieren.

Den richtigen Verband auswählen

Die Wahl des Verbands (siehe Abbildung 2–2 bis 2–4) hängt vom Modell ab und kann sogar innerhalb eines Modells schwanken. Trotz der offensichtlichen Vorteile wirst du nicht immer überlappend bauen. Manchmal ist es notwendig, Steine zu stapeln, und ein anderes Mal musst du sie versetzen. In diesem Buch weise ich jeweils darauf hin, welchen Verband ich benutze und warum, sodass du für deine eigenen Modelle besser abschätzen kannst, welchen Verband du in welcher Situation verwenden solltest.

3

Die wunderbare Welt der Minifiguren

Das LEGO-System wird ständig um neue Elemente, Farben und moderne Designs erweitert. Eine der bedeutendsten Ergänzungen kam 1978 in Form der *Minifiguren* (oder kurz *Minifigs*) hinzu, die du in Abbildung 3–1 siehst.

Mit den Jahren sind viele verschiedene Minifiguren aufgetreten, von Astronauten und Robotern über Cowboys und Hubschrauberpiloten zu Hexen und Zauberern – und allem, was dazwischenliegt.

Abbildung 3–1: Wer ist dieser Kerl und warum lächelt er?

Eine Frage des Maßstabs: Alles ist relativ!

Wenn du nach einem bestimmten *Maßstab* baust, gestaltest du Gebäude und andere Konstruktionen so, dass sie in eine Welt bestimmter Größe hineinpassen. Mit dem *Minifig-Maßstab* entwirfst du eine Welt, in der sich die Minifiguren zu Hause fühlen können.

Wie du in Abbildung 3–2 siehst, ist eine Minifigur etwa 4 cm groß. Darstellen soll sie einen Menschen, für dessen durchschnittliche Größe wir ca. 1,80 m ansetzen können. Daraus lässt sich ein Maßstab für Minifiguren berechnen.

Abbildung 3–2: Wie groß ist eine Minifigur? Nach unseren Maßstäben etwa 4 cm, nach den Maßstäben der Minifiguren-Welt aber ca. 1,80 m!

Zur Berechnung des Maßstabs dividieren wir die Größe einer realen Person, die die Minifigur darstellen soll, durch die tatsächliche Größe der Figur:

1,80 m/0,04 m = 45

Der Maßstab liegt also bei 1:45. (Es werden auch andere Werte zwischen 1:40 und 1:50 genannt. Diese Schwankungen erklären sich dadurch, dass für die Berechnung unterschiedliche Ausgangswerte angesetzt werden. Schon bei der Höhe der Minifiguren ergeben sich je nachdem, ob man mit oder ohne Noppen, Haare und Kopfbedeckungen misst, Werte zwischen 3,8 und 4,2 cm; aber auch die Größe des Durchschnittsmenschen ist regional sehr unterschiedlich.)

Maßstäbe werden immer als Bruch angegeben, geschrieben als zwei durch einen Doppelpunkt getrennte Zahlen. Die rechte Zahl (hier 45) gibt also an, wie viele Minifiguren du (übereinandergestapelt) brauchst, um die Größe einer realen Person zu erreichen. Eine Säule aus 45 Minifiguren ist also etwa 1,80 m hoch.

Anhand dieses Maßstabs kannst du nun bestimmen, wie groß reale Objekte in der Welt der Minifiguren sein müssen. Nehmen wir an, du willst für deine Minifiguren ein Haus bauen, das in der Realität 8 m hoch ist. Um die Modellhöhe zu berechnen, verwendest du folgende Formel:

Reale Höhe/Maßstabswert = Modellhöhe

Um die Modellhöhe in Zentimetern zu erhalten, müssen wir auch die reale Höhe in Zentimetern angeben und dann folgende Berechnung durchführen:

800 cm/45 = 17,8 cm ≈ 18 cm

Das Minifiguren-Einfamilienhaus sollte also etwa 18 cm hoch sein.

Ein Gebäude im Minifiguren-Maßstab errichten

Im weiteren Verlauf dieses Kapitels wollen wir ein Bahnhofsgebäude im Maßstab für Minifiguren bauen. Ich zeige dir, welche Steine du für das Modell brauchst, und erkläre, wie du die bereits gelernten Bautechniken für die Gebäude deiner LEGO-Stadt einsetzt.

Das Gebäude muss nicht unbedingt ein alter Bahnhof sein. Du kannst das Modell auch zu einer Eisdiele, einer Pommesbude oder dem Kassenhäuschen für einen Freizeitpark oder Zoo umfunktionieren. Beim Bauen mit LEGO-Steinen ist es nie erforderlich, sich genau an die Vorgaben zu halten.

Zwei Versionen des Bahnhofs bauen

Wir werden die Konstruktion auf zwei verschiedene Weisen angehen. Zunächst bauen wir entsprechend einem der offiziellen LEGO-Modelle, wobei wir einen unbegrenzten Vorrat an Teilen voraussetzen und auch Sonderelemente für kleine Einzelheiten einsetzen. Anschließend konstruiere ich einzelne Teile des Gebäudes mit Standardteilen um, die sich wahrscheinlich eher in deiner Sammlung befinden.

Der Entwurf basiert auf dem Erscheinungsbild alter Kleinstadtbahnhöfe, die man noch hin und wieder an den heutigen Bahnstrecken findet. Abbildung 3–3 zeigt ein typisches Bauwerk dieser Art, wie es Ende des 19. oder Anfang des 20. Jahrhunderts errichtet worden sein könnte. Häufig sind dabei Schrägdächer, Bogengänge und farblich abgesetzte Fenster zu erkennen.

Bevor wir uns an das Dach und die Einzelheiten machen können, müssen wir den Hauptteil des Gebäudes errichten. Für die Außenwände verwende ich eine einfache Überlappungstechnik, bevor ich einige Bogenelemente einsetze, um das Dach aufzusetzen.

Abbildung 3–3: Mit den Konstruktionselementen aus diesem Gebäude kannst du alle Arten von Gebäuden für deine LEGO-Stadt errichten.

Stückliste: Was du für das Modell brauchst

In Abbildung 3–4 siehst du die *Stückliste* der Teile, die du benötigst, um das Modell zu bauen. Wenn du nicht über alle Elemente verfügst, kannst du trotzdem weitermachen – ersetze einfach die fehlenden Bausteine! Hast du beispielsweise zu wenige 1 × 8-Steine, dann nimm stattdessen je zwei 1 × 4-Steine; und wenn es dir an 2 × 2-Steinen einer bestimmen Farbe mangelt, kannst du drei 2 × 2-Platten aufeinanderstecken. Lass deine Vorstellungskraft spielen, um die Teile zu ersetzen, die du nicht besitzt.

Schritt für Schritt: Der Bau des Bahnhofs im Einzelnen

Baue das Bahnhofsgebäude anhand der folgenden schrittweisen Anleitung:

Schritt 1

Beachte die 1 × 1-Steine auf der linken Gebäudeseite in Abbildung 3–5. Ich werde im Folgenden weitere dieser Steine aufeinanderstapeln, um sehr schlanke einfache Stützen hochzuziehen (siehe Abbildung 2–24 auf

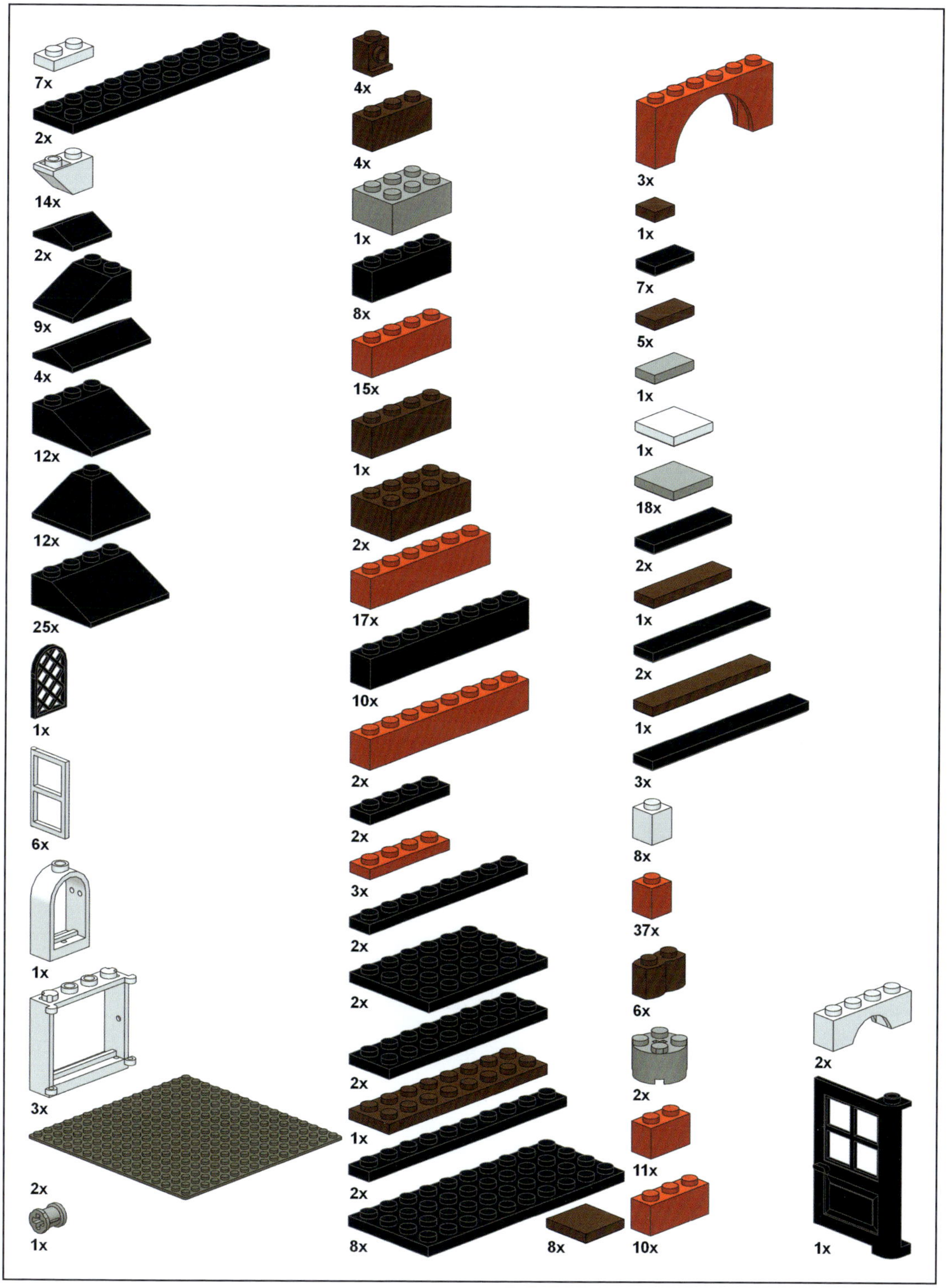

Abbildung 3–4: Die Stückliste für das Bahnhofsmodell

Seite 33). Dadurch habe ich schließlich sechs Stützen als Unterbau für einen Teil des Daches. Für sich allein genommen sind diese Stützen sehr schwach, aber wenn ich sie zusammen einsetze und mit Bögen überspanne, sind sie nicht nur sehr haltbar, sondern sehen auch noch elegant aus!

Abbildung 3–5: Jede Struktur muss gut geplant sein. Das Fundament bestimmt das Aussehen des fertigen Gebäudes.

Schritt 2

Abbildung 3–6 zeigt das Modell, nachdem ich die zweite Lage Steine hinzugefügt haben. Als Bautechnik verwende ich die Überlappung für die Wände und das Stapeln für die Stützen.

Abbildung 3–6: Die Überlappungs- und die Stapeltechnik innerhalb ein und desselben Modells

Für den Schalter – die L-förmige Innenwand oben rechts in der Abbildung – konstruiere ich mit der Überlappungstechnik. Diese Wand wird über einen 1×4-Stein an die Außenwand angeschlossen, damit sie sich nicht löst, wenn ein Zug vorbeidonnert.

Es gibt auch drei Bänke. Die erste, die außerhalb des Bahnhofsgebäudes steht, ruht auf zwei braunen 1×2-Palisadensteinen. Die zweite befindet sich innerhalb des Gebäudes und verfügt über Armlehnen. Auf der lang gestreckten dritten, ganz oben im Bild, können Minifiguren-Kinder sitzen, um den vorbeifahrenden Zügen zuzusehen.

HINWEIS

Füge Möbel und Innenwände schon möglichst früh hinzu, damit du später nicht Teile der Außenwände oder des Daches demontieren musst, um sie zu ergänzen.

Schritt 3

Wände und Stützen wachsen, und nun habe ich auch die großen Fenster eingebaut (siehe Abbildung 3–7). Plane im Voraus, wo die Wände aufeinandertreffen, wo die Fenster liegen sollen und welche Wände Öffnungen für Türen brauchen.

Abbildung 3–7: Mit den neu hinzugekommenen Fenstern beginnt das Modell schon nach etwas auszusehen.

HINWEIS

Kein Problem, wenn du keine Fenster wie die hier verwendeten haben solltest! Weiter hinten zeige ich dir, wie du einfache Ersatzfenster bauen kannst.

In Abbildung 3–7 siehst du nahe der Bildmitte vier braune Noppen, die hinter der Bank nach außen gerichtet sind. Dabei handelt es sich um vier nebeneinander angeordnete Scheinwerfersteine (eines der Sonderelemente aus Tabelle A–5 auf Seite 212). Jeder dieser 1 × 1-Steine weist neben der üblichen Noppe auf der Oberseite eine weitere an der Seite auf. Diese Noppen werden wir im nächsten Schritt nutzen.

Schritt 4

So langsam nimmt die Sache Form an. Die Tür befindet sich an Ort und Stelle und ist bereit, Minifiguren, die auf ihren Zug warten, Einlass in den Bahnhof zu gewähren. Rechts neben der Außenbank habe ich ein kleines Bogenfenster mit Zickzack-Gitter eingebaut. Die Öffnung auf der rechten Seite mit der herausragenden 2 × 2-Kachel dient als Fahrkartenschalter.

Abbildung 3–8 zeigt die vervollständigte Außenbank. Die Vorderseite der Scheinwerfersteine (an der sich die Noppen zeigen) habe ich mit einer braunen 1 × 4-Fliese abgedeckt, die die Rückenlehne der Bank darstellt.

Abbildung 3–8: Fenster und Türen machen das Gebäudemodell lebendig und realistisch.

Schritt 5

In Abbildung 3–9 habe ich 1 × 6 × 2-Bögen hinzufügt, um die Stützen paarweise zu verbinden. Solche Stützenpaare können als Unterkonstruktion für ein Dach dienen.

Abbildung 3–9: Der Zweck der 1 × 1-Stützen wird deutlich, wenn du sie mit Bögen verbindest.

Die Außenwände sind jetzt fast vollständig und die beiden Öffnungen in der Fassade mit 1 × 4-Bogensteinen überspannt. Durch diese Bogenfenster erhält das Gebäude ein klassisches Aussehen. An den beiden Seiten der Bogenfenster habe ich die Stapeltechnik eingesetzt, um die weißen Rahmen um die Fenster nachzustellen. (Das Ergebnis siehst du in Abbildung 3–3.)

Schritt 6

Als Nächstes habe ich eine zweite Lage umgekehrter 1 × 2-Schrägsteine hinzugefügt, um bogenförmige Dachpfetten zu simulieren (siehe Abbildung 3–10).

HINWEIS

Im LEGO-System gibt es zwar auch einen umgekehrten Halbbogen (siehe Tabelle A–6 auf Seite 222), doch habe ich ihn hier nicht verwendet, da er um eine Noppenlänge über die Kante des Daches herausragen würde.

Abbildung 3–10: Stabilisiere alle unteren Lagen durch längere Steine in der obersten Schicht.

Beachte die Auswahl der Steine für die obere Lage in Abbildung 3–10. Versuche nach Möglichkeit, die unteren Schichten zu verbinden, indem du in der obersten so viele Nahtstellen wie möglich überspannst. Sieh dir beispielsweise den roten 1 × 6-Stein an, der die beiden Fenster verbindet. Er ist unverzichtbar, damit der Stapel der 1 × 2-Steine zwischen den Fenstern nicht herausfällt. (Denke daran, dass du gestapelte Steine immer mit Elementen umklammern musst, die sie zusammenhalten.)

Ein weiteres gutes Beispiel für Überlappung bildet der 1 × 6-Stein über der Tür. Dieser Stein dient nicht nur als Türscharnier, sondern ist auch auf beiden Seiten der Tür mit der Wand verbunden – ein sehr wichtiger Stein!

Schritt 7

Endlich kommen wir zum Dach, zumindest zu einem Teildach. Die schwarzen Platten auf den 1 × 6-Bögen dienen als Grundlage für das Dach auf diesem Teil des Bahnhofsgebäudes. Zur Vorbereitung auf den Rest des Daches habe ich die Oberseite der Außenwände gefliest, wie du in Abbildung 3–11 siehst. Den Grund dafür erfährst du im nächsten Schritt.

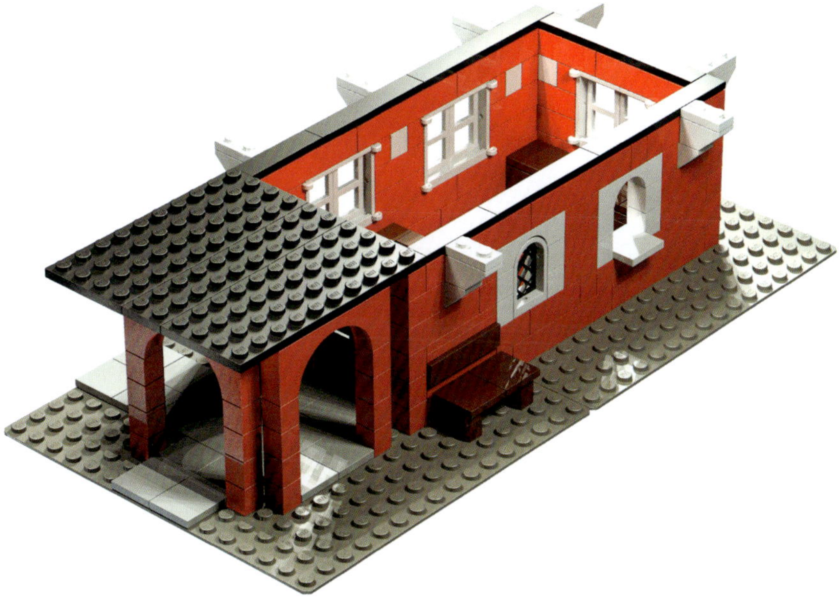

Abbildung 3–11: Der Grund dafür, warum wir nur einen Teil des Daches bauen, wird im nächsten Schritt erklärt.

Schritt 8

Über dem Eingangsbereich kommen jetzt weitere schwarze Platten hinzu (siehe Abbildung 3–12). Sie dienen dazu, den festen Teil des Daches auf die gleiche Höhe zu bringen wie den abnehmbaren, den wir im Abschnitt »Teilmodell: Das Dach des Bahnhofsgebäudes« auf Seite 55 konstruieren. Die Fliesen auf den restlichen Wänden dienen dazu, das Teilmodell zu stützen, ohne es zu befestigen. Dadurch kannst du diesen Teil des Daches auf einfache Weise abnehmen, um das Innere des Modells zu zeigen.

Schritt 9

Schrägsteine eignen sich hervorragend für Dächer und werden daher manchmal auch als *Dachsteine* bezeichnet. Hier habe ich Schrägsteine von 33° verwendet, um dem Dach eine sanfte Neigung zu geben. Als erste Schicht des Daches habe ich Schrägsteine auf die im vorherigen Schritt hinzugefügten Platten aufgesteckt. Die 1 × 8-Steine, die zwischen den Schrägsteinen verlaufen (siehe Abbildung 3–13), dienen als Unterstützung für die nächste Lage Schrägsteine.

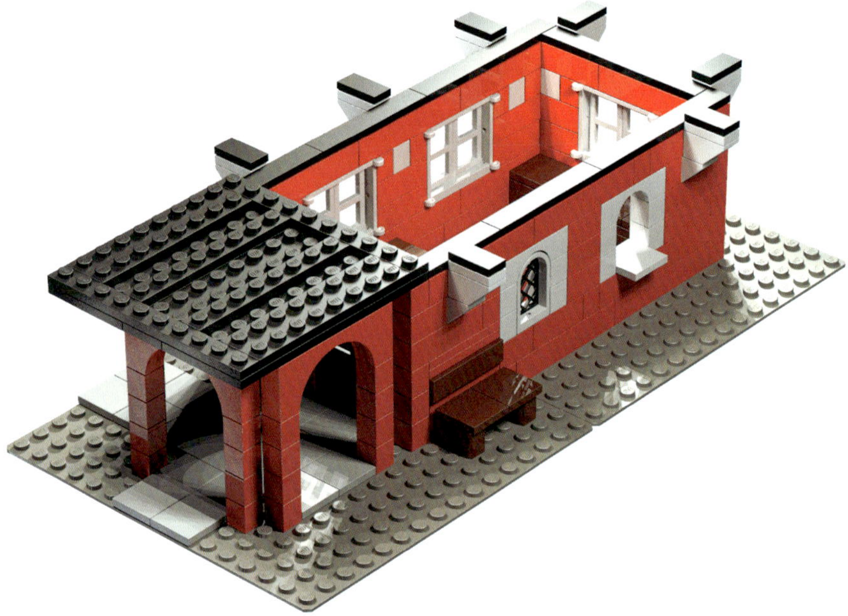

Abbildung 3–12: Teile des Dachs und viele viele Fliesen

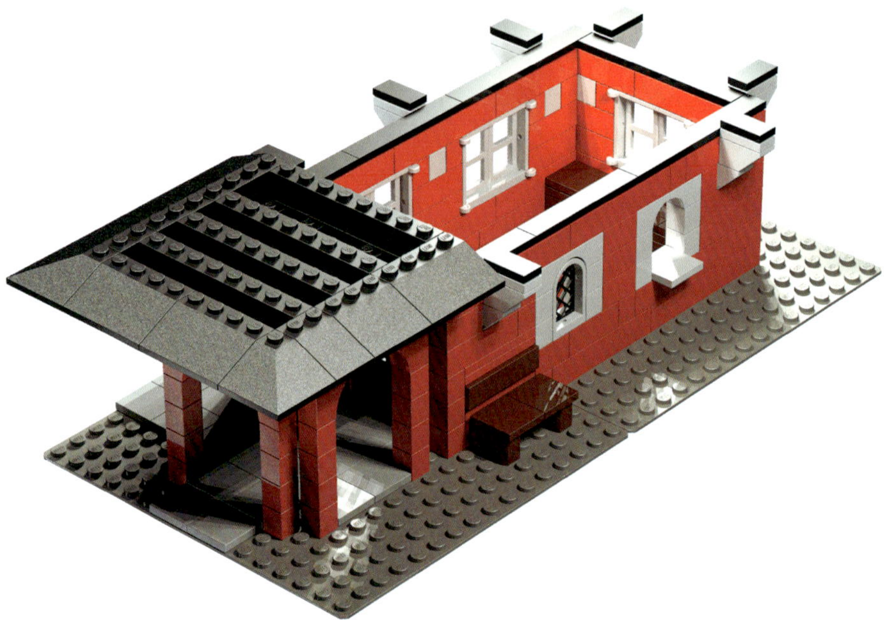

Abbildung 3–13: Den Rest des Daches bauen wir später. Vorläufig konzentrieren wir uns auf den Eingangsbereich.

Doch warum nur ein halbes Dach? Dieses Modell soll sowohl als Ausstellungsstück wie auch als Spielhaus zu verwenden sein, und dank der Fliesen auf den Außenwänden lässt sich das Hauptdach einfach abnehmen, um Zugang zum Innenleben zu gewähren und somit die zweite Funktion zu ermöglichen.

Wie du in Abbildung 3–13 siehst, ragt die unterste Lage der Schrägsteine so weit von der Gebäudekante weg wie die umgekehrten Halbbögen, die die Pfettenköpfe darstellen. Wenn das Modell fertiggestellt und der Rest der Dachkonstruktion aufgesetzt ist, kannst du erkennen, dass die umgekehrten 1 × 2-Dachsteine zwar nicht am Dach befestigt sind, aber immerhin den *Eindruck* erwecken, als trügen sie das Dach.

Schritt 10

In der nächsten Schicht habe ich die Dachsteine überlappend angeordnet wie die 1 × *n*-Steine in den Wänden (siehe Abbildung 3–14).

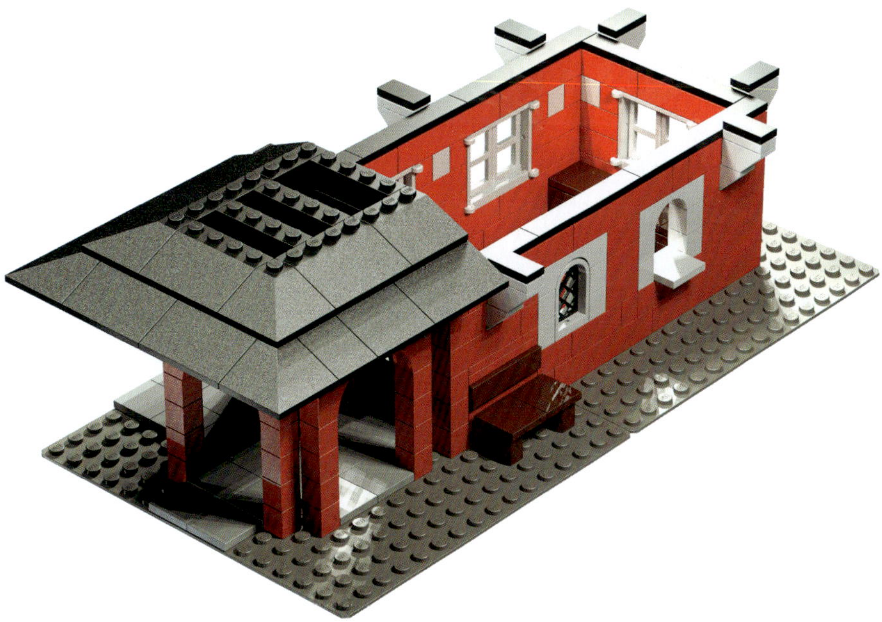

Abbildung 3–14: Die zweite Lage der 33°-Schrägsteine

Wie die 1 × 8-Steine in Abbildung 3–13 dienen die 1 × 4-Steine in Abbildung 3–14 als Unterstützung für die nächste Schicht der Schrägsteine.

Schritt 11

Denke daran, dass es nicht auf die Farbe ankommt. Mein Modell hat zwar ein schwarzes Dach, aber das muss schließlich nicht zwingend so sein. Auch rote oder blaue Schrägsteine eignen sich, und wenn du willst, kannst du auch die Farbe der Wände an die von dir gewählte Farbe des Daches anpassen. Probiere verschiedene Farbkombinationen aus und richte dich dabei nach dem, was du in deiner Sammlung hast, oder einfach nach deiner Stimmung.

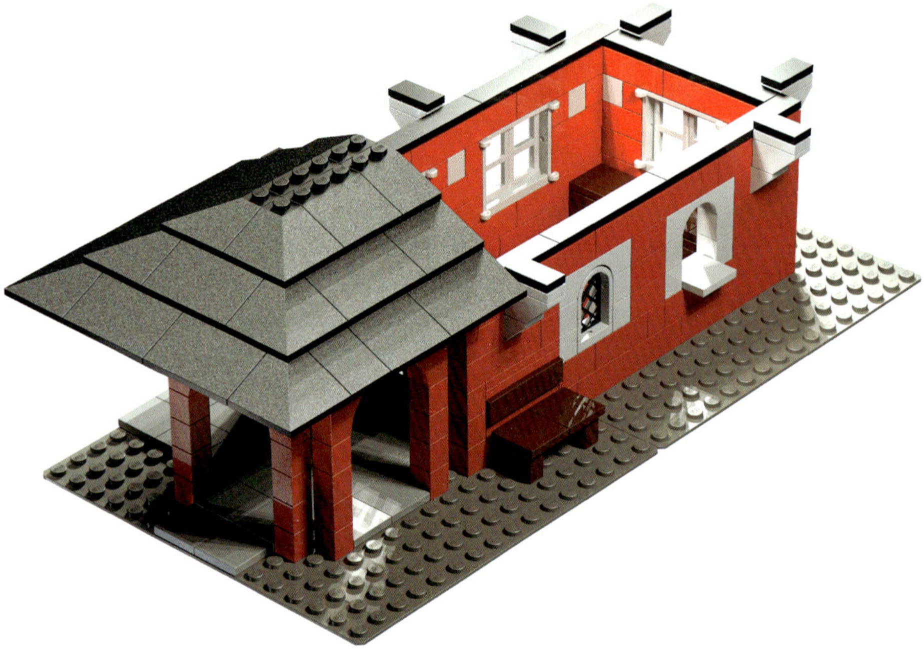

Abbildung 3–15: Fast geschafft! Das elegante Pagodendach nimmt Form an – zumindest zur Hälfte.

In Abbildung 3–16 siehst du das fertige Hauptmodell. Als Nächstes bauen wir das Teilmodell, um das Gebäude fertigzustellen.

Ein *Teilmodell* ist eine Gruppe von Teilen, die getrennt vom Hauptmodell zusammengesetzt werden. Beispielsweise können die Tragflächen ein Teilmodell eines Flugzeugmodells sein oder der Motor ein Teilmodell eines Autos. Wenn du die Karosserie des Autos fertiggestellt hast, kannst du das Teilmodell (den Motor) einfügen. Bei unserem Bahnhofsgebäude habe ich den größeren Abschnitt des Daches als abnehmbares Teilmodell ausgeführt, um einfachen Zugang zum Inneren des Modells gewähren zu können.

Abbildung 3–16: Der fertige Teil des Daches wird mit Firststeinen abgedeckt.

Teilmodell: Das Dach des Bahnhofsgebäudes

Mit Teilmodellen kannst du die Konstruktion komplizierterer Modelle vereinfachen, z.B. den Motor eines Autos. Es ist einfacher, alle kleinen Einzelteile des Motors getrennt von dem Fahrzeug als Teilmodelle zu konstruieren und sie anschließend in dem Hauptmodell zu platzieren. In anderen Fällen – wie bei unserem Dach – dienen Teilmodelle dazu, eigenständige abnehmbare Abschnitte zu bauen, um Zugang zum Inneren des fertigen Modells zu gewähren oder dieses für einen Transport leichter auseinandernehmen zu können.

Schritt 1

Das Teilmodell des Dachs ist insgesamt so breit wie jener Abschnitt des Daches, den wir bereits gebaut haben, und so lang bzw. an der Unterseite so breit, dass es in die Öffnung passt, die wir im Hauptteil der Station belassen haben (siehe Abbildung 3–16). Das Teilmodell des Dachs ist genau auf das Hauptmodell abgestimmt: Es deckt den Rest des Gebäudes und vervollständigt den bereits vorhandenen Dachabschnitt zu einem harmonischen Ganzen. Gleichzeitig aber kann es einfach abgenommen werden, um das Innere des Bahnhofs bespielbar zu machen.

Wie du in Abbildung 3–17 siehst, habe ich mit einigen Platten begonnen, die ich mit den Noppen nach unten hingelegt habe.

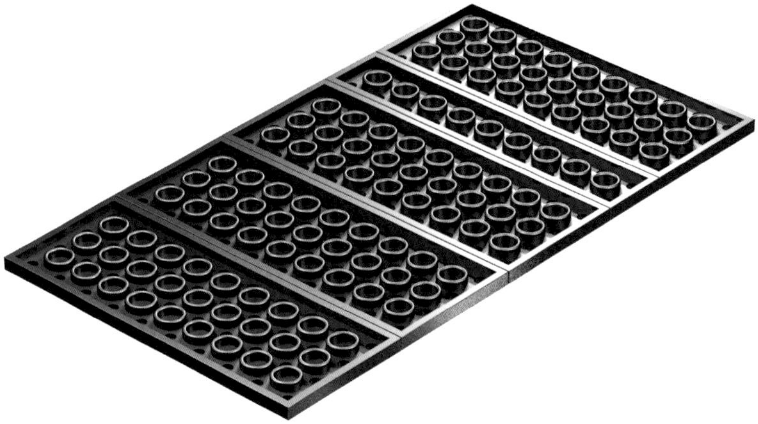

Abbildung 3–17: Nein, du hältst das Buch nicht falsch herum – die Platten werden mit den Noppen nach unten gedreht!

Schritt 2

In Abbildung 3–18 siehst du die Anordnung der nächsten Lage Platten. (Hätte ich diese Platten als erste Lage verwendet, wäre es kniffliger gewesen, dir die Platzierung der zweiten zu zeigen.)

Abbildung 3–18: Wenn du die Platten mit den Noppen nach unten hinlegst, kannst du die unterste Lage einfacher hinzufügen.

Schritt 3

Nach den ersten beiden Schritten drehst du die Platten in die richtige Richtung. In Abbildung 3–19 habe ich bereits die erste Lage Schrägsteine für den geneigten Teil des Daches hinzugefügt.

Abbildung 3–19: Drehe die Platten um und füge Schrägsteine an den Rändern hinzu. Die 1 × 8-Steine in der Mitte dienen als Unterbau für die nächste Lage.

Beachte die Vorausplanung bei dieser Konstruktion: Ich habe mir schon bei diesem Schritt Gedanken darüber gemacht, wie die nächste Lage der Schrägsteine die unterste Schicht überlappt und an die 1 × 8-Steine angeschlossen wird, die quer durch das Modell verlaufen und ihm Stabilität geben. Diese 1 × 8-Steine bilden eine Form von Aussteifung.

HINWEIS

Die inneren fünf 1 × 8-Steine sind nach Fertigstellung des Teilmodells nicht mehr sichtbar, weshalb du dafür jede beliebige Farbe verwenden kannst. Diese Teile sind ein weiteres Beispiel für die praktische Anwendung der Aussteifung!

Schritt 4

In Abbildung 3–20 habe ich eine weitere Lage Dachsteine hinzugefügt. Die 1×4-Steine in der Mitte dienen demselben Zweck wie die 1×8-Steine der unteren Schicht, nämlich als Unterstützung für die nächsthöhere Lage.

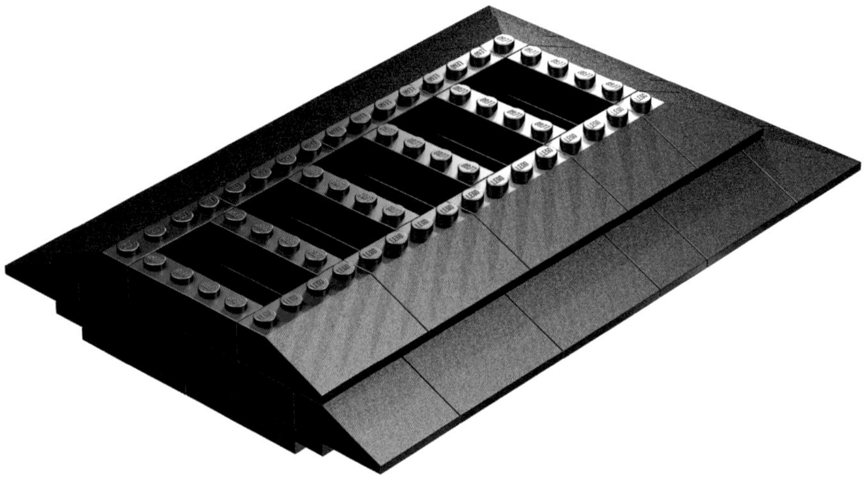

Abbildung 3–20: Die 1×4-Steine spielen dieselbe Rolle wie die 1×8-Steine unter ihnen.

Schritt 5

Bei guten LEGO-Modellen trägt jede Schicht und jede Teilstruktur sinnvoll zum gewünschten Endergebnis bei. Beispielsweise siehst du in Abbildung 3–21 einen 2×3-Stein, der aus dem Muster der Schrägsteine in seiner Lage herausragt. Das ist jedoch kein Fehler, sondern das Fundament für die Teile, die ich als Nächstes hinzufügen werde.

Schritt 6

In Abbildung 3–22 siehst du, warum ich im vorherigen Schritt den 2×3-Stein hinzugefügt habe, nämlich als feste Grundlage für den Kamin. Die Firststeine decken einen Teil des 2×3-Steins ab, sodass es so aussieht, als handele es sich um die Spitze einer Konstruktion, die aus dem Inneren des Gebäudes emporstrebt – wie es bei einem echten Kamin der Fall wäre.

Jetzt kannst du diesen Dachabschnitt auf dem Rest des Modells platzieren. Er wird allein durch die Schwerkraft festgehalten. Setze ihn vorsichtig in die Öffnung des Bahnhofsgebäudes ein. Das Endergebnis siehst du in Abbildung 3–3

Abbildung 3–21: Die Grundlage für den Kamin legen

Abbildung 3–22: Das fertige Teilmodell

Fehlende Sonderteile ersetzen

Was tun, wenn du mein Bahnhofsgebäude nachbauen willst, aber nicht alle Teile hast? Kein Problem! Die verschiedenen Sonderteile kannst du durch herkömmlichere ersetzen, um deinen Vorrat an LEGO-Elementen bestmöglich auszunutzen. In den folgenden Abschnitten zeige ich dir verschiedene Beispiele für den Ersatz einer Bauteilsorte durch andere.

Farben ersetzen

Selbst wenn deine Sammlung aus verschiedenen Sortimenten und Kästen zusammengewürfelt ist, verfügst du wahrscheinlich über genügend Grundbausteine, um die Wände des Bahnhofsmodells wie gezeigt nachzubauen. Möglicherweise aber hast du nicht ausreichend Steine derselben Farbe. Sei also bereit, Farben zu ersetzen. Grau, Braun wie sogar Weiß und Gold eignen sich gut als Alternative.

Bogensteine ersetzen

Bögen lassen sich häufig durch umgekehrte Schrägsteine nachbilden. Dazu musst du zunächst die Krümmung bestimmen, die du simulieren willst. Dazu benötigst du die lichte Höhe und die lichte Weite des Bogens.

Die *lichte Weite* ist der maximale Innenabstand des Bogens, wie du ihn in Abbildung 3–23 siehst, die *lichte Höhe* (in derselben Abbildung) der Abstand von der Unterkante zum höchsten inneren Punkt des Bogens.

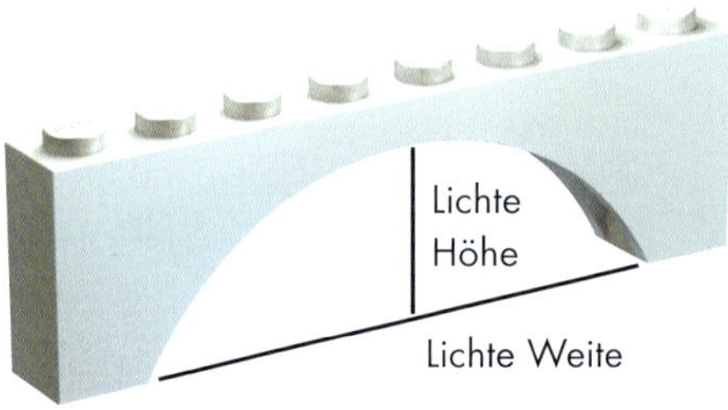

Abbildung 3–23: Lichte Weite und Höhe eines Bogens

Wie du in Abbildung 3–24 siehst, kannst du durch die sorgfältige Kombination unterschiedlicher Schrägsteine elegante Bögen bauen, ohne Bogensteine zu verwenden. Zwischen den einzelnen Lagen der Schrägsteine kannst du auch normale Steine oder Platten einschalten, um die lichte Höhe des Bogens zu ändern, ohne die lichte Weite zu beeinflussen.

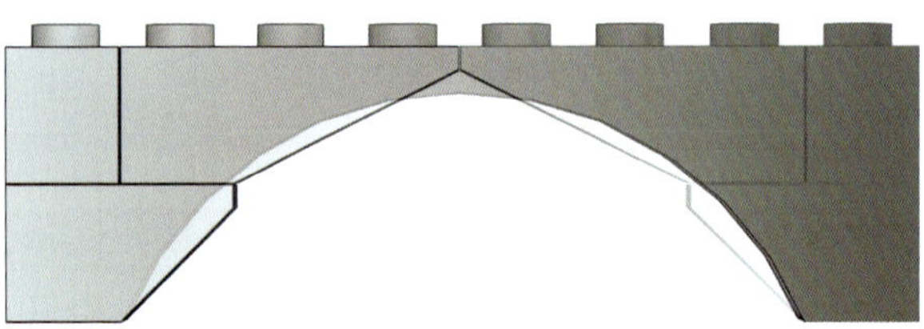

Abbildung 3–24: Hier siehst du einen 1 × 8 × 2-Bogen, überlagert mit dem Bild eines Bogens, der aus umgekehrten Dachsteinen der Größen 1 × 2 und 1 × 3 zusammengebaut wurde. Es ergibt sich fast die gleiche Form.

Fensterelemente ersetzen

Es kann vorkommen, dass du nicht über ausreichend Fenster der gewünschten Art verfügst. Zum Glück kannst du dem Bahnhofsgebäude mithilfe einfacher Tricks ganz eigene Fenster hinzufügen. Beispielsweise wird in Abbildung 3–25 ein kleiner Bogen simuliert (als Ersatz für den 1 × 4-Bogenstein), um ein ähnliches Aussehen hervorzurufen wie in dem ursprünglichen Bahnhofsmodell aus Abbildung 3–3.

Probiere als Ersatz für die Fenster an den Seitenwänden des Bahnhofs den Trick aus 3–26. Das Ergebnis ist zwar nicht perfekt, aber besser, als einfach nur Löcher in der Fassade zu lassen.

Abbildung 3–25: Die 1 × 4-Bogensteine des ursprünglichen Modells kannst du durch umgekehrte 1 × 2-Schrägsteine ersetzen.

Abbildung 3–26: Ersatzkonstruktionen sehen meistens nicht genau aus wie die ursprünglichen Teile, aber die Suche nach passenden Teilekonstruktionen macht schon einen Großteil des Spaßes beim Bauen aus.

In Abbildung 3–26 habe ich die Dicke von Standardplatten ausgenutzt und drei 1 × 3-Platten durch zwei 1 × 1-Rundsteine verbunden. Das Ergebnis ist ein Fenster, das genauso hoch ist wie drei Steine und daher perfekt in die Lücke passt.

Schrägsteine ersetzen

Es kann sein, dass du das Dach auf andere Weise konstruieren musst. Die Farbe sollte kein Problem darstellen (wenn du nicht genug schwarze Schrägsteine hast, kannst du auch rote oder blaue verwenden), aber was ist, wenn du nicht über ausreichend Schrägsteine verfügst? Mit herkömmlichen $2 \times n$-Steinen kannst du die Illusion eines (wenn auch etwas stufigen) Schrägdachs hervorrufen (siehe Abbildung 3–27 bis 3–32).

Um das Ersatzdach zu bauen, musst du als Erstes eine Lage Steine zusammenstellen, die genauso lang und breit ist wie das beabsichtigte Schrägdach. Füge dann die zweite Schicht hinzu und überlappe dabei alle Nahtstellen zwischen zwei Steinen der unteren Lage, wie du in Abbildung 3–30 siehst. Wenn du dabei jede Lage um zwei Noppen nach innen versetzt, kannst du die Neigung nachvollziehen, die wir mit den 33°-Schrägsteinen erreicht haben. Dies ist eine weitere nützliche Anwendung für die Überlappungs- und die Versatztechnik.

Damit kannst du die in Abbildung 3–11 bis 3–16 gezeigten Bauschritte ersetzen.

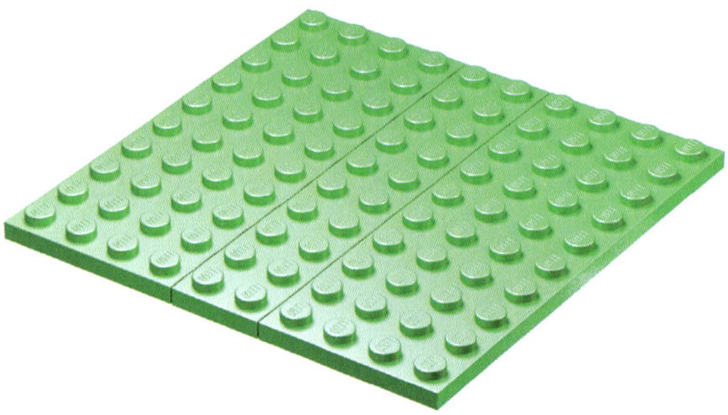

Abbildung 3–27: Dies sind die gleichen Platten wie in Schritt 7 des Hauptmodells (Abbildung 3–11). Baue das Ersatzdach von diesem Punkt an auf.

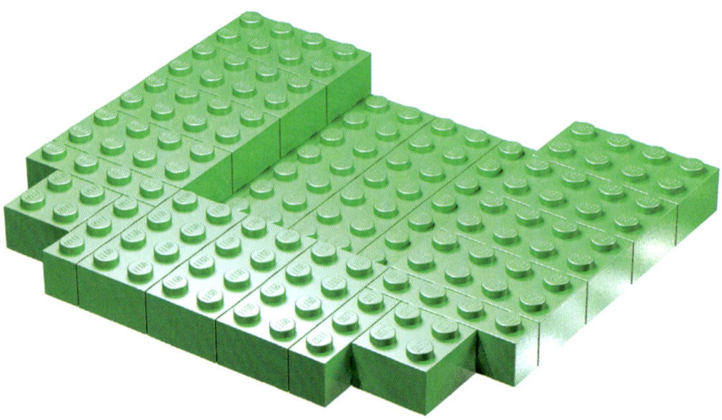

Abbildung 3–28: Verwende Standardsteine anstelle von Schrägsteinen.

Abbildung 3–29: Die drei 2 × 4-Steine in der Mitte stützen die nächste Lage.

Abbildung 3–30: Die zweite Lage ist gegenüber der ersten versetzt, um die Dachneigung nachzubilden.

Abbildung 3–31: Die 2 × 6-Steine der oberen Lage halten alles zusammen.

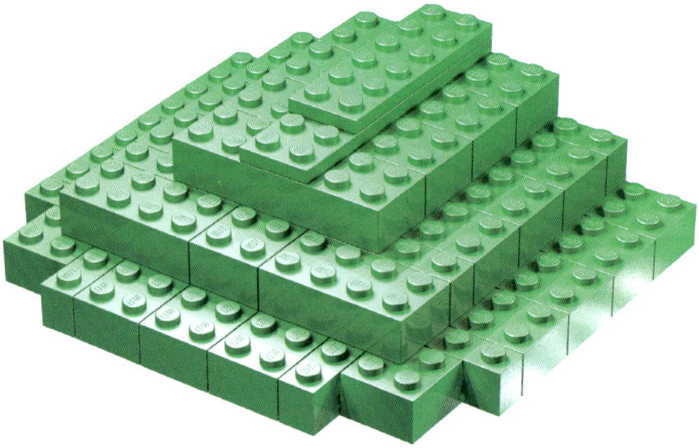

Abbildung 3–32: Die Platten überlappen die 2×6-Steine und halten sie zusammen.

Du kannst mit dieser Technik auch das Dach-Teilmodell (aus den Abbildungen 3–17 bis 3–22) nachbauen.

Rückblick: Bautechniken und Alternativen

Das Bahnhofsmodell hat einige grundlegende Bautechniken im Minifiguren-Maßstab veranschaulicht. Du hast gelernt, wie du die Überlappungstechnik (siehe Kapitel 2) einsetzt, die du sehr häufig zum Bauen verwendest. Auch Stapeln und Versetzen sind wichtig, aber die Überlappung ergibt die stärksten Verbindungen zwischen LEGO-Elementen.

Außerdem hast du erfahren, wie du fehlende Teile ersetzt. Zwar sehen die Ersatzdächer, -fenster und -bögen nicht so realistisch aus wie die vorgefertigten Varianten, doch solltest du dir dieser Möglichkeiten bewusst sein, um beim Bauen flexibel zu bleiben. Die fertigen Bogensteine gibt es nur in bestimmten Größen und Formen, doch Bögen aus Schrägsteinen kannst du in beliebigen Größen nach deinem jeweiligen Bedarf konstruieren. Mit der improvisierten Variante des Bahnhofsmodells wirst du zwar nicht gerade den Preis für besonders gutes Aussehen gewinnen, aber du hast dadurch die Möglichkeit, deine LEGO-Stadt mithilfe der Steine, die dir zur Verfügung stehen, liebevoll zu gestalten.

Für das Ersetzen gibt es keine festen Regeln. Es geht darum, sich das Modell genau anzusehen und alternative Möglichkeiten zu finden, um es mit den vorhandenen Teilen zu bauen. Das LEGO-System ist außergewöhnlich flexibel, und sofern du nur deine Kreativität spielen lässt, bist du niemals auf nur eine Möglichkeit beschränkt, irgendetwas zu tun, oder auf ein ganz bestimmtes Teil, ohne das du nicht weiterbauen könntest.

4

Die ganze Welt als Miniland

Ein spektakuläres Ereignis spielte sich 1968 in Dänemark ab: In der Nähe des Firmensitzes eröffnete die LEGO-Gruppe Legoland, einen einzigartigen Freizeitpark. Neben Fahrgeschäften und Imbissbuden umfasste Legoland auch eine erstaunliche Sammlung von LEGO-Konstruktionen im so genannten *Miniland*. Früher wurden vor allem berühmte dänische Wahrzeichen und Gebäude als Miniland-Konstruktionen nachgebildet, aber inzwischen sind Legoland-Freizeitparks überall auf der Welt eröffnet und dort alle möglichen Arten von Miniland-Bauwerken ausgestellt. Abbildung 4–1 zeigt eine Szene aus dem Legoland Winter Haven in Florida.

In den LEGO-Freizeitparks wird der Miniland-Maßstab zwar ausführlich genutzt, doch in offiziellen LEGO-Bausätzen wirst du keine Figuren dieser Größe finden. (Im Gegensatz zu Minifiguren, die aus Sonderteilen bestehen, sind die Miniland-Figuren gewöhnlich aus herkömmlichen LEGO-Elementen zusammengebaut.)

Abbildung 4–1: Die bunte Fassade und das Schild des »Colour Hotel« geben dieser dem Stadtbild von Miami nachempfundenen Straßenszene einen Hauch von Art déco. Die Modelle sind Teil der Miniland-Ausstellung im Legoland von Florida. (Foto: Michael Huffman)

Der Miniland-Maßstab: Größer, aber immer noch klein

In Kapitel 3 hast du gelernt, wie du Modelle im Minifiguren-Maßstab von ca. 1:45 baust. Die meisten Miniland-Modelle in den Legolands weisen dagegen den Maßstab von 1:20 auf, was bedeutet, dass eine durchschnittliche Figur (wie der Feuerwehrmann in Abbildung 3–2) etwa 9 cm groß ist.

Je kleiner der Maßstabswert, also die Zahl auf der rechten Seite, umso größer werden die Modelle. Die Minifiguren im Maßstab von 1:45 sind etwa 4 cm hoch, die Miniland-Figuren im Maßstab 1:20 mehr als doppelt so groß.

Abbildung 4–2: Ein Feuerwehrmann als Minifigur und als Miniland-Variante. Der Miniland-Mann ist mehr als doppelt so hoch wie sein lächelndes Gegenstück.

Wenn du Miniland-Figuren baust, kannst du an den Rumpf unterschiedliche Arten von Beinen anbauen und ihnen verschiedene Frisuren und Zubehörteile mitgeben. Letzten Endes sehen alle Miniland-Figuren jedoch ähnlich aus. Allerdings ist die Palette der möglichen Charaktere, die du in diesem Maßstab kreieren kannst, praktisch unbegrenzt.

Die Grundstruktur von Miniland-Figuren

Miniland-Figuren kannst du in zahllosen Posen und Ausstaffierungen bauen, aber für den Anfang wollen wir uns auf die Grundversion ohne jegliche Kinkerlitzchen beschränken, um dir eine Vorstellung davon zu geben, wie diese kleinen Leute konstruiert werden (siehe Abbildung 4–3).

Der Kopf ist kantig und eher langweilig, aber wir werden später noch einige Details hinzufügen, damit er nicht ganz so klotzig aussieht. Der Rumpf hat einen Querschnitt von 2 × 3 Noppen und ist aus mehreren kleinen Teilen aufgebaut. Die Arme sind einfach 2 × 2-Scharnierplatten. (Richtige Hände gibt es hier noch nicht.) Bei den Beinen handelt es sich um nichts anderes als 1 × 1-Standardsteine mit umgekehrten 45°-Schrägsteinen der Größe 1 × 2 für die Hüftpartie.

Abbildung 4–3: Wie eine Schaufensterpuppe wartet diese Figur darauf, mit Kleidung und Zubehör unterschiedlichster Art ausgestattet zu werden.

Die besten Teile: Nützliche Elemente für Miniland-Figuren

In den Abbildungen 4–4 bis 4–6 siehst du die Teile, die ich für einfache Miniland-Figuren verwende. Es werden nicht unbedingt alle davon für jede Figur benötigt, aber dieses Sortiment ist ein guter Ausgangspunkt.

Abbildung 4–4: Kleine Platten für die Köpfe von Miniland-Figuren. Von links nach rechts: 1 × 1-Platte, 1 × 2-Platte, Brückenplatte und 2 × 2-Platte

Mit kleinen Teilen wie denjenigen aus Abbildung 4–4 lassen sich die Einzelheiten von Kopf und Hals gestalten.

Technic-Steine wie die in Abbildung 4–5 dienen dazu, die Arme drehbar anzuschließen. (Die Platten mit Clips können als Hände verwendet werden, sind aber nicht unbedingt nötig.)

Abbildung 4–5: Verschiedene Teile für den Aufbau der Rümpfe von Miniland-Figuren. Von links nach rechts: 2 × 3-Platte, 2 × 3-Stein, 1 × 2-Technic-Stein, 1 × 1-Rundplatte, 1 × 2-Scharnierplatte und 1 × 1-Platten mit Clips

Durch Änderungen bei den Schräg- und Standardsteinen für die Beine kannst du deinen Figuren verschiedene Arten von Kleidung geben. Die Beispiele in Abbildung 4–6 zeigen eine gute Auswahl.

Abbildung 4–6: Verschiedene Teile für die Beine von Miniland-Figuren. Von links nach rechts: 1 × 1-Rundplatte, 1 × 1-Rundstein, 1 × 1-Stein, 1 × 2-Platte, umgekehrter 1 × 2-Schrägstein (45°), 2 × 1 × 3-Standard-Schrägstein (75°) und umgekehrter 2 × 1 × 3-Standard-Schrägstein (75°)

HINWEIS

»Technic« bezieht sich hier auf eine besondere Art von LEGO-Steinen und auf komplette Bausätze, in denen sie verwendet werden. Technic-Modelle sind gewöhnlich Rennwagen, Baumaschinen, Flugzeugen u. Ä. nachempfunden. Teile wie der 1 × 2-Technic-Stein bieten überraschende Möglichkeiten im Vergleich zu den herkömmlichen LEGO-Elementen.

Eine grundlegende Miniland-Figur

Fangen wir nun an, eigene Figuren zu bauen. Abbildung 4–7 zeigt in sechs einfachen Schritten, wie du eine Grundfigur konstruieren kannst. Anschließend sehen wir uns an, wie sich Haar, Kleidung und Körperhaltung verändern lassen.

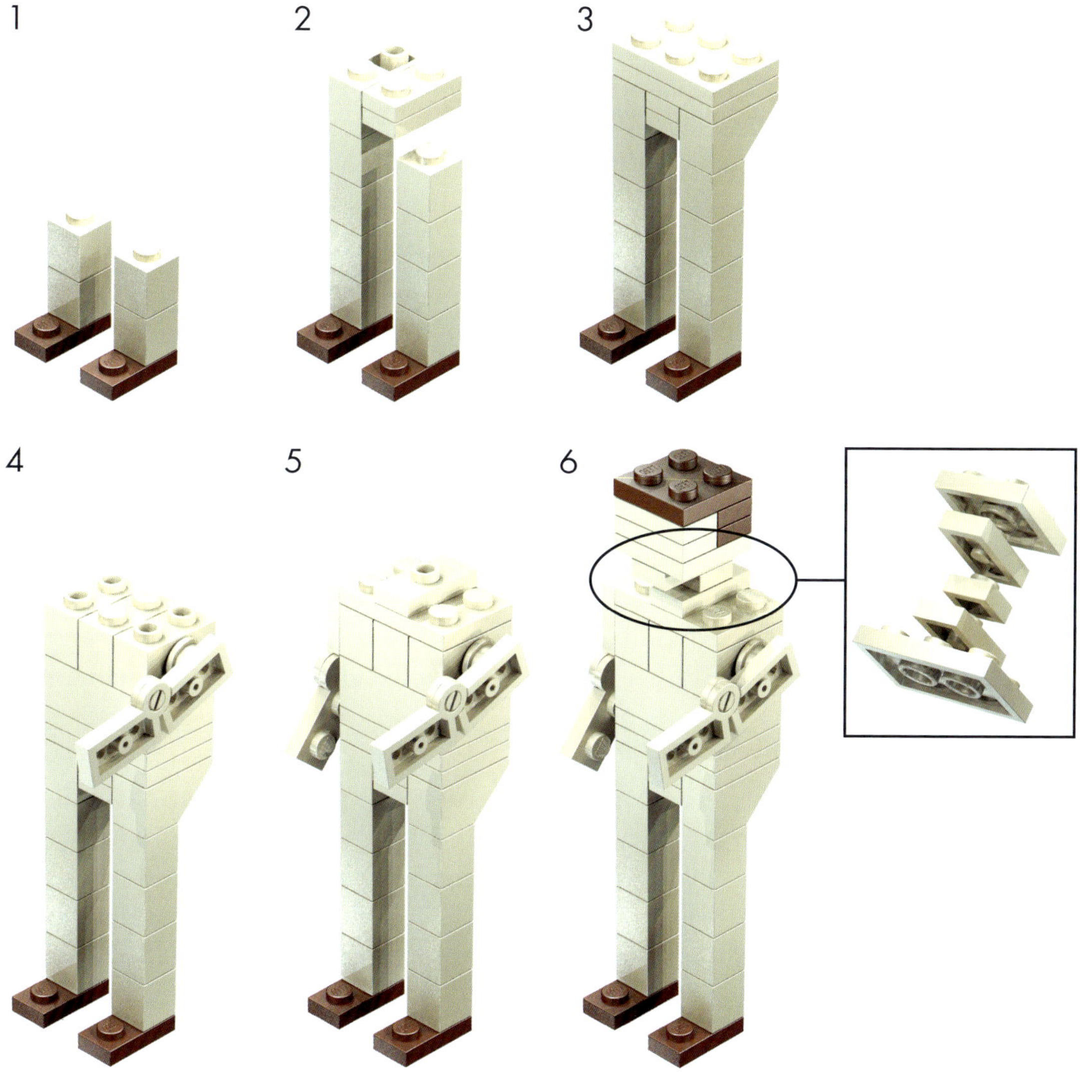

Abbildung 4–7: Eine einfache Miniland-Figur bauen

Eine Stückliste für dieses Modell gibt es nicht, aber anhand der Elemente in den Abbildungen 4–4 bis 4–6 und den Bildern der Anleitung kannst du herausfinden, welche Teile zu brauchst.

HINWEIS

In Abbildung 4–7 habe ich pro Schritt mehr als eine Lage Steine hinzugefügt. Da es sich um ein sehr kleines Modell handelt, sollte es trotzdem möglich sein, der Anleitung zu folgen.

Ein tolles Detail bei den Miniland-Figuren besteht darin, dass du die Arme bewegen kannst. Die Scharnierelemente aus Abbildung 4–7 werden mit einer 1 × 1-Rundplatte versehen, die dann in den 1 × 2-Technic-Stein eingefügt wird. Die Reibung zwischen der Noppe auf dem Scharnierelement und der Rundplatte reicht aus, um den Arm in Position zu halten – auch nach oben ausgestreckt!

Der Kopf wird mithilfe einer Brückenplatte mittig auf dem Rumpf platziert.

Figuren mit Persönlichkeit erschaffen

Jetzt wollen wir unseren Figuren etwas Leben einhauchen, indem wir Einzelheiten an den Köpfen, Armen und Beinen hinzufügen sowie ihre Kleidung ändern und ihnen Zubehör mitgeben.

Wenn du erst einmal damit vertraut bist, wie du die einzelnen Bestandteile baust, kannst du sie auf verschiedene Weise kombinieren, um eine eigene Welt von Miniland-Menschen zu erschaffen, die alle eine eigene Persönlichkeit aufweisen. Betrachte die folgenden Beispiele als Teilmodelle.

Köpfe und Kopfbedeckungen

Die Gesichter von Miniland-Figuren sind ziemlich abstrakt und weisen weder Augen, Mund noch Nase auf. Tatsächlich sind diese Figuren lediglich einfache Darstellungen von Personen ohne die Hände, die beweglichen Beine und detaillierten Gesichter, über die dagegen die Minifiguren verfügen.

Daher müssen wir, um unseren Miniland-Figuren ein »Gesicht« zu geben, lediglich andeuten, wo die Gesichtshaut zu sehen ist und wo Haare und Kopfbedeckung ansetzen. In Abbildung 4–8 siehst du jene Elemente, die für das Gesicht und den Hals stehen. (Um die Figuren einzigartig zu machen, wählst du die Farbe der Platten nach deinem Geschmack aus.)

Abbildung 4–8: Die gelben Elemente stehen für das Gesicht der Figur, die transparenten für Haare oder Kopfbedeckungen und den Hals. Um realistische Hauttöne für deine Miniland-Bewohner zu erzielen, kannst du Platten unterschiedlicher Farben verwenden.

Experimentiere mit unterschiedlichen Kombinationen von Platten, Rundplatten und anderen Teilen (etwa der 1 × 1-Platte mit Clip), um Haare und Kopfbedeckungen für deine Miniland-Leute zu gestalten. Der Kopf in der Mitte von Abbildung 4–9 sieht beispielsweise so aus, als trüge er eine blaue Baseballkappe, während der auf der rechten Seite zu jemandem zu gehören scheint, der gut mit dem Lockenbrennstab umgehen kann.

Abbildung 4–9: Ein Rotschopf, ein Mützenträger und ein Lockenkopf

Hemden und Röcke

Durch die Form und Farbe der Teile, die du für die Figuren auswählst, kannst du einen Eindruck von ihrem Beruf oder Hobby vermitteln. Beispielsweise zeigt Abbildung 4–10 drei unterschiedliche Arten der Bekleidung, mit denen du deine Miniland-Welt lebensnäher gestalten kannst: die Uniform eines Fußball-Schiedsrichters, ein klassisches Cocktailkleid in Rosa und einen grauen Anzug, der auf einen Geschäftsmann hindeutet.

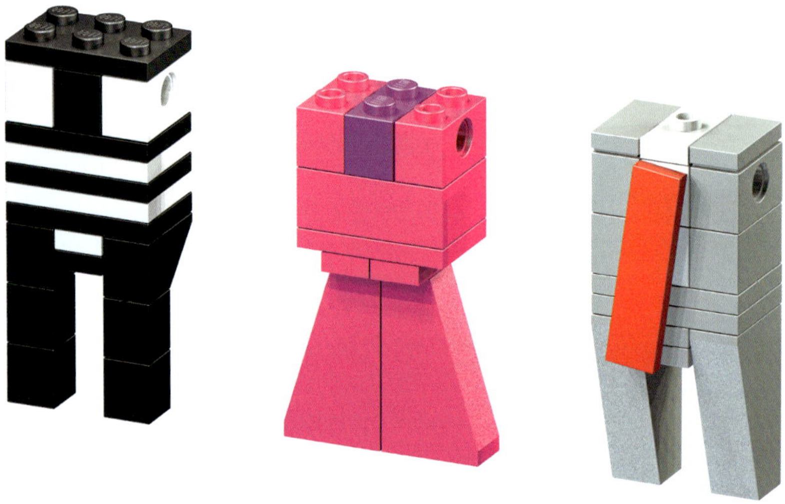

Abbildung 4–10: Kleider machen Miniland-Leute. Mit kleinen Einzelheiten und sorgfältiger Farbauswahl kannst du für viel Realismus und Charme sorgen.

Woran ist zu erkennen, dass dies die Bekleidung eines Fußball-Schiedsrichters ist? Das gestreifte Hemd und die schwarzen Hosen geben entsprechende Hinweise. Den letzten Schliff kannst du dieser Figur verleihen, indem du sie mit einer Mütze wie in Abbildung 4–9 versiehst oder ihr eine Trillerpfeife oder ein Fähnchen in die Hand drückst.

Das Cocktailkleid zeigt, wie du mit Elementen wie den 2 × 1 × 3-Schrägsteigen mit 75°-Neigung für ein weibliches Erscheinungsbild sorgen kannst. Die Schrägsteine sind unter zwei Brückenplatten zentriert, um der Figur eine schlankere Taille zu geben. Den 1 × 2-Stein oben kannst du durch einen Stein in der »Hautfarbe« der Figur ersetzen, um ein Dekolleté anzudeuten.

Scheue dich nicht, wie bei dem grauen Anzug kleine Tricks wie die leicht schräg gestellte Krawatte einzusetzen, um das weiße Hemd durchblitzen zu lassen und dadurch den Eindruck zu vermitteln, dass die Figur gerade aus einer überfüllten U-Bahn gestürzt ist. Kleine Einzelheiten wie diese hauchen deinen Figuren *Persönlichkeit* ein.

Beine ohne Ende

Abbildung 4–11 zeigt einige einfache Varianten der grundlegenden Bein/Fuß-Konstruktion aus Abbildung 4–3.

Die Bauweise auf der linken Seite kannst du praktisch für alle Figuren verwenden, die lange Hosen tragen. Um einen humoristischen Anstrich zu geben und eine Figur etwas trottelig erscheinen zu lassen, gestalte die Hosen einfach wie im mittleren Beispiel zu kurz. In der Variante auf der rechten Seite sind sofort die Beine und die Radlerhosen eines Sportlers zu erkennen, der gerade von seinem Mountainbike abgestiegen ist. (Verwende für die 1 × 1-Rundsteine dieselbe Farbe, welche du auch für das Gesicht und dic Arme gewählt hast!)

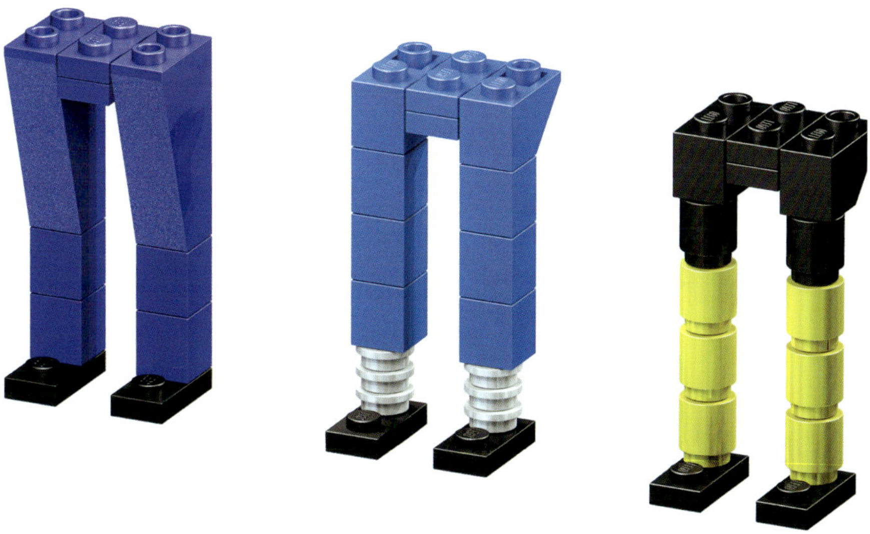

Abbildung 4–11: Die meisten Beinkonstruktionen führen schließlich zu der 2 × 3-Basis, auf die der Rumpf aufgesetzt wird.

Arme und Zubehör

Durch die Auswahl der Teile und die Ausrichtung der Arme in verschiedenen Winkeln kannst du eine breite Palette von Tätigkeiten und Gesten nachstellen. Abbildung 4–12 zeigt, wie du deinen Figuren über die Arme und Hände mehr Leben einhauchen kannst.

Die Figuren links und in der Mitte haben Hände, die aus 1 × 1-Platten mit seitlichem Clip bestehen. Die rechte Figur verfügt dagegen nicht über Hände. Stattdessen habe ich ihre Arme mit Brückenplatten verlängert, sodass sie das Fernglas halten kann. Wie du siehst, ist es wichtiger, das Erscheinungsbild dessen hervorzurufen, was du zeigen möchtest, anstatt dir über die kleinsten Details Sorgen zu machen. Die Miniland-Grundfigur aus Abbildung 4–3 hat auch keine Hände, sieht aber trotzdem wie eine Person aus. Mache dir das beim Bauen immer bewusst.

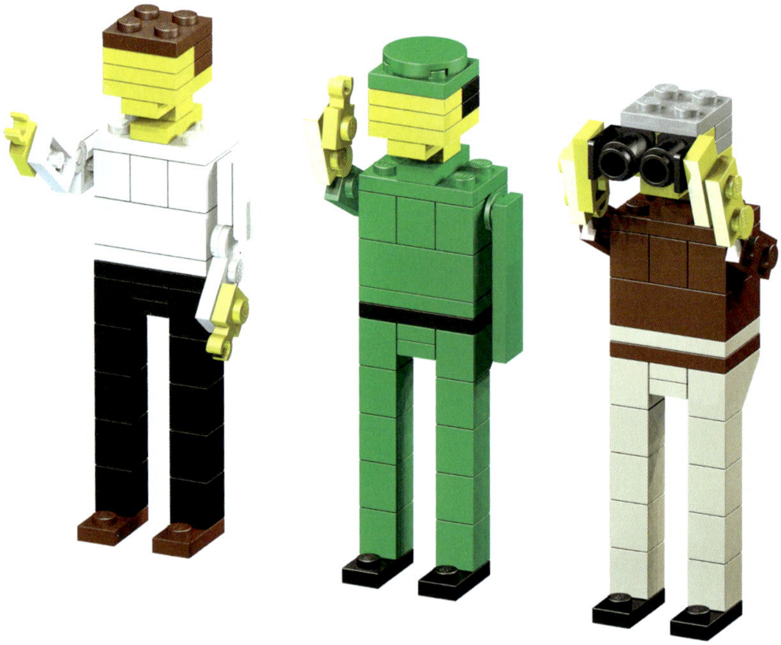

Abbildung 4–12: Ein Taxi rufen, einen Offizier grüßen, Vögel beobachten – Miniland-Bewohner können fast alles tun, was du mit ihnen vorhast.

Immer unterwegs: Miniland-Figuren in Bewegung

Du kannst nun Miniland-Figuren bauen und sogar anziehen. Jetzt musst du nur noch wissen, wie du den Eindruck erweckst, dass sie sich bewegen oder irgendetwas anderes tun. Im Gegensatz zu Minifiguren haben Miniland-Figuren keine Scharniere an den Beinen, weshalb es knifflig ist, sie so aussehen zu lassen, als würden sie gehen oder irgendwelche anderen Tätigkeiten verrichten. Der Trick besteht darin, die Bauelemente so auszuwählen, dass der *Eindruck* einer Bewegung entsteht, die in Wirklichkeit gar nicht da ist.

Wie du in den folgenden Beispielen siehst, wird die Bewegung der Figuren durch die Haltung angedeutet, die du ihnen gibst.

Die nach vorn und hinten schwingenden Arme der Frau aus Abbildung 4–13 vermitteln den Eindruck, dass sie geht. Die Dachecksteine mit 75°-Neigung lösen zusätzlich die Illusion aus, dass sich ihr langes, türkisfarbenes Kleid mit den Beinen bewegt.

Die Figur in der linken Hälfte von Abbildung 4–14 bückt sich, vielleicht um ein Haustier zu sich zu rufen oder um der Kugel auf der Kegelbahn nachzublicken. Wenn du genauer hinsiehst, wirst du aber feststellen, dass sie sich kaum von der Figur in Abbildung 4–3 unterscheidet, die in der rechten Hälfte von Abbildung 4–14 erneut wiedergegeben ist. Um das Männchen in die Knie gehen zu lassen, habe ich lediglich einige der grauen Teile durch schwarze ausgetauscht.

Abbildung 4–13: Du kannst eine Figur gehen lassen, indem du die Arme nach vorn und hinten drehst und die Beine nach vorn und hinten versetzt.

Abbildung 4–14: Die schwarzen Teile in der Figur auf der linken Seite bilden den einzigen Unterschied zu denen, die ich für die Figur auf der rechten Seite verwendet habe. Mit dem Austausch nur weniger Elemente kannst du das Erscheinungsbild einer Figur vollständig ändern und den Eindruck erwecken, dass sie eine ganz andere Handlung vollzieht.

Miniland-Gebäude

Der möglicherweise einzige Nachteil der Miniland-Welt ist die Tatsache, dass die Gebäude viel größer sein müssen als diejenigen für Minifiguren. Für große Strukturen brauchst du viele Steine, und damit kann selbst eine umfangreiche Sammlung bald erschöpft sein. Das heißt aber nicht, dass es nicht einen Versuch wert wäre.

Fassaden bauen

Eine *Fassade* ist die detailreich gestaltete Vorderseite eines Gebäudes, das entweder über ganz einfache, schmucklose Seitenwände oder über gar keine Seiten- und Rückwände verfügt. In Filmstudios werden ständig Fassaden verwendet, um Straßenszenen oder alte Westernstädte nachzustellen. Hinter diesen Vorderfronten befindet sich nichts als ein Stützgerüst. Beim Bauen im Miniland-Maßstab bietet es sich ebenfalls an, nur die Fassaden der Gebäude zu errichten, statt komplette Bauwerke hochzuziehen.

Damit kannst du kleine Alltagsszenen gestalten, in denen sich deine Miniland-Figuren vor Fassaden von nur ein oder zwei Gebäuden bewegen. Konzentriere dich dabei auf das, was von vorn zu sehen ist – die Seitenwände und die Rückansicht der Gebäude gelten *nicht* als Teil der Szene.

Fassaden eignen sich gut für den Miniland-Maßstab, da du damit größere und breitete Modelle mit weniger Elementen bauen kannst, als für eine vollständige Gebäudestruktur erforderlich wären. Mit anderen Worten: Du kannst die komplette Szene bauen, ohne ein ganzes Gebäude errichten zu müssen.

Stadtleben: Eine einfache Straßenszene im Miniland-Maßstab

Abbildung 4–15 zeigt eine einfache Straßenszene vor einem kleinen Café oder einem Laden in einer geschäftigen Innenstadt. Rechts zieht ein Mann Geld aus einem Automaten, auf der linken Seite wirft eine Frau Post in den Briefkasten.

Die Menschen auf der Straße

Sehen wir uns die einzelnen Elemente an, aus denen die Szene besteht, beginnend mit den Figuren auf der Straße. Beachte in der Detailaufnahme aus Abbildung 4–16 vor allem das Kind. Um eine kleine Figur wie ein Kind zu bauen, musst du nur die Hauptkörperteile der großen Figuren (Kopf, Rumpf, Arme und Beine) maßstabsgerecht verkleinern. Sollten die Beine des Kindes zu lang aussehen, dann sind sie es wahrscheinlich auch. Kürze sie einfach, bis sie »stimmen«.

Der Bankautomat ist in die Gebäudewand eingelassen. Bei einem älteren Gebäude sieht er zwar etwas deplaziert aus, aber genau solche Umbauten werden tatsächlich an alten Häusern vorgenommen, wenn sich ihre Verwendung ändert.

Abbildung 4–15: Eine typische Innenstadtszene. Alltagsobjekte und Alltagstätigkeiten sorgen für Realismus.

Abbildung 4–16: Figuren, die realistische Dinge tun, hauchen deinen Dioramen Leben ein.

Die Frau in Abbildung 4–17 hat einen Brief in der Hand, den sie gerade in den Briefkasten einwirft. (Sie trägt übrigens eine Variante des Kleides aus Abbildung 4–10.)

Abbildung 4–17: Einen Brief abzuschicken, ist eine weitere Alltagstätigkeit, die du in der Realität auf der Straße beobachten kannst.

HINWEIS

Deine Figuren stehen am besten, wenn du sie wie in den Abbildungen 4–16 und 4–17 auf einer Grundplatte feststeckst. Werden sie nur auf der Tischplatte oder einer anderen flachen Oberfläche aufgestellt, sind sie ziemlich wackelig.

Die Gebäude errichten

Kommen wir nun zu den Gebäuden. Da sie so realistisch wie möglich aussehen sollen, lässt du dich am besten von echten Läden, Banken und Schulen deiner Gegend inspirieren. Sieh dir an, wie die Steine zu Mauern zusammengefügt werden, wie viele Fenster es gibt, wo sie platziert sind und wie weit sie auseinanderstehen. Größere Gebäude haben oft mehr als einen Eingang, weshalb du auch in deinem Miniland-Modell genügend Türen vorsehen solltest. Achte auf Einzelheiten, die du leicht nachstellen kannst, um ein realistisches Erscheinungsbild hervorzurufen. Denke auch daran, dass sich Gebäude im Laufe der Zeit verändern, wenn sie renoviert oder restauriert werden. Scheue also nicht davor zurück, moderne Elemente in Gebäude einzufügen, die aus dem letzten Jahrhundert stammen.

Manchmal kann die wiederholte Verwendung eines bestimmten Elements ein Modell interessanter machen. Den Bereich über den Fenstern im ersten Stock hätte ich auch einfach mit massiven Steinen bauen können, aber die nebeneinanderliegenden 1 × 4-Bogensteine, die du in Abbildung 4–18 siehst, bilden ein viel attraktiveres Muster.

Abbildung 4–18: Die Bögen über den großen Fenstern lassen sich auch mit umgekehrten Dachsteinen nachstellen, wenn du nicht genügend Bogensteine hast (siehe Abbildung 3–25 auf Seite 61).

Die großen 1 × 8 × 2-Bögen über den Fenstern sind ein dramatisches Element, das dem Modell Flair verleiht. Wie du siehst, stehen sie genau vor den vielen 1 × 2 × 2-Fenstern und verdecken diese zum Teil.

Hinter den Kulissen

Ich hatte schon erwähnt, dass Fassaden nur von vorne gut aussehen müssen. Abbildung 4–19 zeigt unsere Straßenszene von hinten.

Abbildung 4–19: Ein Blick hinter die Kulisse der Fassade

Hier kannst du deutlich erkennen, dass das Gebäude nur eine Fassade ist – nichts als zwei Wände und eine Stütze zur Stabilisierung. Es gibt weder ein Dach noch die Zwischendecke für den ersten Stock, und die Wände sind alles andere als vollständig. Wenn du nur Fassaden baust, kannst du dich auf eine schöne Vorderseite konzentrieren, ohne dich um das Innenleben oder auch nur um die Seiten- und Rückwände zu kümmern.

Die Fassade abstützen

Sehen wir uns nun die Tragstruktur des Gebäudes näher an. Zur Stabilisierung des Wandendes, in dem sich der Bankautomat befindet (die Vorderansicht siehst du in Abbildung 4–15), habe ich eine Stütze errichtet. Diese robuste Säule, die mit einem Ende der Wand verbunden ist, bildet einen hervorragenden Ersatz für die fehlenden Seiten- und Rückwände. Eine einzige Stütze statt einer ganzen Wand zu bauen, hilft Steine zu sparen.

Auffällig ist das schrille Farbmuster der Stütze. Interne Aussteifungen und sonstige Teile des Modells, die letztendlich hinter anderen Elementen verborgen sind, kannst du aus Steinen beliebiger Farbe anfertigen. Dabei musst du nur darauf achten, dass sie auch wirklich hinter einer massiven Wand stehen und nicht hinter einem Fenster, durch das sie sichtbar sind.

In dem Ausschnitt in Abbildung 4–20 kannst du erkennen, dass die Stütze mithilfe einfacher Träger an die Wand angeschlossen ist. Dieser in die Außenwand eingebaute Träger ist das einzige Element der Abstützung, bei dem es auf die Farbe ankommt. Natürlich muss er dieselbe Farbe haben wie die Außenwand, nämlich in diesem Fall Hellgrün. Zum Anschluss einer Struktur an eine andere brauchst du lediglich einen 2 × 8- oder 2 × 10-Stein oder vielleicht auch einen zusammengesetzten Träger wie den aus Abbildung 2–21 auf Seite 31. Der Träger ist in die Säule eingebaut und erstreckt sich bis zur Wand, in die er ebenfalls eingelassen ist.

Im rechten Teil von Abbildung 4–20 sind einige Steine der Wand und der Stütze entfernt worden, um zu zeigen, wie der 2 × 10-Stein die beiden Strukturen verbindet.

Abbildung 4–20: Eine Vergrößerung der Stütze und eines Teils der Hauptwand (links). Rechts siehst du ebenfalls die beiden Strukturen, wobei jedoch einige Steine entfernt wurden, um zu zeigen, wie sie durch den hellgrünen 2 × 10-Stein verbunden sind.

Rückblick: Großartige Möglichkeiten im kleinen Maßstab

In diesem Kapitel hast du gelernt, wie du einzigartige Miniland-Figuren hauptsächlich aus einfachen Steinen, Platten und Schrägsteinen bauen kannst. Außerdem haben wir die Fassade eines Gebäudes im Miniland-Maßstab errichtet und damit eine Straßenszene dargestellt, in der Miniland-Figuren ihren Alltagsgeschäften nachgehen.

Im nächsten Kapitel geht es abermals um den Maßstab, aber diesmal in der anderen Richtung. Du wirst sehen, wie du LEGO-Steine in Monstergröße konstruieren kannst, die dann aussehen, als hätte sie ein verrückter Wissenschaftler mit einem Vergrößerungsstrahl bearbeitet.

5

Jumbo-Elemente: Größere Steine bauen

In Kapitel 3 beschäftigten wir uns mit Maßstäben, als wir ein verkleinertes Bahnhofsgebäude für eine LEGO-Stadt gebaut haben. In diesem Kapitel gehen wir genau umgekehrt vor: Wir bauen ein Modell in Überlebensgröße!

Eine Möglichkeit, um diese Technik zu veranschaulichen, besteht darin, mithilfe herkömmlichen LEGO-Materials *Jumbo-Steine* zu bauen, die genauso aussehen wie vergrößerte reguläre Elemente (siehe Abbildung 5–1).

Um einen Jumbo-Stein zu bauen, *vergrößern* wir die Abmessungen des realen Objekts um einen Faktor (ähnlich wie bei der Verkleinerung). In Kapitel 3 haben wir beispielsweise den Maßstab 1:45 für Minifiguren verwendet, was bedeutet, dass die Gebäude und Fahrzeuge der Minifiguren-Welt 45-mal *kleiner* sind als die entsprechenden Objekte in der Wirklichkeit. In diesem Kapitel beschäftigen wir uns dagegen mit *großmaßstäbigen* Modellen, die bis zu zehnmal so groß sein können wie das Vorbild – wie der Jumbo-Stein in Abbildung 5–1, der im Maßstab 10:1 gebaut ist.

Beim großmaßstäbigen Bauen multiplizieren wir alle Abmessungen (Länge, Breite und Höhe) um den Vergrößerungsfaktor. Der 1 × 1-Jumbo-Stein in Abbildung 5–1 ist also 10 Noppen lang, 10 Noppen breit und 10 Lagen (normaler Steine) hoch.

Abbildung 5–1: Das Jumbo-Modell eines 1 × 1-Steins lässt das Vorbild winzig erscheinen. Diese Variante ist zehnmal so groß wie das Original und hat eine Höhe von ca. 11 cm.

Abbildung 5–2 zeigt einen um den Faktor 4 vergrößerten 1 × 1-Jumbo-Stein (also im Maßstab 4:1), um die Beziehung zwischen den beiden Zahlenwerten in der Maßstabsangabe deutlicher zu machen. Wie du siehst, musst du vier herkömmliche 1 × 1-Steine (links im Bild) stapeln, um die Höhe das Makromodells auf der rechten Seite zu erreichen.

Abbildung 5–2: Ein Jumbo-Stein im Maßstab 4:1

Einen 1 × 1-Jumbo-Stein im Maßstab 4:1 zu bauen, ist nicht weiter schwierig, wie die Anleitung in Abbildung 5–3 zeigt. Im ersten Schritt stecken wir zwei Lagen von Steinen aufeinander. Dann fügen wir im zweiten Schritt eine dritte Lage aus 1 × 2- und 1 × 4-Steinen hinzu und schließen das Modell mit einer Lage aus zwei 2 × 4-Steinen ab. (Damit die Jumbo-Steine noch stärker riesigen LEGO-Steinen ähneln, solltest du sie farblich einheitlich gestalten, also z.B. nur rote oder nur gelbe Steine verwenden.) In Schritt 3 geben wir dem Modell mit einem 2×2-Rundstein den letzten Schliff. Natürlich könnten wir die sichtbaren Noppen noch mit Fliesen abdecken, aber dann müssten wir mehr Teile verbrauchen. Wenn wir die Noppen auf der Oberseite der Jumbo-Steine zugänglich lassen, können wir damit außerdem bauen wie mit herkömmlichen Steinen.

Abbildung 5–3: Drei einfache Schritte, um einen 1 × 1-Jumbo-Stein im Maßstab 4:1 zu bauen

Vergrößern – aber wie?

Nachdem du jetzt weißt, wie man Jumbo-Steine baut, wollen wir als Nächstes einen 2×4-Stein im Maßstab 4:1 konstruieren. Dazu multiplizieren wir alle Abmessungen des Originalsteins um den Faktor 4, wie du in Tabelle 5–1 siehst.

Tabelle 5-1: Abmessungen eines 2×4-Jumbo-Steins im Maßstab 4:1

	Echter Stein	**Jumbo-Modell**
Breite	2 Noppen	8 Noppen
Länge	4 Noppen	16 Noppen
Höhe	1 Stein	4 Steine

Unser Modell muss also 8 Noppen breit, 16 Noppen lang und 4 Lagen hoch sein.

Als Ausgangspunkt erstellst du ein Fundament mit den Abmessungen 8×16, wie der erste Schritt in Abbildung 5–4 zeigt. (Ich habe hier 1×8- und 1×6-Steine verwendet, aber du kannst auch andere Elemente verwenden, solange das Endergebnis genauso aussieht.) Als Nächstes steckst du wie im zweiten Schritt der Abbildung eine zweite Lage Steine auf diesem Fundament auf. (Denke daran, die Steine zu überlappen!) Dann füge die dritte Lage wie in Schritt 3 hinzu.

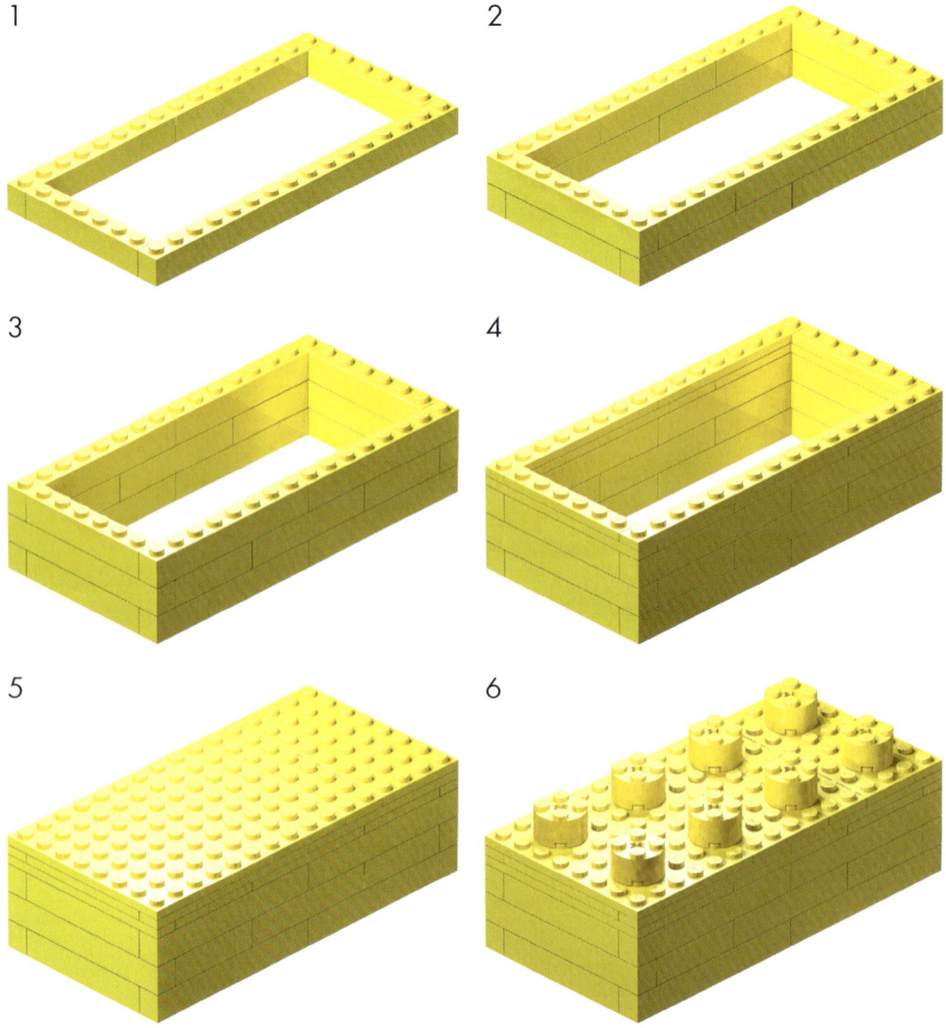

Abbildung 5–4: Einen 2 × 4-Jumbo-Stein im Maßstab 4:1 bauen

Mit der vierten und letzten Lage decken wir den Jumbo-Stein völlig ab. Dazu kannst du entweder zwei Lagen aus 1 × *n*-Platten auf den Außenwänden (Schritt 4) und dann eine Abdeckung aus 2 × 8- und 4 × 8-Platten verwenden (Schritt 5) oder einfach eine Lage von 2 × 8-Steinen und keine Platten.

Als krönenden Abschluss braucht der Jumbo-Stein auf seiner Oberseite noch acht Noppen. Aber wo genau müssen sie liegen?

Wenn du dir einen normalen 2 × 4-Stein ansiehst, wirst du feststellen, dass die Noppen gleichmäßig verteilt sind, wobei der Abstand der Noppen zum Rand (A) nur etwa halb so groß ist wie der Abstand zwischen den einzelnen Noppen (B).

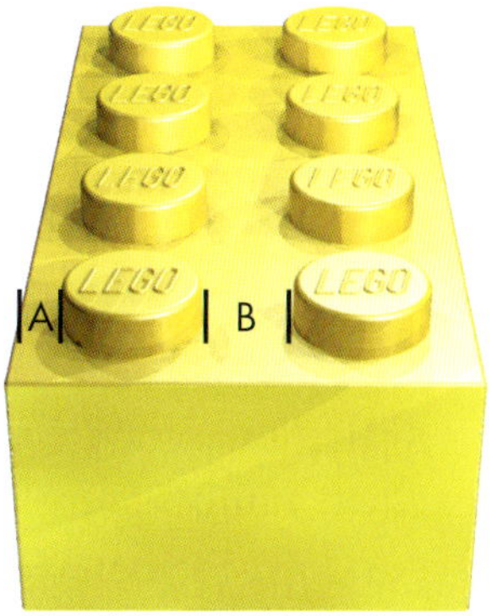

Abbildung 5–5: Durch genaue Betrachtung der Originalsteine kannst du deine Jumbo-Modelle realistischer gestalten.

Schau dir jetzt, nachdem du die Abmessungen der Noppen auf einem echten Stein kennst, noch einmal die Oberfläche des Jumbo-Steins an. Um ihn möglichst realitätsnah zu gestalten, müssen die 2 × 2-Rundsteine, die die Noppen darstellen, eine Noppe vom Rand des Steins entfernt liegen und untereinander zwei Noppen Abstand haben (siehe den letzten Schritt in Abbildung 5–4). Damit sind die Rundsteine/Noppen doppelt so weit voneinander entfernt wie vom Rand – genau wie die Noppen auf dem echten 2 × 4-Stein.

Unser fertiges Jumbo-Modell des 2 × 4-Steins ist zwar alles andere als eine perfekte Kopie des Originals, aber unmittelbar wiedererkennbar – und das ist es, was wir beim großmaßstäbigen Bauen erreichen wollen.

Die Wände des Jumbo-Steins bauen

Bei der Vergrößerung des 2 × 4-Steins um den Faktor 4 haben wir für die Außenwände wie bei dem 1 × 1-Stein aus Abbildung 5–3 1 × *n*-Steine verwendet. Warum? Der vergrößerte 2 × 4-Stein ist zwar umfangreicher als der vergrößerte 1 × 1-Stein, muss aber trotzdem dieselbe Wandstärke aufweisen, denn bei den echten Steinen ist das auch so. Wie du in Abbildung 5–6 sehen kannst, sind die Wände der Elemente immer ca. 0,16 cm dick.

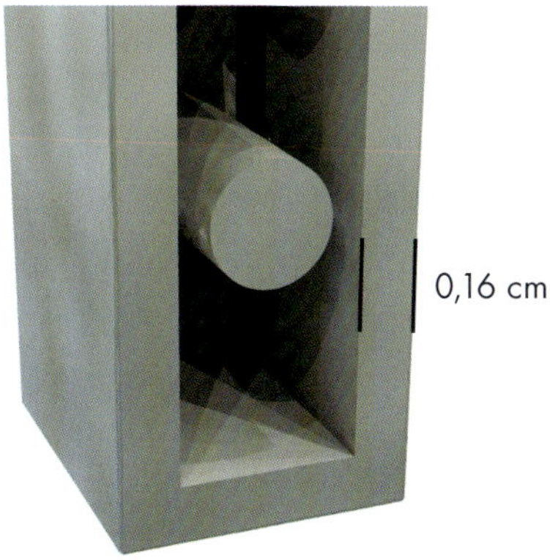

Abbildung 5–6: Herkömmliche LEGO-Steine weisen eine Wandstärke von ca. 0,16 cm auf.

Die Multiplikation von 0,12 cm mit dem Vergrößerungsfaktor 4 ergibt 0,48 cm. 1×*n*-Steine sind 7, 8 mm breit und eignen sich daher von allen Elementen am besten, um die Außenwand eines Jumbo-Steins im Maßstab 4:1 aufzubauen.

Bei der Version im Maßstab 10:1 aus Abbildung 5–1 haben wir 2×*n*-Steine für die Außenwände verwendet, was in der 4:1-Version jedoch klobig aussehen würde. In Abbildung 5–7 siehst du auf der linken Seite einen Jumbo-Stein aus 1×4- und 1×2-Steinen sowie auf der rechten einen aus 2×*n*-Steinen. Dort sind die Wände viel zu dick. Es bleibt nicht einmal Platz für eine Öffnung zur Aufnahme einer Noppe. Diese Elemente sind daher offensichtlich keine gute Wahl.

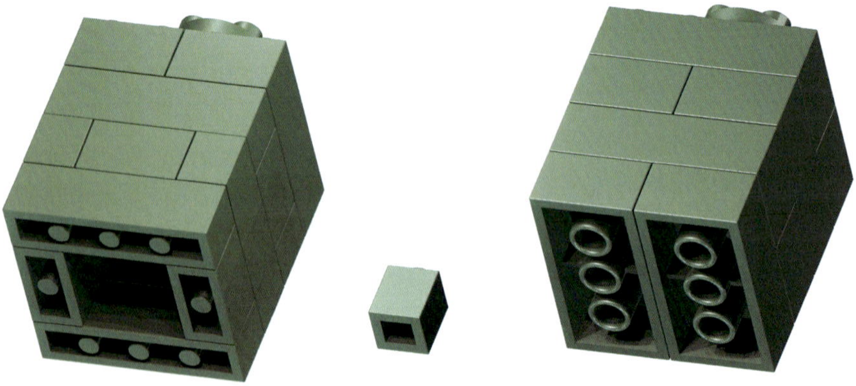

Abbildung 5–7: Eines der drei dargestellten Objekte weicht von den beiden anderen ab – und es ist wahrscheinlich nicht das offensichtliche! Die Version ganz rechts wurde mit den falschen Steinen gebaut. Ihr fehlt die Öffnung, die die Jumbo-Version auf der linken Seite und der echte 1 × 1-Stein haben.

Beim Bauen stellen sich ständig solche Fragen. Manchmal ist es sinnvoll, eine mögliche Lösung zu testen, um sich zu vergewissern, dass sie wie beabsichtigt funktioniert. Durch Herumspielen und Experimentieren mit einer Testkonstruktion kannst du dir später viele Enttäuschungen ersparen.

Andere Teile, gleiche Technik: Noch mehr Möglichkeiten für Jumbo-Steine

Vielleicht fragst du dich jetzt, ob es außer den Standardsteinen noch andere Elemente gibt, von denen sich Jumbo-Versionen erstellen lassen. Die Antwort lautet Ja. Du kannst viele andere LEGO-Elemente in vergrößertem Maßstab nachbauen. Ziemlich einfach ist das bei Standard-Schrägsteinen und Platten, da sie eine recht einfache Geometrie aufweisen (siehe Abbildung 5–8).

Abbildung 5–8: Eine 1 × 2-Platte und ein 2 × 2-Schrägstein mit 45°-Neigung

Die folgende Anleitung zeigt dir, wie du deine eigenen Jumbo-Modelle von Platten und Schrägsteinen anfertigen kannst.

1 × 2-Platten: Bauanleitung für die Jumbo-Version

Wenn du nach einem kleinen, aber interessanten Objekt Ausschau hältst, um erste Erfahrungen mit dem Bauen von Jumbo-Elementen zu sammeln, dann versuche dich doch an einer 1 × 2-Platte. Nimm anschließend die fertige großmaßstäbige Version in die eine Hand und eine echte 1 × 2-Platte in die andere. Der direkte Vergleich zwischen dem kleinen Teil, das du zwischen zwei Fingern einklemmen kannst, und der Riesenversion, die fast deine Handfläche ausfüllt, sollte dir einen Eindruck vom Maßstab geben.

Abbildung 5–9 zeigt, wie du die Platte im Maßstab 4:1 baust.

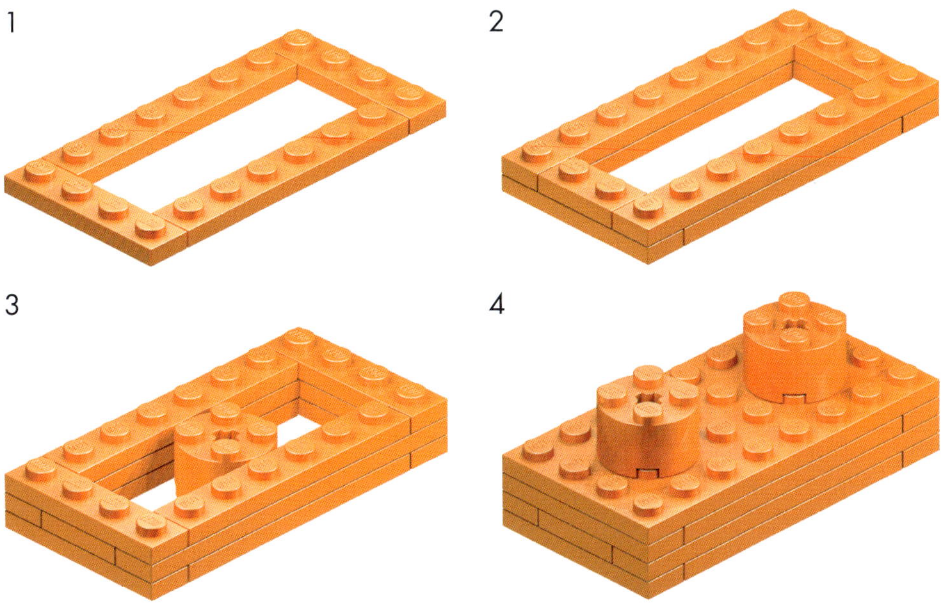

Abbildung 5–9: Eine 1 × 2-Jumbo-Platte im Maßstab 4:1 bauen

Die Noppen auf dem Jumbo-Modell bestehen aus herkömmlichen 2 × 2-Rundsteinen und sehen etwas zu groß aus. Wenn du über 2 × 2-Rundplatten verfügst, kannst du anstelle der Steine je zwei von diesen Platten verwenden, um eine realistischere Noppengröße zu erreichen.

2 × 2-Schrägsteine mit 45°-Neigung: Bauanleitung für die Jumbo-Version

Wenn du dir überlegst, welche Elemente du vergrößert nachbauen möchtest, musst du immer daran denken, dass du dabei große Mengen von bestimmten Teilen brauchst. Beispielsweise benötigst du für den 2 × 2-Schrägstein

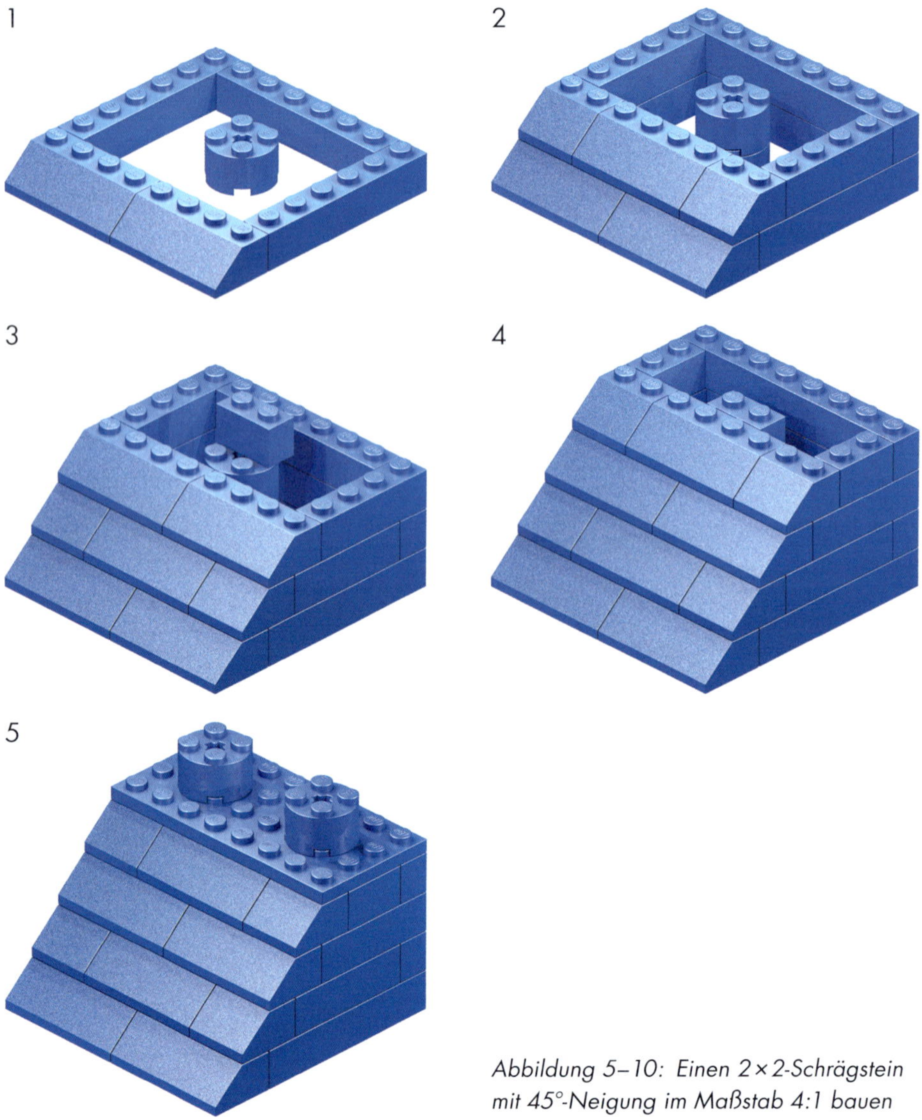

Abbildung 5–10: Einen 2 × 2-Schrägstein mit 45°-Neigung im Maßstab 4:1 bauen

mit 45°-Neigung eine ganze Reihe von 45°-Schrägsteinen, wie du in der folgenden Bauanleitung sehen kannst (siehe Abbildung 5–10). Für das Modell sind vier 2×2- und sechs 2×4-Schrägsteine erforderlich. Wenn du den Stein in einem noch größeren Maßstab nachbaust (10:1 oder gar 12:1), sind natürlich noch viel mehr echte 45°-Schrägsteine nötig.

Dieses Beispiel zeigt, wie du das Röhrchen innerhalb des Steins ganz einfach mit 2×2-Rundsteinen nachbauen kannst. Dieses Röhrchen ist zwar nicht hohl wie bei einem echten Stein, aber die Größe stimmt.

Bauen mit Jumbo-Steinen

Die Jumbo-Versionen der 1×2-Platte und des 2×2-Schrägsteins, die wir auf den vorherigen Seiten gebaut haben, kannst du fast genauso zusammenstecken wie die Versionen in der regulären Größe. Der einzige wirkliche Unterschied liegt in der Art und Weise, wie sie dabei miteinander verbunden sind. Normale Steine halten aufgrund der Reibung zwischen den Noppen des einen Elements und den Röhrchen des darüberliegenden zusammen. Bei den Jumbo-Bauteilen ist das anders.

Wie bereits erwähnt, haben wir die kleinen Noppen der regulären Steine auf der Oberseite der Jumbo-Elemente nicht abgedeckt. Dadurch sind es diese Noppen, die die Jumbo-Steine zusammenhalten, und nicht die selbst gebauten, großmaßstäbigen Noppen.

Das führt uns wieder zu dem Prinzip der Teilmodelle, das ich in Kapitel 3 vorgestellt habe. Wenn du ein ganzes LEGO-Modell aus Jumbo-Elementen baust, ist jeder dieser Jumbo-Bausteine ein Teilmodell. Der Konstruktionsvorgang läuft also in zwei Phasen ab: Erst baust du die einzelnen Elemente in Jumbo-Größe nach, dann setzt du das Modell aus diesen Elementen wie ein normales Modell aus Standardelementen zusammen.

Am Ende hast du ein komplettes Modell im Jumbo-Maßstab wie das in Abbildung 5–11. Das kleine Flugzeug unten rechts besteht aus regulären LEGO-Elementen, das große dagegen aus Jumbo-Elementen (hier im Maßstab 4:1), die genau den Bestandteilen der kleinen Version entsprechen.

Abbildung 5–11: Das Vorbild für dieses Jumbo-Flugzeug ist klein genug, um noch unter die Tragfläche zu passen.

Das Beste ist immer einfach

Bei der Arbeit an deinen LEGO-Projekten wirst du dich oft fragen, ob ein bestimmtes Teil in einer gegebenen Situation wirklich sinnvoll ist. Du musst zwischen verschiedenen Techniken wählen und dich für einen Maßstab entscheiden. Was auch immer du tust, halte dich an die folgende Grundregel:

Gehe immer nur so kompliziert vor, wie es notwendig ist, aber nicht mehr!

Beispielsweise haben wir als Noppen für das 4:1-Modell 2 × 2-Rundsteine verwendet (siehe Abbildung 5–3). Durch diese Entscheidung haben wir dafür gesorgt, dass wir nicht mehr Teile benötigen, als unbedingt erforderlich sind.

Welche Maßstäbe sind geeignet – und warum?

Theoretisch kannst du Jumbo-Steine in jedem beliebigen Maßstab bauen. In der Praxis eignen sich einige Maßstäbe jedoch besser als andere.

Der kleinste gut funktionierende Maßstab ist 4:1, weshalb ich ihn auch mehrmals in diesem Kapitel verwendet habe. Tatsächlich sind die meisten geradzahligen Maßstäbe gut geeignet, da es dabei sehr viel einfacher ist, die Noppen auf der Oberseite zu zentrieren. Bei Steinen mit einer ungeradzahligen Seitenlänge ist das viel komplizierter.

Maßstäbe wie 4:1, 6:1, 10:1 und 12:1 (siehe Abbildung 5–12) bieten einfache Lösungen zur Herstellung von Jumbo-Elementen. Die Berechnungen sind ganz einfach: Bei 10:1 etwa ist das Jumbo-Modell eines Standardsteins zehn reguläre Steine hoch. Jumbo-Platten weisen unabhängig vom Maßstab stets ein Drittel der Höhe eines zugehörigen Jumbo-Steins auf. Daher ist die Platte im Maßstab 10:1 drei reguläre Steine und eine reguläre Platte hoch. Beim Maßstab 12:1 ergibt sich eine Höhe von zwölf Standardsteinen für den Jumbo-Stein und von vier Standardsteinen für die Jumbo-Platte.

Abbildung 5–12: Von links nach rechts: Ein 1 × 1-Stein in Standardgröße und als Jumbo-Version in den Maßstäben 4:1, 6:1, 10:1 und 12:1

Eine knifflige Sache beim Bauen von Jumbo-Elementen bilden die Noppen. Da du nicht für alle Maßstäbe dieselbe Lösung verwenden kannst, musst du jeweils herausfinden, wie du die Noppen bei den einzelnen Vergrößerungsfaktoren konstruierst. Bei 4:1 kannst du einfach 2 × 2-Rundsteine als Noppen nehmen. Im Maßstab 6:1 hat ein 4 × 4-Rundstein zwar den richtigen Durchmesser, ist aber nicht hoch genug.

Bei den Maßstäben 10:1 und 12:1 bleibt dir nichts anderes übrig, als Noppen aus eckigen Steinen zusammenzubasteln. Wie das geht? Durch Näherung, was du im nächsten Abschnitt lernen wirst.

Näherung

Beim Bauen wirst du oft feststellen, dass du manche Merkmale des Originals *annähern* musst, um deine Modelle so realitätsnah wie möglich zu gestalten. Nah an das gewünschte Erscheinungsbild heranzukommen, ist oftmals ausreichend.

Nimm als Beispiel die Jumbo-Elemente. Bei manchen von ihnen ist es ziemlich kompliziert, die Noppen zu bauen.

Das werde ich gleich am Beispiel des Maßstabs 10:1 veranschaulichen. Zunächst aber blättere bitte zu Anhang B vor und folge der Anleitung, um ein Raster für das Modelldesign auszudrucken, nämlich Raster Nr. 1, das wie kariertes Papier aussieht. Auf diesen Rastern kannst du vorbereitende Skizzen eines ganzen Modells anlegen – oder in diesem Fall für einen Teil des Modells. Solche Skizzen sind nicht unbedingt erforderlich, erweisen sich aber doch manchmal als nützlich, vor allem wenn du dir überlegst, ob du für ein Modell zusätzliche Teile kaufen musst. Wenn du dein Modell erst skizzierst, kann dir das dabei helfen, die richtigen Teile in ausreichender Menge zu bestellen.

Skizziere jetzt auf dem Designraster ein Quadrat, das die Oberseite eines Steins darstellen soll, und zeichne dann als Noppe einen Kreis mit dem richtigen Durchmesser ein. Stell dir dabei vor, du blickst von oben auf einen 1×1-Jumbo-Stein im Maßstab 10:1 (wie den aus Abbildung 5–1).

Jetzt schraffiere die kleinen Quadrate des Rasters, bis du den Kreis so weit wie möglich ausgefüllt hast, ohne irgendwo über die Kreislinie hinauszugehen. Deine Zeichnung sollte wie in Abbildung 5–13 aussehen, wo die Schraffur den Kreis auch nicht ganz ausfüllt. Dadurch kannst du erkennen, wie du eine Jumbo-Noppe bauen kannst, die ein bisschen kleiner ist als eine kreisrunde Noppe im entsprechenden Maßstab.

Als Nächstes schraffierst du weitere Quadrate, bis deine Zeichnung wie in Abbildung 5–14 aussieht. Diese Version der Noppe ist etwas größer, als es eine zylindrische Jumbo-Noppe wäre. Mit keiner der beiden Techniken kannst du eine exakte Vergrößerung der Originalnoppe bauen, aber du erhältst in beiden Fällen gute Näherungen.

Die Abbildungen 5–15 und 5–16 zeigen die beiden fertigen Noppen. Wie du siehst, funktionieren beide Techniken, sodass du eine davon auswählen kannst. Bei der Näherung geht es nicht darum, eine technisch genaue Lösung zu finden, sondern das Erscheinungsbild zu erreichen, das für dein Modell richtig *erscheint*.

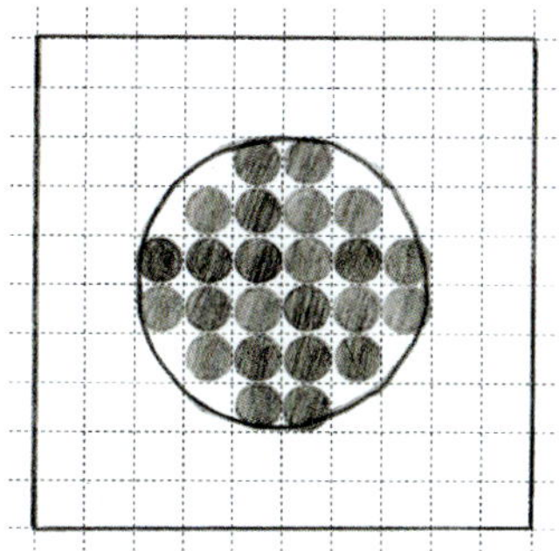

Abbildung 5–13: Die kleinen schraffierten Kreise innerhalb des großen Kreises stellen die Noppen der Steine dar, mit denen wir die Jumbo-Noppe nachbauen.

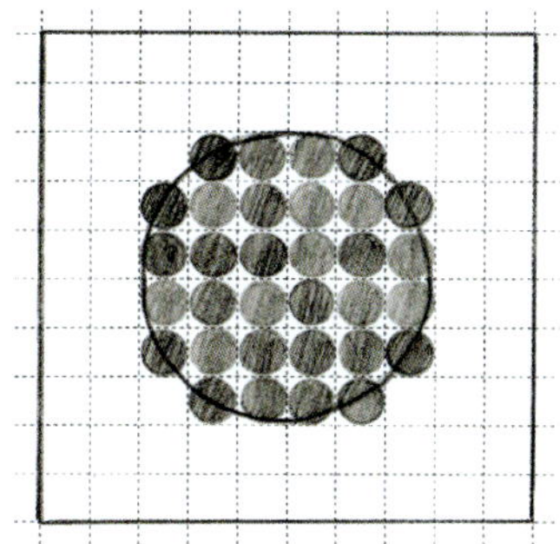

Abbildung 5–14: In diesem zweiten Beispiel verwenden wir mehr reguläre Steine für die Noppe. Dadurch wird die Jumbo-Noppe umfangreicher als in Abbildung 5–13. Welche dieser beiden Versionen du nimmst, bleibt dir überlassen.

Abbildung 5–15: Die Noppe in diesem Beispiel ist im Durchmesser ein wenig kleiner als eine echte Noppe in diesem Maßstab, eignet sich aber trotzdem gut.

Abbildung 5–16: Der Durchmesser dieser Noppe ist etwas größer als die Idealform, sie eignet sich aber trotzdem gut als Jumbo-Noppe.

Rückblick: Jumbo-Steine sind erst der Anfang

Du hast jetzt einige Jumbo-Steine zusammengesetzt und das Prinzip des großmaßstäbigen Bauens kennengelernt. Bei Jumbo-Konstruktionen gibt es nur eine allgemeingültige Regel, und die hat mit der Auswahl der Vorbilder für deine Makromodelle zu tun:

Fang klein und baue nicht zu groß!

Versuch als Erstes, die *anderen* Elemente aus deiner Sammlung nachzubauen. Beispielsweise kannst du einen 1 × 1-Scheinwerferstein konstruieren oder versuchen, die Struktur an der Seitenwand eines 1 × 2-Riffelsteins nachzubilden. (Abbildungen dieser und vieler anderer Elemente findest du in Anhang A.) Suche dir Steine aus, die du interessant findest und gern im großen Maßstab sehen möchtest. Fange immer erst mit kleineren Elementen an. Versuche dich also nicht gleich an einem 1 × 16-Technic-Stein, sondern probiere zunächst an einem 1 × 1-Stein aus, ob du das Loch auch angemessen rund hinbekommst.

Unabhängig vom Maßstab und vom gewählten Objekt sind Jumbo-Steine echte Hingucker und bieten viel Spaß beim Bauen.

6

Bauen im Mikromaßstab: Klein, aber oho!

In Kapitel 5 habe ich Techniken zum Bauen im *Makromaßstab* vorgeführt, mit denen du überlebensgroße Modelle erstellen kannst. In diesem Kapitel geht es dagegen darum, wie du im *Mikromaßstab* Modelle anfertigst, die viel kleiner sind als das Original.

Wenn du nur über einen beschränkten Vorrat an LEGO-Steinen verfügst oder nur wenig Platz zum Bauen hast, ist der Mikromaßstab womöglich genau das Richtige für dich. Damit kannst du interessante Modelle bauen, für die du aber weniger Elemente und weniger Platz brauchst als für größere Versionen – manchmal sogar *viel* weniger Platz. Beispielsweise ist das Mikrofrachtschiff aus Abbildung 6–1 gerade mal 17 cm lang und zeigt doch viele Details des Originals, etwa die Container, die Brücke und den Schornstein.

Um einen einheitlichen Maßstab für das Bauen von Mikromodellen einzuführen, haben einige LEGO-Konstrukteure festzulegen versucht, dass ein 1 × 1-Rundstein für einen Menschen in der Mikrowelt stehen soll. Dabei würde eine Höhe von einem Stein ungefähr 1,80 m in der Realität entsprechen.

Abbildung 6–1: Der Mikromaßstab eignet sich gut zum Nachbauen von sehr großen Originalen.

In Wirklichkeit schwankt der Mikromaßstab von Modell zu Modell. Das Grundprinzip aber ist immer dasselbe: Mikromodelle sind extrem kleine Versionen von extrem großen Objekten.

Erste Schritte: Die Details vernachlässigen

In Kapitel 5 haben wir uns schon mit *Näherungen* beschäftigt: Mit dieser Baumethode verleihen wir unseren Modellen den Eindruck des echten Objekts, ohne unbedingt sämtliche Einzelheiten nachzustellen. Dasselbe Prinzip gilt auch für Mikromodelle. Schau dir einfach das Objekt an, das du nachbauen möchtest, und konzentriere dich dabei auf die auffälligsten Merkmale.

Aber wie kannst du das tun? Nehmen wir das Empire State Building als Beispiel. Wenn du eine Version dieses Wolkenkratzers im Minifiguren-Maßstab bauen wolltest, wäre das Modell fast 8,5 m hoch! (Das Gebäude ist 381 m hoch. Beim Minifiguren-Maßstab von 1:45 müssen wir 381 m durch 45 teilen, um die Modellhöhe zu berechnen – und das ergibt knapp 8,5 m.)

Kaum jemand hat genug LEGO-Steine, um ein Projekt dieser Größenordnung anzugehen, aber für eine Mikroversion, die weit weniger Material erfordert, sind fast in jeder Sammlung ausreichend Steine vorhanden. Dabei musst du natürlich auf Einzelheiten wie Fenstersimse, Zierstatuen und Schilder verzichten, da es keine Steine gibt, die hierfür klein genug sind.

Ein Grund dafür, dass sich das Empire State Building so gut als Mikromodell nachbauen lässt, ist seine leicht wiedererkennbare Form. Um es im Mikromaßstab zum Leben zu erwecken, musst du diese Form mit so wenigen Elementen wie möglich nachstellen. Denke daran, dass du kein genaues Replikat baust, sondern das *Erscheinungsbild* des Originals vermitteln willst.

Um mit dem Bau der Mikroversion des Empire State Building zu beginnen, habe ich als Erstes die Form des Gebäudes auf kariertem Papier skizziert (siehe Abbildung 6–2). Grundlage meiner Zeichnung waren einige Bilder des tatsächlichen Gebäudes, die ich im Internet gefunden habe.

HINWEIS

Für dieses Beispiel habe ich eines der Modelldesignraster aus Anhang B verwendet. Bei diesem Raster handelt es sich um ein Karomuster, dessen Kästchen die Form und Größe von LEGO-Steinen aufweisen. Wie du siehst, habe ich in der ersten Skizze nur die Umrisslinie des Gebäudes gezeichnet. Die Silhouette ist bei diesem Modell das wichtigste Merkmal, weshalb ich praktisch alle anderen Einzelheiten weggelassen habe.

Aber wie habe ich die Größe meiner Skizze ausgerechnet? Nun, überhaupt nicht. Ich habe sie einfach geschätzt. Die Zeichnung sollte höchstens ein Blatt einnehmen.

Wenn du feststellst, dass deine erste Skizze zu groß oder zu klein ist oder das Profil nicht richtig erfasst, gib nicht sofort auf. Mach eine zweite und, wenn es sein muss, auch eine dritte Skizze. Du wirst sehen, dass der Plan von Mal zu Mal besser wird.

Als Nächstes habe ich die wichtigsten Details hinzugefügt, wie du in Abbildung 6–3 sehen kannst.

Dabei habe ich den Haupteingang eingezeichnet, den Einschnitt nahe der Turmspitze schraffiert und die Nut ergänzt, die senkrecht in der Mitte des Gebäudes verläuft.

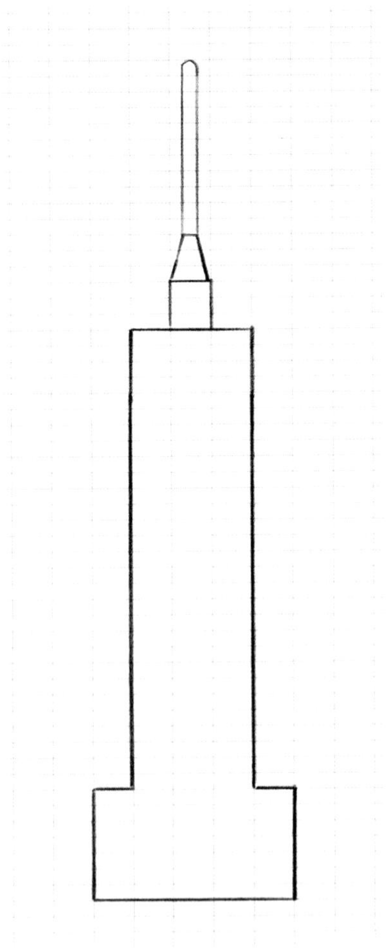

Abbildung 6–2: Ein grober Umriss des Gebäudes

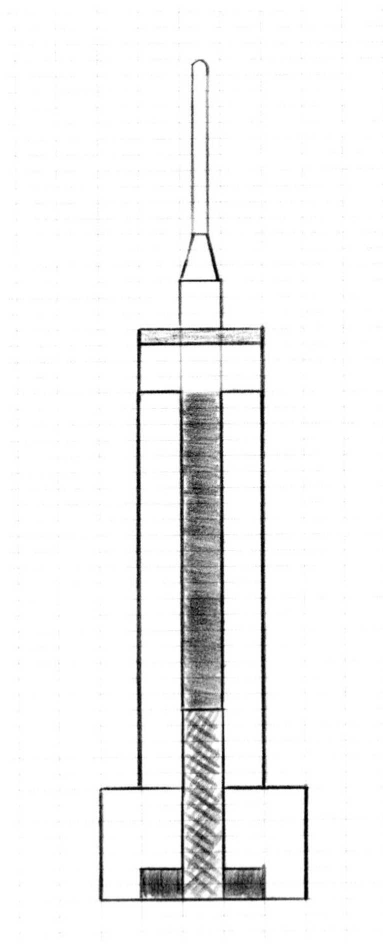

Abbildung 6–3: Hier habe ich die Hauptmerkmale des Gebäudes eingezeichnet.

Für die einzelnen Teile des Gebäudes habe ich unterschiedliche Schraffuren verwendet. Manchmal hilft das, mir darüber bewusst zu werden, dass diese zweidimensionale Zeichnung in Wirklichkeit der Plan für ein dreidimensionales Modell ist. Einige Stellen habe ich dunkler schraffiert, um anzudeuten, dass sie zur Gebäuderückseite hin versetzt sind, etwa die Mittelnut, die im Großteil des Gebäudes verläuft. (Ich achte allerdings nicht genau darauf, dass sich die Linien exakt treffen oder dass die einzelnen Bereiche korrekt eingefärbt sind, denn schließlich ist dies nur eine Skizze, und das bedeutet, dass sie nicht perfekt sein muss.) Wie du in Abbildung 6–4 sehen kannst, habe ich schließlich noch einige Vierecke hinzugefügt, um Fenster anzudeuten.

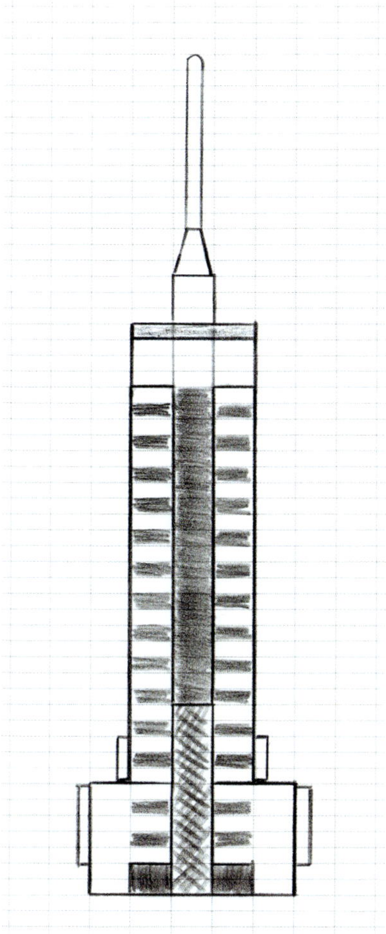

Abbildung 6–4: Der Konstruktionsplan für mein Mikrowunder

Interessanterweise sieht dieses Modell in Hell- und Dunkelgrau tatsächlich sehr gut aus. Dieser einfache Zweitoneffekt ist genau das, wonach ich gesucht habe.

Vom Plan zum Modell

Wie machst du aus dem gezeichneten Plan nun ein LEGO-Modell? Bei Mikromodellen geht es darum, große Objekte so klein wie möglich und doch wiedererkennbar zu bauen. Jedes der Kästchen auf dem Raster hat die Höhe einer 1 × 1-Standardplatte, drei Kästchen also die Höhe eines 1 × 1-Standardsteins (siehe Abbildung 6–5).

Für mich sehen die untere linke und rechte Ecke meiner Skizze sehr nach 1 × 1-LEGO-Steinen aus (siehe Abbildung 6–5). Wenn ich dieses Maß ansetze, kann ich sehr schnell herausfinden, welche Steine und Platten ich verwenden muss, um den Rest des Gebäudes zu konstruieren. In Abbildung 6–6 habe ich einige hell- und dunkelgraue Platten auf meine Zeichnung gelegt, um auszuprobieren, mit welchen Elementen ich das Modell bauen kann. Auch wenn dies nicht genau die Elemente sind, die ich später tatsächlich verwende, bekomme ich dadurch doch eine Vorstellung davon, welche *Arten* von Bauteilen ich brauche.

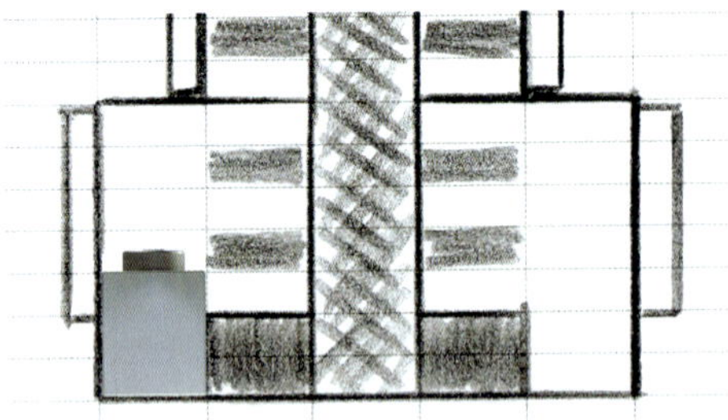

Abbildung 6–5: Dieser Ausschnitt aus dem Bauplan zeigt das Verhältnis zwischen einem 1 × 1-Stein und dem skizzierten Entwurf.

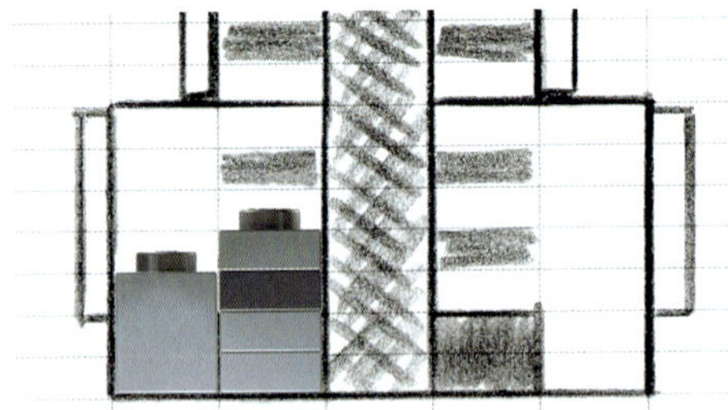

Abbildung 6–6: LEGO-Elemente im Vergleich mit dem Bauplan

Wie du in Abbildung 6–6 siehst, habe ich nur einige der Fenster berücksichtigt und sie auch lediglich durch dunkelgraue Platten angedeutet. Wenn ich, ausgehend von dem ersten 1 × 1-Stein, damit fortfahre, dem Plan passende Elemente zuzuordnen, dauert es nicht lange, bis ein kleines Bauwerk wie dieses zum fertigen Modell aus Abbildung 6–7 anwächst.

Dieses Modell besteht fast ausschließlich aus Platten. Das muss nicht bei jedem Mikromodell der Fall sein, aber dank ihrer geringen Größe bieten dir Platten im Mikromaßstab besonders viele kreative Möglichkeiten.

Es kann natürlich sein, dass du für diesen Nachbau des Empire State Building nicht genügend hell- und dunkelgraue Platten hast. Lass dich davon aber nicht entmutigen. Versuche dann, das Modell aus Steinen nachzubauen, um zumindest die Form nachzubilden, oder nimm für deine Version einfach andere Farben.

HINWEIS

Vollständige Bauanleitungen sowohl für das Frachtschiff aus Abbildung 6–1 als auch das Empire State Building aus Abbildung 6–7 kannst du auf ***www.dpunkt.de/lego_bauen*** *finden.*

Abbildung 6–7: Die Wirklichkeit im Mikromaßstab

Die Technik im Überblick

Beim Bauen im Mikromaßstab gehst du nach den folgenden drei einfachen Schritten vor:

1. **Skizziere den Umriss des Objekts.** Kümmere dich dabei nur um die äußere Gestalt des Objekts und ignoriere die Details, sodass du die Grundform erhältst.
2. **Bestimme die Merkmale.** Suche nach den Hauptmerkmalen, vor allem nach bemerkenswerten Formen oder Mustern, die dem Objekt sein charakteristisches Aussehen verleihen.
3. **Bestimme die Details.** Wähle einige der Einzelheiten des Objekts aus, um sie nachzubilden. Beachte dabei nur die Details, die wichtig für das Gesamterscheinungsbild sind.

Einen Entwurf deines Modells auf Papier aufzuzeichnen, ist dabei im Grunde genommen nicht notwendig. Manchmal macht es auch viel mehr Spaß, einfach in deiner LEGO-Sammlung zu kramen und dich Schritt für Schritt vorzuarbeiten, während du die Steine tatsächlich in der Hand hältst. Wenn dir dabei ein Fehler unterläuft, baust du die Teile einfach wieder auseinander und versuchst es erneut. Es kann aber auch durchaus sein, dass ein vermeintlicher Fehler letztendlich zu einer viel besseren Lösung führt als derjenigen, die du ursprünglich im Kopf hattest. Ob du nun dein Modell erst auf dem Papier planst oder gleich mit dem Bauen beginnst: In beiden Fällen musst du dreidimensional denken und die Probleme lösen, die sich dir dabei in den Weg stellen, was eine gute Übung ist.

Große Bauelemente durch Mikrovarianten ersetzen

Es gibt noch ein paar weitere nützliche Tricks für das Bauen im Mikromaßstab. In diesem Abschnitt erfährst du, wie du zwei bestimme Arten von Teilen im Mikromaßstab simulierst, nämlich Räder und Fenster.

Mikroräder

Die meisten LEGO-Räder haben die passende Größe für den Minifiguren- oder Miniland-Maßstab, sind aber für Mikromodelle viel zu groß. Als Alternative kannst du 1 × 1-Rundplatten verwenden, die du so drehst, dass sie auf der Kante aufsitzen (siehe Abbildung 6–8).

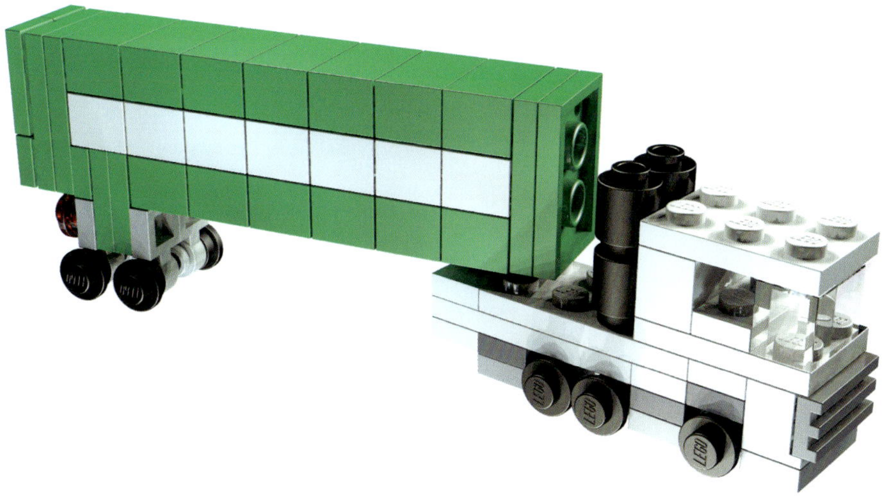

Abbildung 6–8: Ein einfacher Sattelschlepper im Mikromaßstab mit 1 × 1-Rundplatten als Rädern

An dem Sattelschlepper aus Abbildung 6–8 kannst du nicht nur ablesen, wie du Mikroräder baust, sondern auch, wie du bestimmte Formen und Muster erzielen kannst, indem du Steine auf die Seite drehst. Erkennst du, wie ich den weißen Streifen gebaut habe, der sich längs über den Anhänger zieht?

Für den Anhänger habe ich lauter 1 × 2-Steine gestapelt und diese Stapel dann mit 2 × 3-Platten zusammengeklammert. Anschließend habe ich den Anhänger gedreht, sodass die Noppen zur Fahrzeugrückseite zeigen.

Mikrofenster

Ebenso wie die herkömmlichen Räder sind auch viele LEGO-Fensterelemente für den Mikromaßstab ungeeignet. In meinem Nachbau des Empire State Building habe ich einfach Platten als Fenster verwendet. Für Modelle von kleineren Häusern kannst du beispielsweise 1 × 1-Scheinwerfersteine als Fenster verwenden, wobei die Noppen ins Gebäudeinnere zeigen. Wenn du mehrere davon kombinierst, kannst du wie in dem Haus aus Abbildung 6–9 den Eindruck eines Sprossenfensters erwecken.

Die Tür des Hauses habe ich einfach durch eine weiße Fläche rechts neben dem Fenster angedeutet. Das ist ein weiteres Beispiel für die Technik, die ich schon beim Empire State Building verwendet habe, um Fenster zu simulieren. Manchmal reicht eine Änderung der Steinfarbe oder ein kleiner Versatz in der Tiefe, um den Eindruck eines Merkmals zu erwecken, das in Wirklichkeit gar nicht vorhanden ist.

Abbildung 6–9: Dieses Haus ist viel zu klein für Minifiguren, aber gerade richtig für einen kleinen Vorort im Mikromaßstab.

Bauanleitung für das Mikrohaus

Das kleine Haus aus Abbildung 6–9 ist ein einfaches Modell, das du wahrscheinlich aus den in deiner Sammlung vorhandenen Elementen zusammensetzen kannst. In Abbildung 6–10 findest du die Stückliste für das Mikrohaus, in den Abbildungen 6–11 bis 6–16 die einzelnen Bauabschnitte.

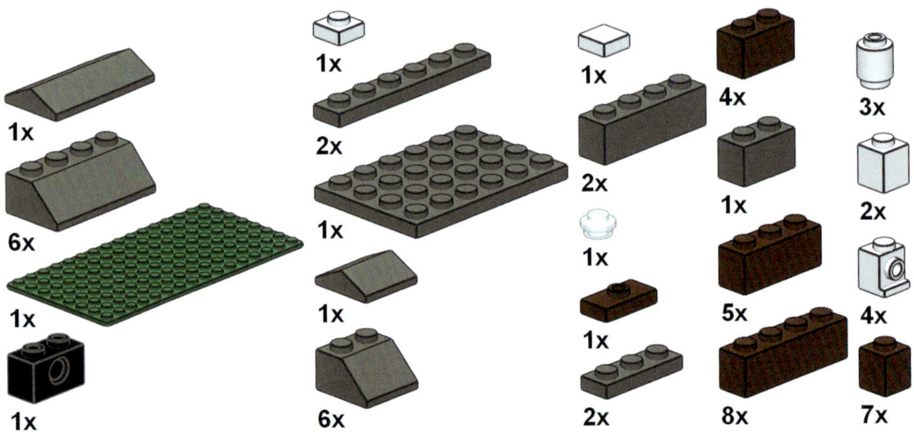

Abbildung 6–10: Die Stückliste für das Mikrohaus

Abbildung 6–11: Schritt 1: Der weiße 1 × 1-Stein sitzt auf einer Brückenplatte. Daraus wird später der Eingangsbereich.

Abbildung 6–12: Schritt 2: Das Fenster besteht aus 1 × 1-Scheinwerfersteinen, die mit der Seitennoppe nach innen gerichtet sind.

Abbildung 6–13: Die 1 × 6-Platte auf der vorderen Wand hält das Fenster fest.

Abbildung 6–14: Schritt 4: Die erste Lage des Daches. Die Schrägsteine auf der linken Seite müssen über die Wand hinausragen.

Abbildung 6–15: Schritt 5: Oben in der Mitte wird ein 1 × 2-Technic-Stein eingebaut, an dem eine durchsichtige 1 × 1-Rundplatte befestigt ist.

Abbildung 6–16: Schritt 6: Das Dach wird mit zwei Firstelementen vollendet.

Rückblick: Was du im Mikromaßstab bauen kannst

Zum Bauen im Mikromaßstab eignen sich besonders gut Objekte, die in der Wirklichkeit sehr groß sind, wie Autos, Wolkenkratzer oder Flugzeugträger. Die folgende Liste zeigt eine kleine Auswahl an Dingen, die sich zum Nachbauen als Mikromodelle anbieten:

- Autos
- Lastwagen
- Busse
- Lokomotiven
- Zugwagons
- Raumschiffe aus Filmen und Fernsehserien
- Kaufhäuser oder Ladenstraßen
- Baumaschinen
- Hotels
- Burgen
- Monumente
- Häuser
- Wohnblocks
- Dinosaurier
- Zootiere
- Fahrgeschäfte in Vergnügungsparks
- Wolkenkratzer
- Pyramiden
- Schiffe
- Flugzeugträger
- Brücken

Dies sind natürlich nur Vorschläge, und wie bei LEGO üblich, sind deiner Vorstellungskraft und Kreativität auch hier keine Grenzen gesetzt. Das Bauen im Mikromaßstab bietet hervorragende Möglichkeiten, wenn du nur über einen begrenzten Vorrat an LEGO-Elementen verfügt. Wie du siehst, muss eine solche kleine Sammlung den Umfang deiner LEGO-Mikrowelt nicht einschränken!

7

Skulpturen: Bildbauer statt Bildhauer

Wie kannst du eckige Steine zu etwas zusammensetzen, was rund oder oval aussieht? Wie kannst du daraus etwas machen, was wie ein Dinosaurier oder wie das Gesicht deines Erbonkels aussieht? Der Trick besteht darin, wie du die Teile zusammenbaust, und das ist die Grundlage der »Bildhauerei« mit LEGO-Steinen.

Das Zusammensetzen von LEGO-Skulpturen unterscheidet sich von anderen Arten des Bauens, da das Hauptziel darin besteht, bestimmte Formen – etwa eine Kugel, den Kopf einer ins Riesenhafte vergrößerten Minifigur, ein Tier, ein Gebäude- oder Fahrzeugteil – so realistisch wie möglich nachzustellen.

In diesem Kapitel lernst du, wie du eine einfache Kugel wie die in Abbildung 7–1 baust. Wenn du diese Technik beherrschst, kannst du solche gekrümmten Konstruktionen auch beim Nachbilden anderer organischer Formen anwenden.

Abbildung 7–1: Diese Kugel ist in drei Farben gebaut. In der folgenden Bauanleitung wird ein anderes Farbmuster verwendet. Du kannst jede beliebige Kombination verwenden, die ganze Kugel auch einfarbig gestalten oder jeder Lage eine andere Farbe geben.

Kugel: Eine runde Sache

Im Folgenden wollen wir eine einfache Kugel wie die aus Abbildung 7–2 ausschließlich aus Standardsteinen bauen – ohne Platten, Schrägsteine oder andere Spezialteile. *Die Methode zur Konstruktion einer Kugel ist von der Größe unabhängig. Ob du nun eine Kugel in der Größe eines Tennisballs oder eines Medizinballs baust, du gehst immer auf dieselbe Weise vor.*

Wie rund deine LEGO-Kugel oder dein LEGO-Ball wird, hängt davon ab, wie groß du die Skulptur baust und wie viele kleine Platten du einfügst. Je größer das Modell, umso runder erscheint es. Außerdem kannst du einige der Ecken mit Platten ausfüllen, um die Rundung zu verbessern. Die Kugel, die wir bauen werden, ist nicht sehr groß (und auch nicht sehr glatt), besteht aber nur aus 220 einfachen Steinen. Wie groß oder wie klein deine LEGO-Sammlung auch immer sein mag, du hast wahrscheinlich genügend Teile, um das Modell sofort nachzubauen.

Abbildung 7–2: Das Ziel! Für diese einfache Kugel brauchst du nur 220 Steine. Mit derselben Technik kannst du aber auch viel größere Kugeln bauen.

Für die Kugel in Abbildung 7–2 verwenden wir ausschließlich Steine voller Höhe, was ihr ein ziemlich stufiges Aussehen verleiht. Aber darauf kommt es nicht an. Wir wollen hier schließlich keine perfekte glatte Kugel bauen, sondern nur die Technik vorführen. Die Stückliste siehst du in Abbildung 7–3.

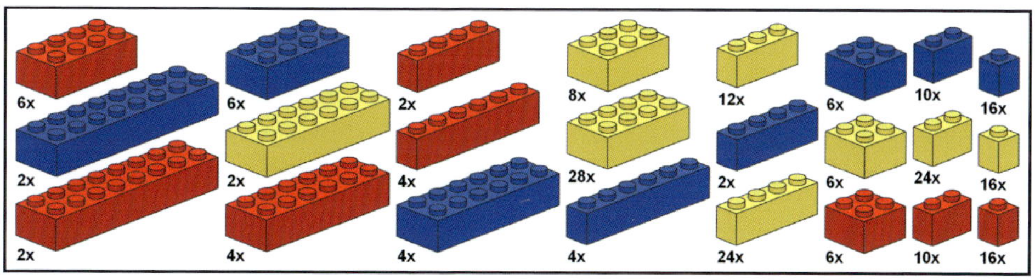

Abbildung 7–3: Stückliste für die einfache Kugel. Für dieses Modell werden nur gewöhnliche Steine verwendet – und nicht einmal sehr viele!

Bauen in zwei Phasen

Eine der üblichen Vorgehensweisen beim Bauen von Kugeln besteht darin, in zwei Phasen vorzugehen, wobei du erst die obere und dann die untere Hälfte erstellst. Dabei fängst du in der Mitte an, baust den oberen Teil bis zum Pol, kehrst dann wieder zur Mitte zurück und baust nach unten weiter. In Abbildung 7–4 siehst du, was ich mit »in der Mitte anfangen« meine.

Beginne mit dem Bauen in der Äquatorebene der Kugel, indem du einen (kantigen) Ring von Steinen auslegst, der später die dickste Stelle des Modells bildet. Dann setzt du darauf mit der Versatztechnik aus Kapitel 2 eine zweite Lage auf, wobei du jede Lage von der Außenkante der darunterliegenden Schicht zurückspringen lässt, um ein Treppenmuster zu erzeugen.

Abbildung 7–4: Schritt 1: Die erste Lage der Steine ist die Äquatorebene in der Mitte der Kugel.

In Abbildung 7–5 habe ich eine zweite Lage Steine hinzufügt. Die Kugel entwickelt sich zu Anfang nur langsam. Sie sieht noch nicht »richtig« aus, und in der Tat unterscheidet sich die zweite Lage kaum von der ersten. Wenn du genauer hinschaust, kannst du unten in der Abbildung jedoch erkennen, dass *einige* Noppen der ersten Schicht nicht durch die zweite Lage abgedeckt sind. Durch diesen Versatz wird die Kugel nach und nach geformt.

Abbildung 7–5: Schritt 2: Die zweite Lage ist versetzt und lässt einige Noppen der ersten Lage frei.

In Schritt 3 (Abbildung 7–6) siehst du die dritte Schicht, die wiederum Noppen der darunterliegenden Lage freilässt.

Abbildung 7–6: Schritt 3: Jede Lage enthält weniger Steine als die vorherige und ist weiter nach innen versetzt.

An diesem Punkt sieht das Modell zwar immer noch nicht wie eine Kugel aus, aber wenn du die folgenden Lagen weiterhin gegenüber den vorherigen versetzt, erhältst du das Erscheinungsbild einer runden Form, wie du in den nächsten drei Schritten (Abbildung 7–7 bis 7–9) erkennen kannst.

Abbildung 7–7: Schritt 4: Wir nähern uns dem oberen Abschluss der Kugel.

Abbildung 7–8: Schritt 5: Die Kugel besteht zwar vollständig aus rechteckigen Standardsteinen, beginnt aber schon ein wenig runder auszusehen.

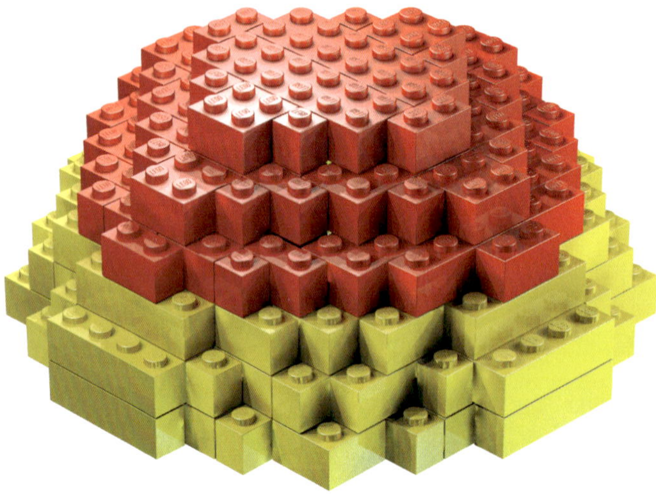

Abbildung 7–9: Schritt 6: Die Kugel ist jetzt geschlossen, aber wir haben noch nicht den Pol erreicht!

Als letzte Lage der oberen Kugelhälfte setzt du eine Kappe aus zwei 2×4-Steinen auf (siehe Abbildung 7–10).

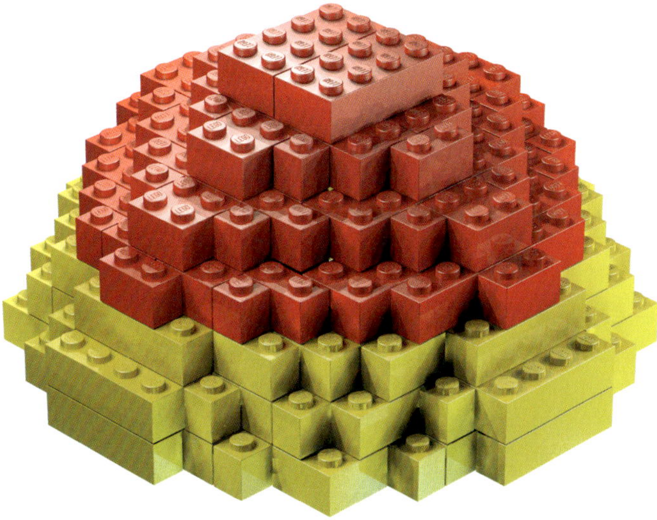

Abbildung 7–10: Schritt 7: Zwei 2 × 4-Steine dienen als Abschluss der oberen Kugelhälfte.

In Schritt 8 drehst du die Halbkugel einfach um 180°, sodass sie wie in Abbildung 7–11 ausgerichtet ist. Du schaust jetzt auf die Unterseite der ersten Schicht, die du in Schritt 1 ausgelegt hast.

Abbildung 7–11: Schritt 8: Bevor du dich an die zweite Hälfte der Kugel machst, musst du das Modell umdrehen, sodass die Röhrchen nach oben weisen.

Die untere Halbkugel baust du nun auf der umgedrehten oberen Hälfte auf. Bei einer kleinen Kugel wie dieser funktioniert das ganz gut, aber wenn du eine größere baust, etwa einen Globus oder einen Fußball im

Originalmaßstab, dann solltest du Ober- und Unterteil getrennt voneinander konstruieren. Wenn die beiden Teile fertig sind, setzt du dann die obere Hälfte auf die untere auf und drückst sie vorsichtig zusammen.

In den nächsten fünf Schritten (Abbildung 7–12 bis 7–16) wiederholen wir im Grunde genommen die vorherigen Schritte, allerdings auf den Kopf gestellt.

Abbildung 7–12: Schritt 9: Die Steine werden immer noch versetzt zusammengebaut, nun allerdings auf den Kopf gestellt.

Abbildung 7–13: Schritt 10: Denke beim Versetzen auch immer an die Überlappung!

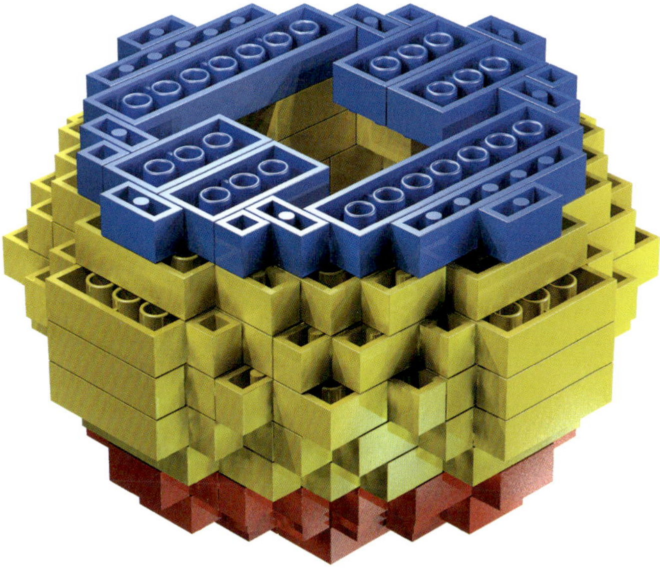

Abbildung 7–14: Schritt 11: Auf einem Modell wie diesem musst du die einzelnen Lagen sorgfältig anordnen. Die Versatztechnik gibt der Kugel ihre Form.

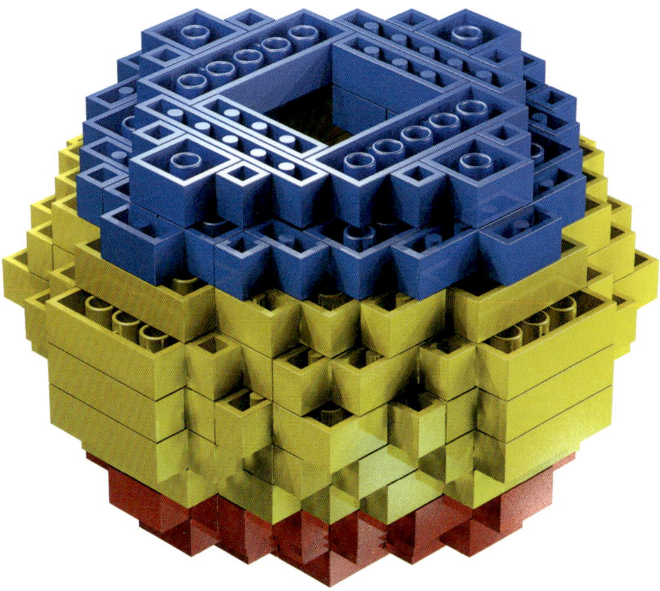

Abbildung 7–15: Schritt 12: Es verbleibt noch eine kleine, quadratische Öffnung. Es ist Zeit, das zu ändern!

Abbildung 7–16: Schritt 13: Schließe den Boden der Kugel mit der gleichen Kombination von Steinen wie in Schritt 6.

In Schritt 14 kommen die letzten Steine hinzu (siehe Abbildung 7–17).

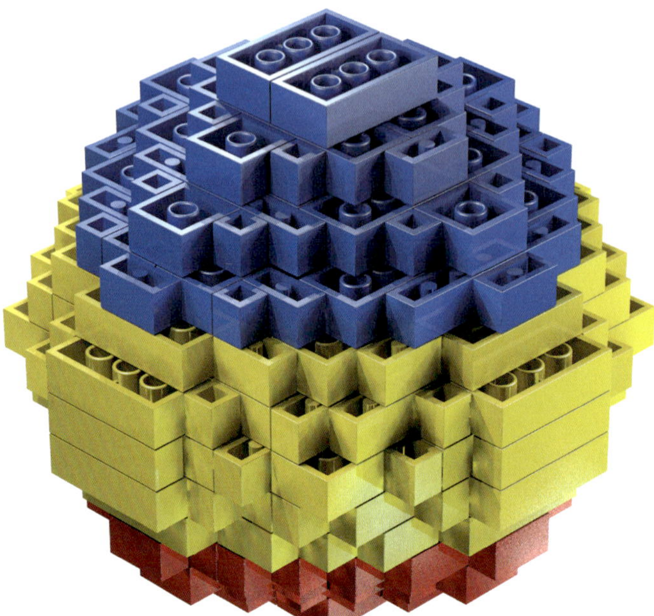

Abbildung 7–17: Schritt 14: Auch hier dienen zwei 2 × 4-Steine als Abschluss.

Noch eine interessante Sache bei dieser Kugel: Die beiden 2×4-Steine am oberen und unteren Pol der Kugel (vergleiche Abbildung 7–10 mit 7–17) sind genau gleich. Vergleiche sie jetzt aber wie in Abbildung 7–18 mit den flachen Bereichen an der »Seite« der Kugel!

Abbildung 7–18: Ein Vergleich der Pollagen mit den Seitenflächen der Kugel gibt dir einen Eindruck davon, wie »rund« deine Skulptur geworden ist.

Die beiden 2×4-Steine haben *fast* dieselbe Größe wie die flachen Bereiche am Äquator der Kugel. Dies bedeutet, dass die Kugel die richtige Größe und Form hat. Diese gleichen Flächen helfen der Kugel ein rundes Erscheinungsbild zu geben, auch wenn sie ganz aus eckigen Steinen gefertigt ist.

Andere Objekte nachformen: Die Sphinx

Eine einfache Kugel kannst du jetzt mithilfe der Versatztechnik formen. Was aber tust du, wenn du ein Tier, eine Statue, eine Zeichentrickfigur oder einen Außerirdischen nachbilden möchtest, den es nur in deiner Fantasie gibt? Oder wie wäre es mit einer Skulptur der berühmten Sphinx von Gizeh wie im Modell aus Abbildung 7–19?

Wie beim Empire State Building in Kapitel 6 habe ich zur Vorbereitung für den Bau des Sphinx-Modells zuerst im Internet nach Bildern des Originals gesucht. Bei dieser Konstruktion habe ich kein Designraster verwendet, um einen Plan zu zeichnen, sondern gleich mit dem Bauen angefangen und meine Arbeit mit wachsendem Fortschritt immer wieder abgeändert. (Wenn es dir lieber ist, kannst du deinen Entwurf natürlich auch erst auf einem Raster aufzeichnen.) Ich habe die Sphinx nicht nur deshalb als Motiv ausgewählt, weil sie so berühmt ist, sondern auch, weil sie sich relativ einfach mit LEGO-Steinen nachbauen lässt und nur eine einzige Farbe aufweist (sandfarben). Dadurch konnte ich mich besser auf die Form konzentrieren, ohne ständig Entscheidungen über die Farbe treffen zu müssen. Die Skulptur eines Ritters auf einem Pferd wäre dagegen deutlich schwieriger zu bauen, da es dabei viel mehr Formen, Krümmungen und Winkel gibt.

Abbildung 7–19: Die Sphinx ist aus einem Löwenkörper und dem Kopf eines Pharaos zusammengesetzt.

Ein bezeichnendes Merkmal auswählen

Beim Nachbauen von realen Objekten ist es hilfreich, ein einzigartiges Merkmal des Motivs zu ermitteln. Die Sphinx erkennen die meisten Personen an dem Menschenkopf mit der Kopfbedeckung eines Pharaos. Dieses Merkmal habe ich als Ausgangspunkt ausgewählt. Ich habe so lange am Kopf gebaut, bis er richtig aussah, und dann den passenden Körper dazu konstruiert. Du kannst natürlich auch ein anderes charakteristisches Merkmal auswählen, beispielsweise den Körper (der einem ruhenden Löwen nachempfunden ist), und dich von dort aus vorarbeiten.

Den Kopf bauen

Um den Kopf zu bauen, habe ich mir erst die Winkel angesehen, die in der Kopfbedeckung auftreten, da dies ein besonders auffälliges Merkmal ist.

Die Seiten der Kopfbedeckung sind um etwa 55° geneigt, was sich mit LEGO-Schrägsteinen von 65° Neigung ausreichend gut nachbilden lässt. Nachdem ich die Teile einschließlich der Schrägsteine ausgewählt hatte, begann ich zu bauen.

Abbildung 7–20 zeigt, wie der Kopf der Sphinx Form annimmt. Mit wachsender Höhe der Seitenwände des Kopfes habe ich auch nach »außen« gebaut, um das Gesicht zu modellieren. Da Skulpturen unter allen Blickwinkeln richtig aussehen müssen, konnte ich nicht einfach ein flaches Gesicht bauen.

Abbildung 7–21 zeigt den Kopf um 90° gedreht, sodass du erkennen kannst, wie das Gesicht vorspringt. Dieses Gesicht ist nicht perfekt, aber bei einem relativ kleinen Modell wie diesem ist es ziemlich schwer, alle Einzelheiten nachzubilden.

Abbildung 7–20: Kopf und Kopfbedeckung der antiken Statue

Abbildung 7–21: Skulpturen von Gesichtern zwingen dich, dreidimensional zu denken.

Bautechniken für besondere Merkmale

Die echte Sphinx weist verschiedene besondere Merkmale auf, die beim Nachbauen jeweils eigene Herausforderungen darstellen. Im Folgenden erkläre ich, wie ich diese Schwierigkeiten bewältigt habe.

Die Nase

Bei der echten Sphinx fehlt die Nase, und diesen auffälligen Makel wollte ich natürlich nachbilden. Abbildung 7–22 zeigt, wie ich dazu vorgegangen bin: Ich habe Platten mit der Unterseite nach vorn angebracht, um an der Stelle, wo sich einst die Nase befand, den Eindruck von rauem Stein zu vermitteln.

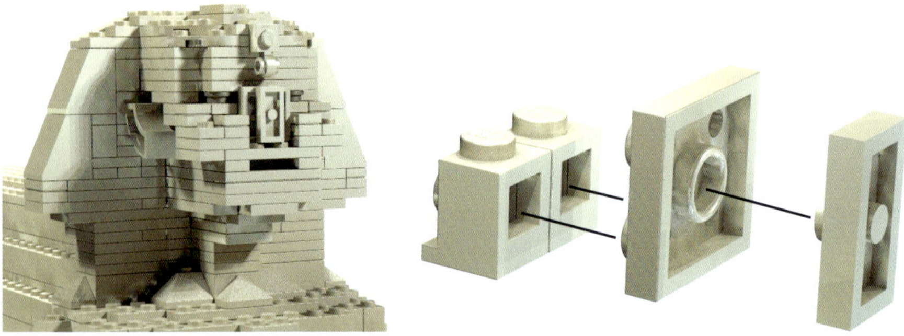

Abbildung 7–22: Beachte die einzigartige Weise, wie die Bauteile hier miteinander verbunden sind. Die drei Elemente rechts bilden zusammen die Nasenpartie, wie du links siehst.

Diese Konstruktion nutzt die einzigartige Geometrie der LEGO-Noppen und -Röhrchen aus. Die Brückenplatte (in Abbildung 7–22 ganz rechts) passt genau in das Röhrchen der anschließenden 2 × 2-Platte, und deren Noppen wiederum rasten in die seitlichen Öffnungen der Scheinwerfersteine ein.

Die Ohren

Die Ohren bilden ein weiteres Beispiel für das Bauen mit gedrehten LEGO-Elementen. Abbildung 7–23 zeigt einen 2 × 2-Viertelkreisstein, dessen Unterseite seitlich vom Sphinxkopf wegweist. Die gekrümmte Form dieses Elements fügt dem Kopf meines Modells eine charakteristische Form hinzu.

Abbildung 7–23: Eine Detailaufnahme des Ohrs zeigt, wie die Teile seitlich an den Kopf angeschlossen sind.

Die Pfoten

Die großen Pfoten der Sphinx sind größtenteils rechteckig, weisen aber am vorderen Ende gekrümmte Zehen auf. Um diese runden Formen nachzubilden, habe ich für jeden Zeh einen 1×2-Halbbogen unter einen 1×3×2-Halbbogen geschoben (siehe Abbildung 7–24). Wie du siehst, passt das kleinere Teil genau unter den längeren Bogen, sodass das Erscheinungsbild insgesamt weniger klotzig ist.

Abbildung 7–24: Gekrümmte Elemente wie die Halbbögen schmeicheln dem Auge und geben diesem ansonsten rechteckigen Teil des Modells einen besonderen Anstrich.

Die Kopfbedeckung

Abbildung 7.25 zeigt den Anschluss der Kopfbedeckung an den Rumpf. Das gewünschte Aussehen habe ich nicht gleich beim ersten Versuch hinbekommen, und wenn du an deinen eigenen Skulpturen arbeitest, wird es dir wahrscheinlich ähnlich ergehen. In einem solchen Fall solltest du den betroffenen Teil deines Modells beherzt wieder auseinanderbauen, die Teile verschieben oder gegen andere Elemente austauschen, bis du die Form erreicht hast, die dir vorschwebt.

Abbildung 7–25: Die Rückseite der Kopfbedeckung zu gestalten, war eine Übung in der Modellierung mit Schrägsteinen. Ich bin dabei keinen festen Regeln gefolgt, sondern habe einfach Schrägsteine hinzugefügt und entfernt und dabei unterschiedliche Arten von Steinen ausprobiert, bis sich das natürliche Erscheinungsbild ergab, das ich haben wollte.

Das Fundament zum guten Schluss

Oft baust du ein Modell von unten nach oben auf, etwa wenn es sich um Gebäude handelt.

Für meine Sphinx bin ich jedoch umgekehrt vorgegangen: Ich habe zuerst den Kopf zusammengesetzt, bis ich mit dem Aussehen zufrieden war, und habe dann den passenden Körper dazu gebaut. Da ich den fertigen Kopf hatte, war es am einfachsten, die Schultern daran anzubauen, dann den Rücken und schließlich die Beine. Es war für mich einfacher, dem Körper den passenden Maßstab für den fertigen Kopf zu geben, indem ich mich vom Nacken ausgehend nach unten vorarbeitete. Da ich nicht die Absicht hatte, eine perfekte Kopie der echten Sphinx zu erschaffen, musste ich nicht den genauen Maßstab berechnen, wie wir es etwa bei dem Bahnhofsgebäude in Kapitel 3 getan haben.

Beim Bau der unteren Rumpfpartien und der Beine (siehe Abbildung 7–26) schaute ich mir wieder die Bilder der Sphinx aus dem Internet an. Bilder der echten Objekte – seien es nun Gebäude, Fahrzeuge oder was auch immer – sind enorm hilfreich, um LEGO-Modelle davon zu bauen. Wenn du die Gelegenheit dazu hast, solltest du vorher ein Bild deines geplanten Modells fotografieren. Erfasse das Objekt dabei sowohl in der Totale als auch in Großaufnahmen der Einzelheiten und besonderen Merkmale, die du nachbilden möchtest. Diese Recherchetechnik wenden auch Profikonstrukteure an, die für LEGO arbeiten. Wenn du sie ebenfalls einsetzt, kannst du deine Arbeiten viel realistischer und natürlicher gestalten.

Abbildung 7–26 zeigt das fertige Sphinx-Modell. Einige Bereiche des Modells habe ich absichtlich unregelmäßig gestaltet. Nicht alle Ecken sind symmetrisch. Das war mein Versuch, die Verwitterung der realen Sphinx anzudeuten.

Abbildung 7–26: Der Rumpf der Sphinx ist im Grunde genommen eine Kastenform mit versetzten Seitenwänden. Was die Skulptur lebendig macht, sind vor allem der Kopf und das Gesicht.

Rückblick: Erlaubt ist, was gefällt

Wenn du reale Objekte nachbaust, solltest du auf Kanten achten, die du entweder durch das Versetzen von Steinen (wie in der Kugel) oder durch Schrägsteine abrunden kannst. Denke auch immer daran, dass Gesichter, Statuen und Berge nie ganz symmetrisch, sondern auf einer Seite immer etwas anders geformt sind als auf der anderen. Bilde diese organische Gestalt nach, um deinen Skulpturen einen realistischeren Anstrich zu geben. Die Sphinx habe ich nach dem Prinzip von Versuch und Irrtum gebaut und mich dabei ganz darauf konzentriert, dass das Erscheinungsbild »richtig« wirkt, anstatt einem detaillierten Konstruktionsplan zu folgen. Die Kugel dagegen erforderte sorgfältige Planung, um die gewünschte Form zu erreichen. Je nach Motiv wirst du bei deinen Skulpturen sicherlich beide Techniken anwenden. Letzten Endes sollen die Bauweise und das Ergebnis deine eigene Vorstellung von dem Objekt vermitteln. Ob das Modell gelungen ist oder nicht, kannst daher nur du selbst entscheiden!

8

Mosaike: Muster und Bilder aus Steinen

Ein *Mosaik* ist ein Kunstwerk, in dem Muster bzw. Bilder aus Kacheln, Steinen oder Glas gelegt werden, wie das Beispiel aus Abbildung 8–1 zeigt. Wie du in diesem Kapitel erfahren wirst, bilden LEGO-Steine ein ideales Material, um Mosaike zu legen.

Abbildung 8–1: Ein Mosaik aus kleinen Steinen im römischen Stil. Ähnliche Muster kannst du auch im Internet finden und als Vorlagen für deine Mosaike aus LEGO-Elementen nutzen. (Foto: Photos8.org)

Mit LEGO-Elementen kannst du zwei Arten von Mosaiken erstellen. Bei der ersten Form, dem *horizontalen* Mosaik, steckst du kleine Steine oder Platten (gewöhnlich in den Größen 1×1 oder 1×2) auf eine Grundplatte auf (siehe Abbildung 8–2). Hier zeigen die Noppen nach außen.

Solche horizontalen Mosaike sehen meistens grob gerastert aus, lassen sich aber ziemlich leicht planen und bauen. Im Abschnitt »Fotomosaike erstellen« auf Seite 135 zeige ich dir verschiedene Möglichkeiten, um ein vorliegendes Bild in ein Mosaik umzuwandeln.

Abbildung 8–2: Die Elemente des Hauptbildes lassen ihre Noppen sehen, während der Rahmen aus gewöhnlichen Fliesen besteht.

Daneben gibt es noch *vertikale Mosaike* wie in Abbildung 8–3, bei denen die Steine und Platten von der Seite betrachtet werden und die Noppen zum oberen Rand des Bildes weisen.

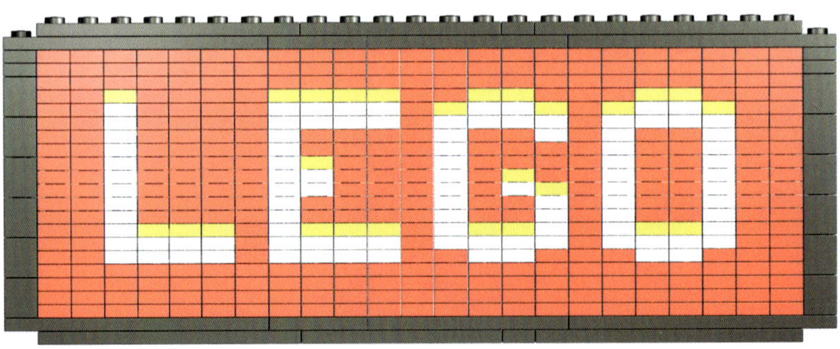

Abbildung 8–3: Mit einem vertikalen Mosaik kannst du beeindruckende eigenständige Kunstwerke erschaffen, aber auch Beschriftungen oder Schilder für ein größeres Modell bauen.

Eine anspruchsvollere Version dieser Technik besteht darin, eine der Platten (oder Fliesen) um 90° zu drehen, um feinere Strukturen zu formen. Im Folgenden sehen wir uns zunächst die grundlegende Technik an und kommen dann in »Auf die Seite gestellte Mosaike« auf S. 13 zu den komplizierteren Mustern.

Mit der Mosaiktechnik kannst du interessante kunstvolle Bildtafeln erstellen und wie Gemälde oder Fotos ausstellen. Genauso gut aber ist es möglich, Mosaike in größere Modelle einzubauen, um beispielsweise an der Seitenwand eines Lastwagens oder eines Zuges einen Firmennamen anzubringen. Auch eine Wandmalerei an einem Gebäude lässt sich damit simulieren.

Material für ein horizontales Mosaik

Als Erstes musst du eine Grundplatte als Fundament für dein horizontales Mosaik auswählen. In Abbildung 8–4 siehst du die beiden gebräuchlichsten Waffelboden-Grundplatten von LEGO: Die blaue ist 32 × 32 Noppen groß, die graue 48 × 48 Noppen. Im weiteren Verlauf konzentrieren wir uns auf Mosaike auf der 32 × 32-Platte.

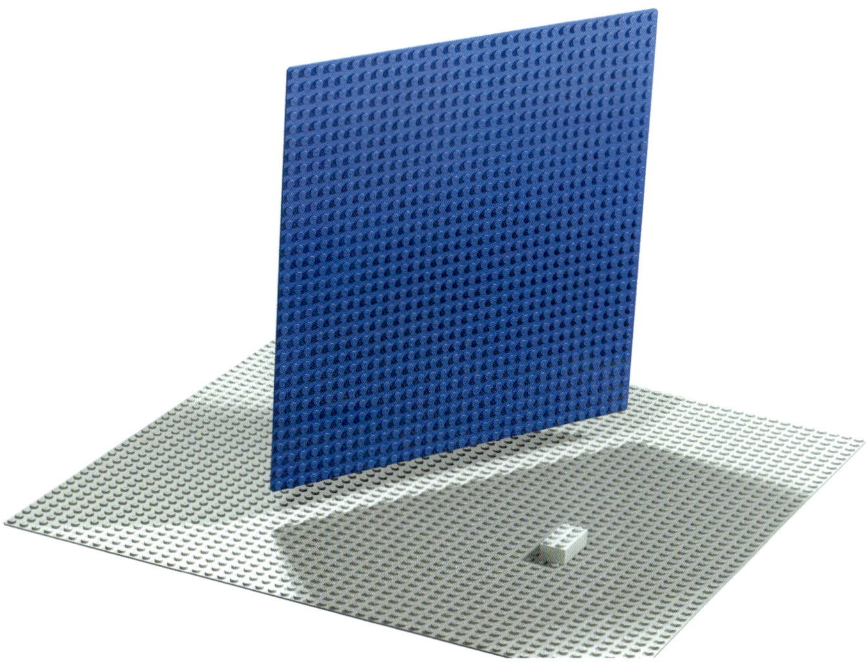

Abbildung 8–4: Der 2 × 4-Stein vermittelt einen Eindruck von der Größe der 48 × 48-Grundplatte.

Außerdem brauchst du 1 × 1-Elemente in großen Mengen. Wenn du genug 1 × 1-Standardplatten besitzt, kannst du ein sehr flaches Bild gestalten, ansonsten aber ist es auch möglich, ein Horizontalmosaik aus 1 × 1-Standardsteinen zu bauen. Es wird dann zwar dicker, aber das Bild auf der Vorderseite wird genauso aussehen. (Mit weiteren Standard- oder vielleicht auch Schrägsteinen kannst du dann einen Rahmen um das Bild legen.)

Bevor du damit beginnst, das Mosaik zu legen, musst du in Anhang B nachschlagen, das Designraster Nr. 1 von *www.dpunkt.de/lego_bauen* herunterladen und mindestens einmal ausdrucken. Es sieht fast aus wie handelsübliches kariertes Papier, allerdings haben die einzelnen Kästchen die Größe eines 1 × 1-LEGO-Elements in der Draufsicht. Um anzugeben, wo die einzelnen Steine oder Platten der verschiedenen Farben hingehören, füllst du einfach die entsprechenden Kästchen aus.

Geometrische Muster

Zur Einführung in die Gestaltung wollen wir uns an einem geometrischen Muster versuchen. Um das Mosaik zu planen, kannst du das Designraster verwenden. Zeichne dabei als Erstes das sich wiederholende Grundmuster auf: Umrande wie in Abbildung 8–5 eine Untergruppe von Kästchen (etwa in der Größe 6 × 6, 8 × 8 oder 10 × 10) und gestalte auf dieser kleinen Fläche eine gemusterte Kachel.

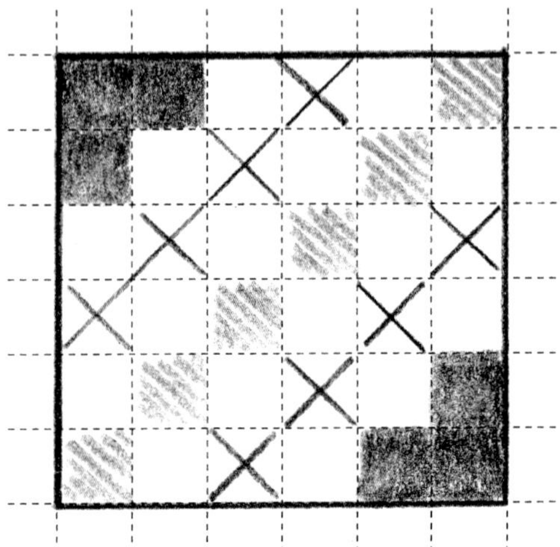

Abbildung 8–5: Die Planung einer Mosaikkachel muss nicht kompliziert sein. Du kannst den Entwurf als reines Muster anlegen, ohne dir Gedanken über die Farben zu machen. Natürlich ist es auch möglich, schon jetzt Farben einzubringen, um das Muster von Anfang an bunt zu gestalten.

Der nächste Schritt besteht darin, diese Skizze als Muster für den Aufbau des eigentlichen Mosaiks zu verwenden. Wenn du eine 32 × 32-Grundplatte hast, kannst du sie verwenden; wenn nicht, verbinde einfach einige kleinere Platten mit Waffelboden. Wie du in den Abbildungen 8–6 und 8–7 siehst, musst du zur Gestaltung des Mosaiks lediglich 1 × 1-Elemente auf die Grundplatte aufstecken.

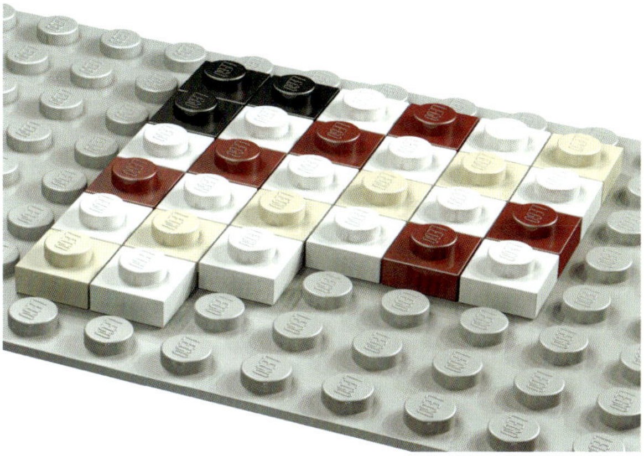

Abbildung 8–6: Mit ausreichend 1 × 1-Platten lassen sich sehr flache Mosaike bauen. Hast du nicht genügend Platten zur Verfügung, kannst du auf 1 × 1-Steine zurückgreifen.

Abbildung 8–7: 1 × 1-Steine eignen sich für horizontale Mosaike genauso gut wie Platten. Das Mosaik wird etwas dicker sein, von vorne betrachtet aber genauso aussehen.

Für das Mosaik in Abbildung 8–6 habe ich 1 × 1-Standardplatten verwendet, für das in Abbildung 8–7 1 × 1-Standardsteine. In beiden Fällen habe ich das gleiche Muster gelegt. Im weiteren Verlauf gehe ich davon aus, dass du für deine Mosaike 1 × 1-Steine verwendest, da sie sehr viel häufiger und billiger sind als 1 × 1-Platten.

Nachdem du die Elemente auf die Grundplatte aufgesteckt hast, sollte deine erste Kachel wie in Abbildung 8–8 aussehen. Das ist allerdings (noch!) nicht das komplette Kunstwerk, sondern nur einer von mehreren Abschnitten, aus denen sich das endgültige Mosaik zusammensetzt.

Wenn du die Skizze aus Abbildung 8–5 mit Abbildung 8–8 vergleichst, kannst du erkennen, dass ich die Kästchen mit einer Markierung jeweils durch LEGO-Steine der gleichen Farbe ersetzt habe.

Abbildung 8–9 zeigt die wiederholte Anwendung des 6 × 6-Musters aus Abbildung 8–8.

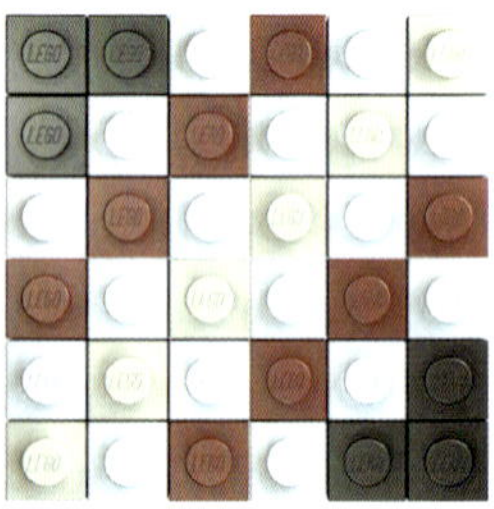

Abbildung 8–8: Diese kleine Gruppe von 1 × 1-Elementen ergibt eine Kachel, die du wiederholt einsetzen kannst, um kompliziertere Muster zu erzeugen.

Abbildung 8–9: Vier nebeneinander angeordnete Kacheln ergeben ein größeres Mosaik. Wenn du dieses Muster wiederholst, erhältst du ein noch größeres Bild.

Das Mosaik in Abbildung 8–9 besteht aus vier Exemplaren der 6 × 6-Kachel aus Abbildung 8–8. Ich habe die Kacheln dabei jeweils gedreht, sodass die schwarzen Ecken in der Mitte zusammentreffen. Dadurch entsteht ein ansprechendes Muster, das selbst wiederum mehrfach wiederholt werden kann.

In Abbildung 8–10 habe ich weitere vier Exemplare des 6 × 6-Musters gebaut und neben den ersten vier angeordnet.

Abbildung 8–10: Acht Exemplare der ursprünglichen 6 × 6-Kachel ergeben ein wiederholtes Muster.

Das könnte beispielsweise der Fußboden im Ballsaal eines Minifiguren-Hotels sein. Du kannst auch einfach die Muster wiederholen, bis die Grundplatte ganz ausgefüllt ist, um ein ansprechendes Bild aus abstrakten Mustern zu gestalten. Versuche deine eigenen Kachelmuster zu entwerfen und probiere, wie es aussieht, wenn du mehrere Exemplare davon nebeneinander anordnest.

Fotomosaike erstellen

Es gibt zwei interessante Möglichkeiten, um diese Art von Mosaik zu gestalten. Die erste, die manuelle Rasterung, ist ein technisch anspruchsloses Verfahren, denn dabei trägst du die Hell-dunkel-Verteilung eines Fotos mit der Hand in ein Raster ein. Diese Methode lässt dir Raum für deinen eigenen künstlerischen Stil. Bei der zweiten Vorgehensweise lässt du das Bild vom Computer zu einer Pixeldarstellung auflösen. Mit beiden Verfahren kannst du realistisch aussehende Fotomosaike erstellen.

Manuelles Rastern

Um diese Methode durchführen zu können, brauchst du ein Foto des Objekts, das du als Mosaik darstellen möchtest. Das Foto muss in digitaler Form auf deinen Computer geladen sein. Wenn du einen Abzug vorliegen hast, solltest du ihn zunächst einscannen, damit du ihn digital bearbeiten kannst. Beschneide das Bild so, dass es mehr oder weniger quadratisch ist, und ändere die Größe so, dass du einer Seitenlänge von 16,5 cm möglichst nahekommst (bei einem 32 × 32-Mosaik). Drucke das Bild dann aus.

Außerdem brauchst du das Designraster Nr. 2 aus Anhang B, das du auf *www.dpunkt.de/lego_bauen* findest. Drucke es auf so dünnem Papier wie nur möglich aus.

Um das Muster für das Mosaik aufzuzeichnen, legst du das Foto unter das Designraster. (Hefte die beiden Blätter zusammen oder sichere sie mit Büroklammern, sodass sie nicht verrutschen.) Anschließend füllst du die Kästchen auf dem Raster aus, um das Muster von hellen und dunklen Bereichen nachzubilden, das durch das Papier scheint. In Abbildung 8–11 habe ich diese Technik verwendet, um das Bild eines Fisches zu rastern, das ich im Internet gefunden habe.

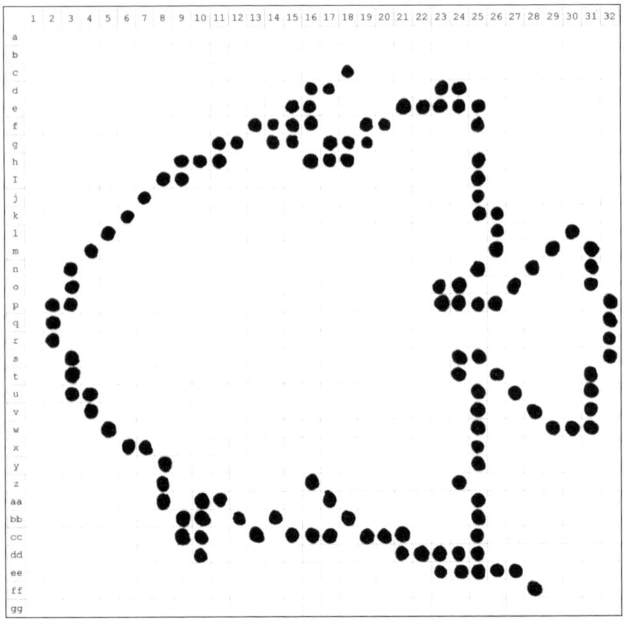

Abbildung 8–11: Der Skalar wird auf dem Designraster sichtbar. Plane dein Mosaik auf diese Weise, um einen Eindruck davon zu bekommen, wie es schließlich aussehen wird.

Horizontalmosaike sehen zwar gewöhnlich etwas grob gerastert aus, eignen sich aber ganz gut für Motive mit deutlichen Formen, Umrissen oder Mustern. Bei der Auswahl der Vorlage musst du darauf achten, dass das wichtigste Objekt im Bild so viel Platz wie möglich einnimmt. Die Nahaufnahme eines Gesichts eignet sich viel besser als das Foto eines Autos, das irgendwo in der Ferne über eine Brücke fährt.

Das Bild des Fisches in Abbildung 8–11 füllt das 32 × 32-Raster fast vollständig aus. Dadurch wird der Hintergrund stark beschränkt und das Motiv deutlicher herausgestellt, sodass es sich trotz der geringen Auflösung dieses kleinen Mosaiks leichter erkennen lässt. Du musst dir immer darüber im Klaren sein, dass du bei einem horizontalen Mosaik keine glatten, fließenden Linien erzeugen kannst. Die große Herausforderung besteht darin, das Bild so natürlich wie möglich zu gestalten, obwohl du es aus quadratischen Teilen aufbaust.

Die Zahlen und Buchstaben oben und an der Seite des Rasters sind dazu da, die einzelnen Kästchen auf dem Papier leichter der Noppe auf der Grundplatte zuordnen zu können, auf die das entsprechende Element gehört. Beispielsweise sitzt die Spitze der Rückenflosse des Fisches in Abbildung 8–11 auf der Position C18. Dadurch musst du auf der Grundplatte drei Reihen von oben abzählen (A, B, C) und dann in dieser Reihe bis zur 18. Spalte gehen. Damit hast du den Punkt auf der Grundplatte erreicht, an dem die Flossenspitze sitzt und wo du das auf dem Raster skizzierte Bauteil anbringen musst. Nachdem du dieses erste Element aufgesteckt hast, kannst du dich weiter an den Planquadraten orientieren oder einfach das erste Element als Anhaltspunkt dafür verwenden, wohin die weiteren Teile gehören.

In Abbildung 8–12 habe ich innerhalb der Umrisslinie des Fisches einige Details hinzugefügt. Dazu habe ich unterschiedliche Buntstifte und außerdem verschiedene Markierungen verwendet, um die Farbunterschiede deutlich zu machen. (Natürlich solltest du immer farbige Stifte für deine Skizzen verwenden.)

In der Legende am unteren Rand des Designrasters (siehe Abbildung 8–13) kannst du vermerken, welches Symbol für welche Farbe steht. Zeichne einfach das Symbol (oder die Schraffur) in das Kästchen und schreibe den entsprechenden Farbnamen daneben.

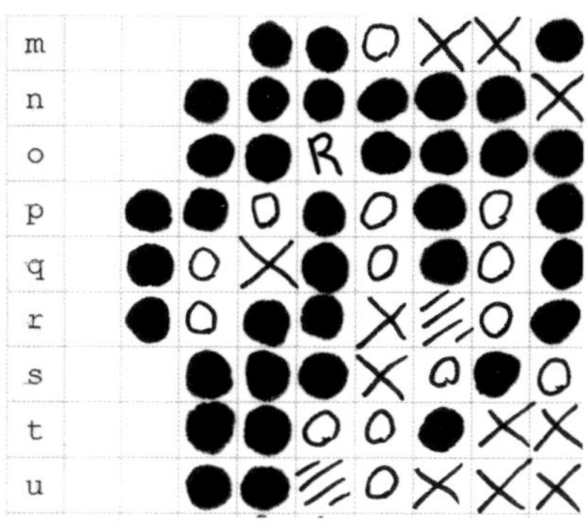

Abbildung 8–12: Diese Ausschnittvergrößerung zeigt nur einen Teil der Kopfpartie des Skalars. Es ist nicht erforderlich, die Kästchen ganz auszumalen.

Abbildung 8–13: Es kostet nicht mehr als eine Minute, die Legende für den Entwurf auszufüllen. Das macht den eigentlichen Bauvorgang viel angenehmer.

Es spielt keine Rolle, wie sauber dein Entwurf auf dem Papier aussieht, da es sich dabei nur um eine grobe Skizze des fertigen LEGO-Mosaiks handelt. Wichtig ist, dass du daran ablesen kannst, welche Farbe du in welchem Kästchen verwenden möchtest. Den Plan musst du niemandem zeigen, weshalb du dabei so unordentlich vorgehen kannst, wie es dir beliebt.

HINWEIS

Es kann schwierig sein, durch den Ausdruck des Designrasters hindurch zu erkennen, welche Kästchen du ausfüllen musst und welche nicht. Sollte das nicht möglich sein, kannst du versuchen, das Originalbild gegen ein Fenster zu halten und dann das Blatt mit dem Raster daraufzulegen. Das durchscheinende Licht hilft dir besser zu erkennen, was du schraffieren musst und was nicht. Wenn die Sonne nicht scheint, kannst du einen transparenten Plastikbehälter nehmen – vielleicht besitzt du einen solchen ja zur Lagerung deiner LEGO-Steine – und auf den Kopf stellen. Es sollte genug Licht von unten durchscheinen, um das Originalbild besser zu erkennen.

Abbildung 8–14 zeigt meinen fertigen Entwurf für den Skalar. Er ist zwar alles andere als fotorealistisch, aber auf den ersten Blick als Fisch zu erkennen!

Wenn du deine Entwurfsskizze mit LEGO-Steinen nachbaust, können sich dabei Änderungen ergeben. Das gezeichnete Muster ist ein hervorragender Ausgangspunkt, aber du musst dich nicht sklavisch daran halten. Die Steine tatsächlich auf der Grundplatte zu sehen, kann dir helfen, mögliche Verbesserungen zu erkennen. Nimm so viele Änderungen vor wie nötig, damit das Ergebnis »richtig« aussieht.

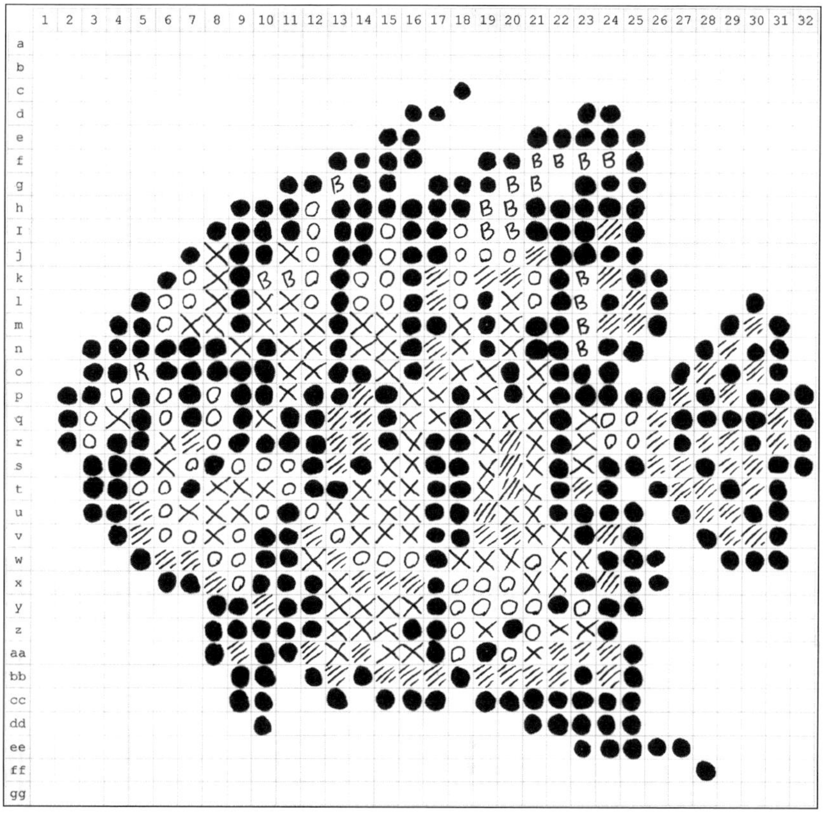

Abbildung 8–14: Dieser Plan meines Fischmosaiks ist zwar noch etwas eckig, bildet aber einen guten Ausgangspunkt.

Wenn du beim Bauen nicht gut erkennen kannst, wie das Mosaik aussieht, solltest du folgende beiden Tricks ausprobieren:

1. **Stelle das Mosaik aufrecht hin und tritt ein paar Schritte zurück.** Die meisten Mosaike wirken besser, wenn sie aus einer gewissen Entfernung betrachtet werden, denn dabei verschwimmen die Linien und harten Kanten, sodass sich ein weicheres Bild ergibt.

2. **Kneife die Augen zusammen.** Wenn du ein paar Sekunden lang die Augen zusammenkneifst, beginnt das Bild zu verschwimmen, sodass du dir einen besseren Eindruck davon verschaffen kannst, welchen Fortschritt die Gestaltung macht.

Ein Bild am Computer verpixeln

Die zweite Möglichkeit, eine Vorlage für ein Mosaik zu erstellen, besteht darin, mit einem Computerprogramm einen Mosaikeffekt auf ein digitales Bild anzuwenden. Abbildung 8–15 zeigt das Foto einer meiner Katzen. Das Bild von Izzy habe ich mit einer Digitalkamera aufgenommen und dann per Mosaikeffekt verfremdet.

Für den Mosaikeffekt habe ich mithilfe von GIMP (*hptt://www.gimp.org/*) einen *Mosaikfilter* angewendet. Dadurch wird ein normales Bild in einen Haufen von kleinen Farbklötzchen umgewandelt – in diesem Fall in Dunkelgrau, Weiß und einige Orangetöne. Fotomosaike kannst du auch mit anderer Software erzeugen, z.B. mit Photoshop.

Um den Mosaikeffekt so hinzubekommen, wie ich ihn mir vorstellte, musste ich ein wenig mit der Größe der Klötzchen herumexperimentieren, die GIMP bei diesem Effekt erzeugt. Am Ende hatte das Bild auf der rechten Seite eine Seitenlänge von 32 Klötzchen – also genau passend für eine LEGO-Grundplatte.

Abbildung 8–15: Die echte Izzy und die verpixelte: Hier siehst du das Originalbild und daneben das gleiche Bild mit Mosaikfilter nebeneinander.

Nachdem du den Mosaikeffekt erstellt hast, druckst du das veränderte Bild aus, um es als Vorlage zu verwenden. Hieran kannst du ablesen, welche Farbe die einzelnen Quadrate des Mosaiks haben müssen. Wenn du ein Farbbild verwendest und über einen Farbdrucker ausgibt, kannst du ein buntes Mosaik gestalten.

Da das verpixelte Bild nicht wie das Designraster über eine Planquadrateinteilung verfügt, brauchst du eine andere Methode, um die Stellen auf der Grundplatte denen auf dem Ausdruck zuzuordnen. Eine Möglichkeit besteht darin, das Bild und die Grundplatte in Viertel aufzuteilen, wie ich es in Abbildung 8–16 getan habe. In Abbildung 8–17 siehst du den Anfang meines Izzy-Mosaiks.

Abbildung 8–16: Die graue 1 × 1-Rundplatte in der Mitte der Grundplatte steht für den Punkt in der Mitte des Ausdrucks, an dem die vier Viertel zusammenstoßen.

Abbildung 8–17: Hier kannst du erkennen, dass ich oben angefangen und dann den Hintergrund hinter dem Katzenkopf ausgefüllt habe. Außerdem habe ich bereits die Umrisse der Ohren angelegt und mein Mosaik dabei immer wieder mit dem verpixelten Ausdruck verglichen.

Jedes Viertel des Ausdrucks steht für das entsprechende Viertel der Grundplatte. Wenn es also in der oberen rechten Ecke des Bildes ein dunkelrotes Quadrat gibt, dann musst du in der oberen rechten Ecke der Basisplatte ein dunkelrotes Plättchen aufsetzen. Sieh dann nach, welche Farbe das nächste Quadrat hat, und baue das Mosaik dementsprechend weiter auf.

Sind alle erforderlichen Steine auf der Grundplatte aufgesteckt, hast du ein Mosaik, das mehr oder weniger wie der ursprüngliche Plan und – wie in Abbildung 8–18 zu erkennen – auch halbwegs wie das ursprüngliche Motiv aussieht.

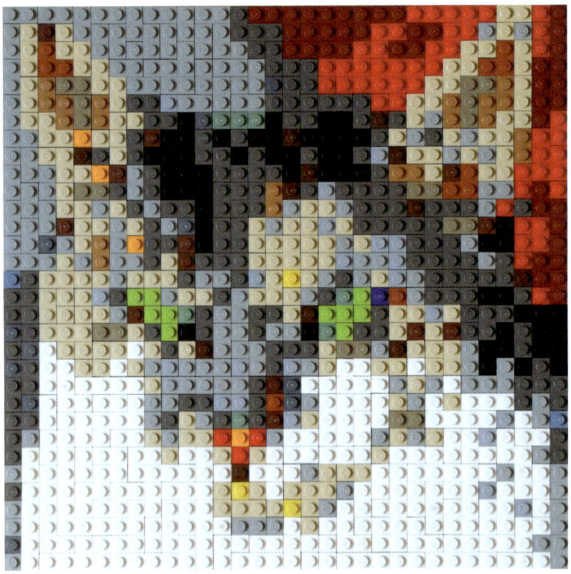

Abbildung 8–18: Aus Katze Izzy wurde ein Izzy-LEGO-Mosaik. Denke daran, immer wieder einen Schritt zurückzutreten und die Steine als ein Bild statt als Anhäufung einzelner Elemente zu betrachten.

Wenn dein Mosaik nicht so aussieht, wie du es gern hättest, gib nicht sofort auf. Stelle es aufrecht hin und tritt einen Schritt zurück. Schau dir das Bild an und versuche dabei herauszufinden, welche Teile nicht richtig aussehen. Ersetze dann immer nur wenige Steine auf einmal, bis der fehlerhafte Bereich verschwunden ist.

Vertikale Mosaike gestalten

Mit vertikalen Mosaiken lassen sich Feinheiten gestalten, die bei horizontalen Mosaiken nicht möglich sind. Da hierbei die Platten von der Seite und nicht von oben betrachtet werden, kannst du feinere Farbwechsel und Formen hervorrufen. In Abbildung 8–19 siehst du einen Vergleich zwischen dem horizontalen Mosaik aus Abbildung 8–2 (links) und dem vertikalen aus Abbildung 8–3 (rechts). In der Vertikalversion sieht das Wort LEGO natürlicher aus. Dadurch, dass du einfache Schatten oder Streiflichter hinzufügen kannst (wie die gelben Streiflichter über den Buchstaben in der Vertikalversion), bieten sich dir mehr Gestaltungsmöglichkeiten.

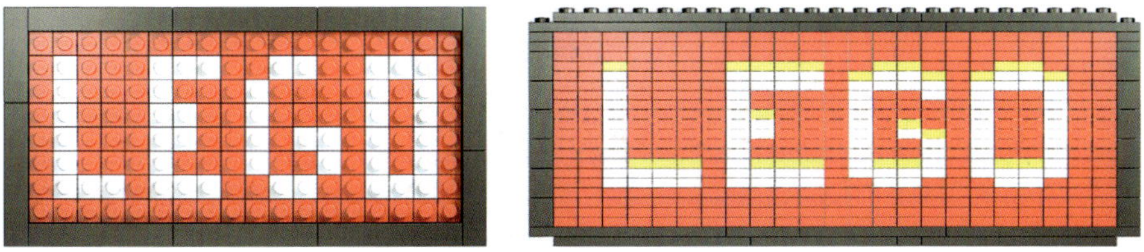

Abbildung 8–19: Die beiden grundlegenden Mosaiktechniken im Vergleich. Für Schriften bietet die Vertikalversion (rechts) einige Vorteile.

Designraster für vertikale Mosaike

Bevor du ein vertikales Mosaik entwirfst, solltest du dir die Designraster 3 und 4 aus Anhang B ansehen, von *www.dpunkt.de/lego_bauen* herunterladen und ausdrucken. Beide Raster zeigen LEGO-Elemente von der Seite (siehe Abbildung 8–20).

Mit diesen Varianten der Designraster kannst du dein Mosaik in der Seitenansicht planen, um die Formen und Winkel richtig hinzubekommen. Sie sind ideal für den Entwurf von vertikalen Mosaiken geeignet. Du kannst damit zierlichere Formen gestalten, als es bei horizontalen Mosaiken möglich ist (siehe Abbildung 8–21). Wenn du das Mosaik etwas größer gestaltest, wirkt der Buchstabe in geringem Abstand fast wie handgemalt. Wenn du das mit den klotzigen Buchstaben des Horizontalmosaiks links in Abbildung 8–19 vergleichst, wirst du sofort den Unterschied erkennen.

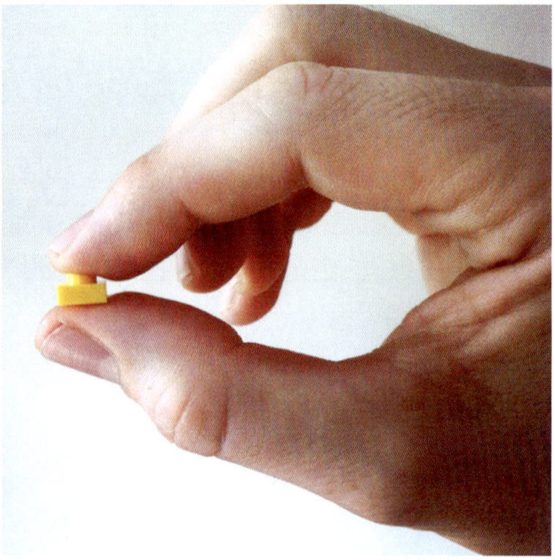

Abbildung 8–20: Auf dem Designraster für die Plattenansicht kannst du deine Konstruktionen so planen, wie sie bei seitlicher Betrachtung aussehen werden.

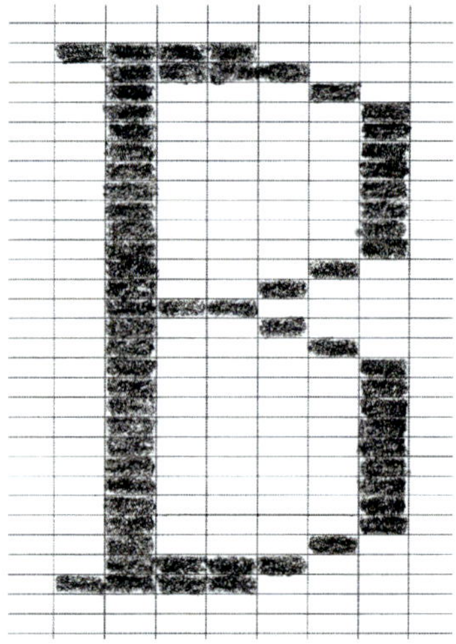

Abbildung 8–21: Wegen der sanft geschwungenen Linien ist der Buchstabe B ein idealer Kandidat für ein vertikales Mosaik.

Auf die Seite gestellte Mosaike

Manchmal ist es sinnvoll, ein Mosaik auf die Seite zu stellen, vor allem wenn du versuchst, Buchstaben oder ganze Wörter darzustellen. Schau dir beispielsweise das kleine Mosaik in Abbildung 8–22 an.

Abbildung 8–22: Eine Botschaft von Außerirdischen? Sieht ganz so aus, aber lies weiter, um herauszufinden, was es wirklich ist!

Auf den ersten Blick ist es schwer zu sagen, welcher Buchstabe in Abbildung 8–22 dargestellt wird, oder überhaupt zu erkennen, dass es ein Buchstabe sein soll. Wenn du das Mosaik aber wie in Abbildung 8–23 so drehst, dass die Noppen nach rechts weisen, erkennst du das Symbol sofort – ein Dollarzeichen! Jetzt haben wir aber ein Problem, denn was können wir mit einem Mosaik wie diesem anfangen, dessen Noppen in die falsche Richtung weisen?

Anstatt ein ganzes Modell in dieser verkehrten Ausrichtung zu bauen, können wir dieses Teilmodell auf einfache Weise in ein größeres, normal orientiertes einfügen. Nehmen wir an, du möchtest eine Bank oder ein Spielcasino für deine LEGO-Stadt bauen. Da eignet sich ein Dollarzeichen ganz gut, um den Zweck des Gebäudes deutlich zu machen. Mit ein bisschen Planung kannst du dieses Mosaik in die Außenwand einbauen (siehe Abbildung 8–24).

Abbildung 8–23: In der richtigen Richtung betrachtet, ist das Symbol deutlich zu erkennen. Wie aber verbindest du Teilmodelle, deren Noppen in unterschiedliche Richtungen zeigen?

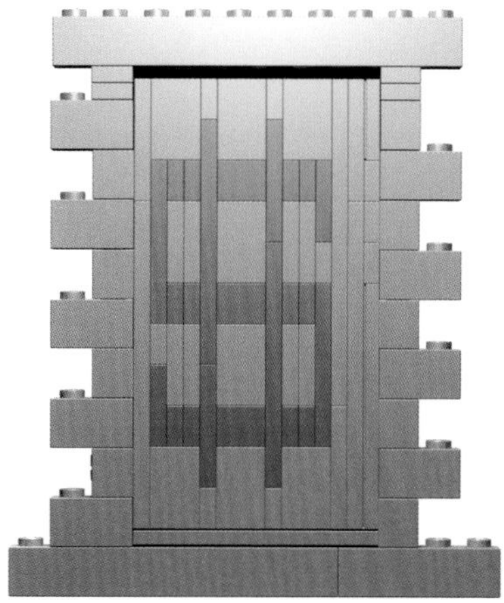

Abbildung 8–24: Aus der Nähe kannst du die unterschiedliche Ausrichtung der Steine und Platten erkennen. Von fern betrachtet sieht das Modell jedoch einheitlich und realistisch aus.

Ich habe einen Teil der Wand rund um das Dollarzeichenmosaik angedeutet, um dir eine Vorstellung von dem fertigen Modell zu geben. Aber wie wird das Mosaik darin festgehalten? Für die Lösung sind einige kleine Tricks erforderlich, die sich aber erstaunlich leicht umsetzen lassen.

Was du in Abbildung 8–24 nicht siehst, sind die beiden 1 × 1-Technic-Steine, die es möglich machen, das Mosaik an beiden Seiten festzuhalten. Wie das geht, kannst du deutlich in Abbildung 8–25 erkennen: Das Mosaik wird von einer 1 × 1-Platte (gelb) gehalten, die in das Loch eines der beiden Technic-Steine passt. Wie der Rest des Mosaikteilmodells ist die Platte mit der Noppe nach rechts ausgerichtet, der Technic-Stein aber wie die umgebende Wand mit den Noppen nach oben.

Die linke Seite des Mosaiks (siehe Abbildung 8–25) wird durch einen halben Technic-Pin (gelb) gehalten, der mit der Unterseite der rechts davon befindlichen, ebenso wie der Rest des Mosaiks um 90° gedrehten Platte verbunden ist. Schon aus kurzer Entfernung wirkt es so, als sei das Mosaik Bestandteil der Wand. Die feinen Linien, die das Dollarzeichen bilden, sehen natürlich aus und sind gut lesbar.

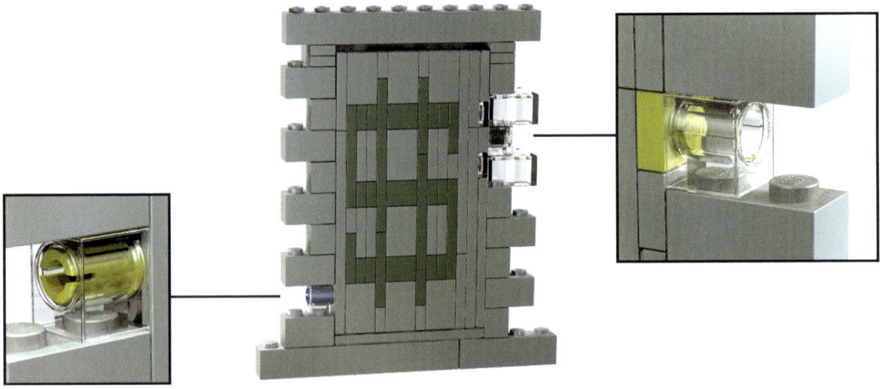

Abbildung 8–25: Die Kombination von Technic-Steinen mit regulären LEGO-Elementen bietet erstaunliche konstruktive Möglichkeiten.

Rückblick: Mosaike aller Größen und Formen

Es gibt keine einzig richtige Größe oder Form für Mosaike. Die Techniken, die ich in diesem Kapitel vorgestellt habe, kannst du sowohl auf eigenständige Bilder (wie das von Katze Izzy) als auch auf kleinere Muster aus LEGO-Elementen anwenden, mit denen du ein größeres Modell verzieren möchtest (wie das Dollarzeichen).

Wenn du das Mosaik in ein größeres Modell einbaust, erfüllt es dort seinen vorgesehenen Zweck. Versuchst du dich aber an einem eigenständigen Bild, solltest du das fertige Werk wie in Abbildung 8–26 ausstellen. Lass deine Mitmenschen wissen, woran dein Herz hängt, und zeige ihnen, wie du es in LEGO-Steinen nachempfunden hast.

Abbildung 8–26: Ein fertiges Mosaik kannst du zusammen mit deinen Büchern, Spielen oder anderen persönlichen Gegenständen ausstellen.

Es gibt keine allgemeingültigen Regeln dafür, wie groß ein Mosaik sein soll oder welche der beiden Techniken du wählen solltest. Diese Entscheidung musst du jeweils nach den Voraussetzungen des vorliegenden Projekts fällen. Wenn du einen Firmennamen auf eine Hauswand schreiben willst, musst du die Mosaikbuchstaben der Gebäudegröße anpassen. Bei einem Porträt dagegen solltest du das Mosaik groß genug machen, um die Persönlichkeit ganz zu erfassen.

9

Das Gelernte anwenden: Von Ideen zu Bausteinen

In den bisherigen Kapiteln haben wir eine Menge Themen behandelt. Du hast grundlegende Bautechniken wie Überlappung und Versatz kennengelernt, etwas über die verschiedenen LEGO-Elemente und ihre jeweils beste Verwendungsmöglichkeit erfahren und dich mit Gestaltungsaspekten wie Maßstab und Farbe beschäftigt. Jetzt ist es an der Zeit, das Gelernte anzuwenden. In diesem Kapitel geht es darum, wie du als Konstrukteur die Modelle bauen kannst, die dir vorschweben. Drucke dir also einige Designraster aus, schütte ein paar LEGO-Steine auf deinen Tisch und leg los!

HINWEIS

Die Designraster findest du auf ***www.dpunkt.de/lego_bauen****. Anleitungen zu ihren Verwendungen stehen in Anhang B.*

Denken wie ein Modelldesigner

Wenn du über vorgefertigte Bausätze und schriftliche Bauanleitungen hinausgehst, wirst du zum Designer. Ob du nun ein Objekt aus der Realität nachbaust oder etwas konstruierst, das es nur in deiner Vorstellung gibt, in jedem Fall *entwirfst* und *gestaltest* du etwas (und das ist die Bedeutung des Wortes »to design«). Wenn du als Designer mit LEGO-Steinen arbeitest, sind dir fast keine Grenzen gesetzt.

Manche fühlen sich von diesem Gedanken der völligen Freiheit ein bisschen überwältigt. Ihr Kopf mag voller Ideen stecken, aber die Frage, wie sie diese Ideen in Form von Modellen realisieren sollen, wirkt auf sie einschüchternd. Am Ende sieht ihr Skizzenblock so aus wie in Abbildung 9–1.

Abbildung 9–1: Die Freiheit, alles bauen zu können, was sie sich vorstellen können, lässt manche Leute ratlos vor der Frage stehen, was sie denn nun bauen sollen.

Den Projektumfang abstecken

Manchmal ist es genauso wichtig, sich darüber klar zu werden, was man bei einem Modell weglassen muss, wie darüber, was es enthalten soll. Du musst also den *Umfang* deines Projekts bestimmen. Beantworte dir dazu die folgenden Fragen: »Was ist das Ziel meines Entwurfs?« Und: »Wie will ich dieses Ziel erreichen?«

Es ist leicht getan, sich an seinen Konstruktionstisch zu setzen mit der Ankündigung: »Ich baue jetzt das Empire State Building nach!«, und sich ein Modell von 6 m Höhe mit Hunderten von Fenstern, das alles aus grauen Steinen, auszumalen. Natürlich ist es im Prinzip möglich, so etwas zu bauen, aber hast du die notwendigen Teile dafür? Wahrscheinlich nicht. Der Umfang ist einfach zu ehrgeizig.

Fangen wir ein paar Nummern kleiner an.

Nehmen wir also an, du möchtest ein Modell des Empire State Building bauen. Bei der Begutachtung deiner Sammlung stellst du fest, dass du viele dunkelgraue, hellgraue und weiße Steine hast. Daher solltest du dein Modell in diesen Farben bauen. Allerdings verfügst du nicht über genügend transparente Steine oder Fenster, weshalb du nicht jedes Fenster auf realistische Weise nachstellen kannst. Deswegen entscheidest du dich, die Fensteröffnungen durch schwarze Steine zu simulieren. Angesichts der Anzahl von Steinen in deiner Sammlung kommst du zu dem Schluss, dass ein Modell von einem halben oder einem Meter Größe sicherlich realistischer ist als eine 6-Meter-Version.

Damit hast du einen realistischen Umfang für dein Projekt abgesteckt, sodass du es eher in die Realität umsetzen kannst als die erste Idee. Es ist sinnvoll, sich erreichbare Ziele zu setzen, denn nur dann kannst du Erfolg haben und die Zeit und Mühe, die du in das Bauwerk steckst, sind sinnvoll investiert.

Zum Bestimmen des Projektumfangs gehört es auch zu erkennen, was du weglassen musst. Beim Empire State Building beispielsweise hast du auf eine enorme Höhe verzichtet und stattdessen einen realistischeren Maßstab gewählt, da die ursprüngliche Idee für einen durchschnittlichen LEGO-Bastler zu anspruchsvoll ist. Außerdem hast du bestimmte Merkmale des Originalgebäudes ersetzt, da sie sich anders nur schwer nachstellen ließen: Du hast statt Fenstern schwarze Steine verwendet.

Des Weiteren hast du dich dazu entschlossen, die Farben zu mischen, damit du mit deinem Vorrat an Steinen ein angemessen großes Modell fertigstellen kannst. Die meisten Konstrukteure müssen feststellen, dass sie unabhängig von der Farbe des Originalobjekts mehr als eine Farbe für ihr Modell verwenden möchten. Lass dich aber genauso wenig durch die Farbe wie durch die Größe beschränken! Schau dir an, was du zur Verfügung hast, und passe dein Projekt entsprechend an. Beim Empire State Building kann eine Mischung aus grauen, weißen und schwarzen Steinen sogar lebendiger aussehen als ein einfarbiges Modell. Verwandle vermeintliche Mängel in Vorzüge!

Wenn du den Projektumfang absteckst, legst du auch fest, wie detailliert das Modell werden soll. Beim Empire State Building musst du angesichts der verringerten Höhe auf manche Merkmale verzichten, beispielsweise auf die komplizierten Details über den Fenstern, und manche Dinge wie die Fenster nur andeuten, statt sie komplett auszugestalten. Das gilt übrigens auch für die Türen und andere Einzelheiten im Erdgeschoss.

Das Motiv auswählen

Bei der Auswahl der Motive für dein Modell solltest du dich für Objekte entscheiden, bei denen dich verschiedene Aspekte ansprechen oder herausfordern. Versuche dich beispielsweise an großen, dünnen Modellen (wie dem

Empire State Building), um dich in den Konstruktionstechniken für Stützen zu üben, oder an realistisch aussehenden Gebäuden in verschiedenen Maßstäben, um ein Gefühl für die Arbeit mit unterschiedlichen Maßstäben zu bekommen. Welches Motiv du auch immer auswählst, es muss dir gefallen. Schließlich wirst du viel Zeit damit verbringen, es aus unterschiedlichsten Blickwinkeln zu untersuchen und dir zu überlegen, wie du es am besten als LEGO-Modell umsetzt.

Um so viele Entwurfs- und Bautechniken wie möglich vorzuführen, werden wir in den folgenden Abschnitten ein Modell des Space Shuttle der NASA zusammensetzen. Dieses Objekt bietet eine reichhaltige Mischung aus Formen, Farben und konstruktiven Herausforderungen. Ich habe den Shuttle gewählt, da ich ein großer Raumfahrtfan bin. Wenn dich dieses Thema nicht so interessiert, ist das jedoch auch kein Beinbruch, denn du kannst das Gelernte aus dieser Übung schließlich auch auf die Objekte anwenden, für die du dich begeisterst.

Abbildung 9–2 zeigt ein Foto des Space Shuttle *Atlantis*, das wir als Vorlage für unseren Entwurf nutzen.

Abbildung 9–2: Der Space Shuttle ***Atlantis*** *(Foto: NASA; mit freundlicher Genehmigung von* ***nasaimages.org****)*

Wir werden zwar in einem sehr kleinen Maßstab arbeiten, aber deine LEGO-Version des Space Shuttle wird immer noch wiedererkennbar sein und eine Reihe charakteristischer Merkmale des Originals aufweisen. Abbildung 9–3 zeigt, was wir am Ende des Kapitels gebaut haben werden.

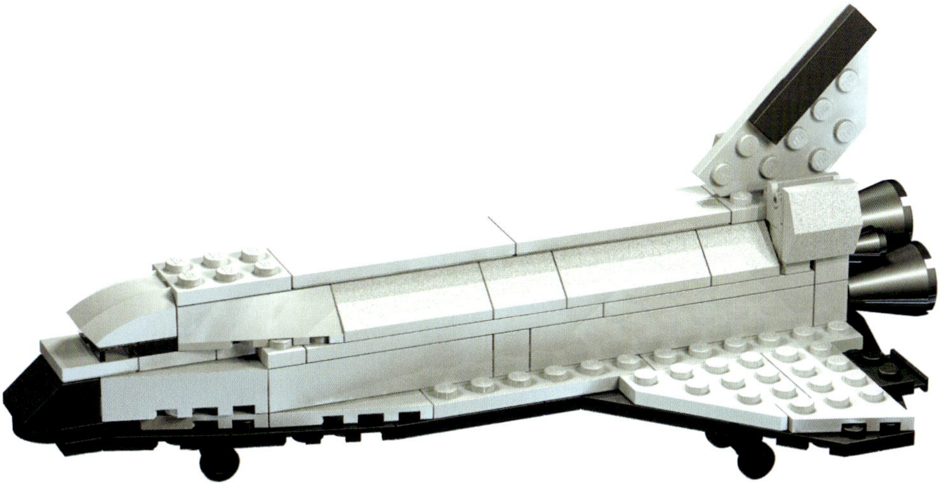

Abbildung 9–3: Das angestrebte Ergebnis der Designübung

Um eine eigene Idee beizusteuern, wollen wir unser Modell *Triton* nennen. In der britischen Marine gab es mehrere Segelschiffe dieses Namens, und auch der größte Neptunmond heißt so. Daher ist *Triton* meiner Meinung nach ein hervorragender Name für einen fiktiven Space Shuttle.

Hocharbeiten von unten nach oben

Wo fangen wir an? Nun, schau dir den Shuttle an. Welchen Abschnitt sollten wir zuerst bauen? Wenn wir mit der Heckflosse anfangen, wie stellen wir dann sicher, dass sie die richtige Größe hat? Wenn wir mit den Luken des Laderaums anfangen, wie sorgen wir dann dafür, dass wir sie später problemlos an den Rest der Raumfähre anschließen können?

Anstatt einfach irgendwo anzufangen, musst du dir erst genau ansehen, was du nachbauen möchtest. Der Shuttle weist viele charakteristische Merkmale auf, aber eines davon sticht ganz besonders hervor, nämlich die einzigartige Form der Tragflächen. (Das kannst du deutlich an der Zeichnung in Abbildung 9–4 erkennen, die ich auf dem Designraster Nr. 4 angefertigt habe.)

Da die Tragflächen praktisch den Boden des Shuttles bilden, sind sie ein hervorragender Ausgangspunkt, um mit dem Bauen zu beginnen. Nachdem wir diese Frage geklärt haben, können wir uns Gedanken darüber machen, wie wir die anderen Teile des Raumschiffs anschließen und in der richtigen Größenordnung bauen, sodass sie zu den Tragflächen passen. (Das ist ähnlich wie bei einem Gebäude: Wenn du als Erstes das Erdgeschoss baust, weißt du, wie groß und breit die restlichen Stockwerke sein müssen.)

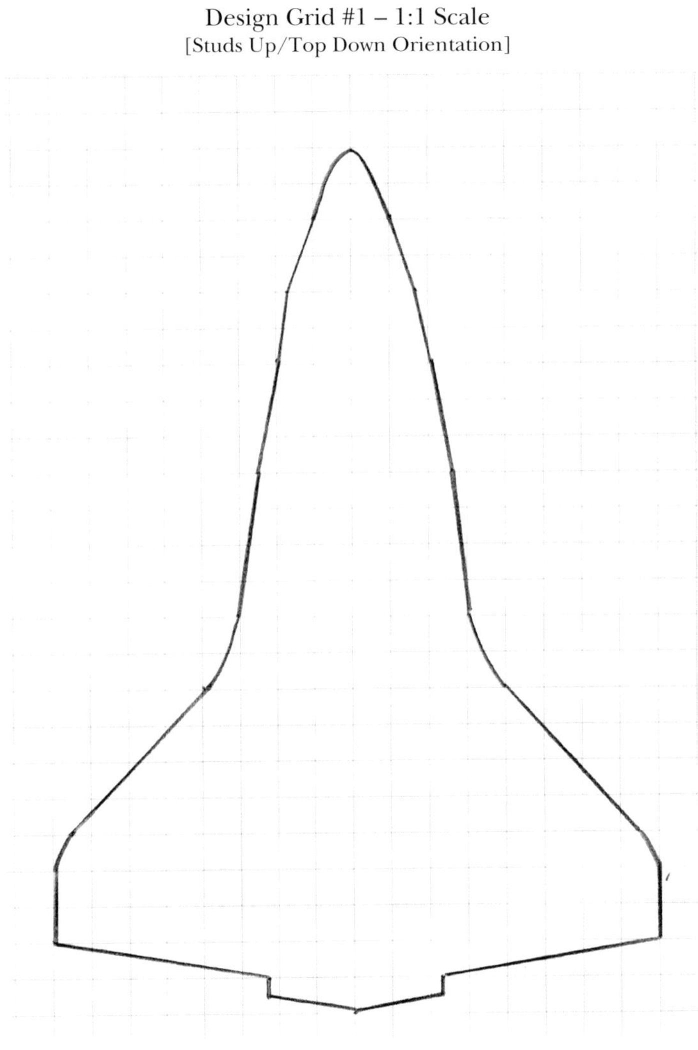

Abbildung 9–4: Um realistische Ergebnisse zu erzielen, zeichnest du den Umriss des Modells nach einer Fotografie oder einem Plan nach.

Den Umriss in Abbildung 9–4 habe ich wie folgt angelegt:

1. Ich habe im Internet nach einem Aufriss gesucht, der die Form der Shuttle-Tragflächen von unten zeigt.
2. Ich habe das Bild auf einfachem Papier ausgedruckt.
3. Ich habe ein Exemplar des Designrasters Nr. 1 ausgedruckt, das sich für die *Draufsicht* auf ein Modell eignet.
4. Schließlich habe ich das ausgedruckte Bild unter das Designraster gelegt und den Umriss der Tragflächen durchgepaust. Dadurch erhielt ich eine genaue Darstellung ihrer Form, mit deren Hilfe ich die passenden LEGO-Elemente dafür finden konnte.

Die Shuttle-Tragflächen sind natürlich keine einfachen Rechtecke. Um sie nachzugestalten, brauchst du schräge Teile. Dazu bieten sich Flügel- und Dreieckplatten an. (In Tabelle A–3 ab Seite 193 sind die verschiedenen Größen und Formen aufgeführt.)

Die Teile für die Tragflächen auf dem Designraster zusammenzustellen, ähnelt einem Puzzlespiel. Der Unterschied besteht darin, dass es hier darum geht, die zusammenzusetzenden Teile zu suchen, mit denen du den Umriss auf dem Raster annähern kannst. In Abbildung 9–5 siehst du, dass ich Flügelplatten für die Kanten und Standardplatten für die Flächen dazwischen verwendet habe. Du kannst die LEGO-Elemente zum Ausprobieren auf die Zeichnung legen, da die Kästchen des Rasters genau eine Noppe breit und hoch sind.

Die Elemente, die du schließlich zusammengestellt hast, bilden die Grundlage des Raumschiffs. Je nach deinem Vorrat an Teilen kannst du die Größe und Menge der verschiedenen Teile natürlich anpassen. Beispielsweise kannst du anstelle der Flügelplatten auch Standardplatten verwenden, wenn du nicht über die entsprechenden Elemente verfügst. Ob der Shuttle nun 10 oder 100 Noppen lang werden soll, unser Ziel bleibt stets dasselbe: Wir wollen ihn so echt aussehen lassen wie nur möglich.

Die Wirklichkeit bestimmt die Gestaltung

Die Methode, ein Merkmal eines Objekts als Grundlage für dein Modell auszuwählen, kannst du bei fast allen Konstruktionen anwenden, die der Wirklichkeit nachempfunden sind. Befolge dabei einfach die folgenden Schritte:

1. **Ziehe zur Gestaltung des Modells ein charakteristisches Merkmal des Originalobjekts heran.** Im Fall der *Triton* haben wir die einzigartig geformten Tragflächen gewählt. Bei einer Lokomotive kann es der Fahrerstand sein, bei einem fiktiven Raumschiff der Antrieb.
2. **Wähle die Elemente aus, die das ausgewählte Merkmal am besten wiedergeben.** Für die *Triton* haben wir Flügelplatten ausgewählt, um die Form der echten Tragflächen nachzubilden, die wir auf das Designraster gezeichnet haben. Achte dabei mehr auf die Winkel als auf die Größe.
3. **Verwende beim Bauen des Modells Teile, die zusammenpassen.** Beim Fertigstellen der *Triton* wirst du feststellen, dass die Gestaltung der einzelnen Abschnitte und der Steine, die wir dafür verwenden, auf die Elemente zurückgehen, die die Grundlage des Modells bilden. Mit anderen Worten, die Tragflächen bilden einen Bezugspunkt für den Rest des Modells.

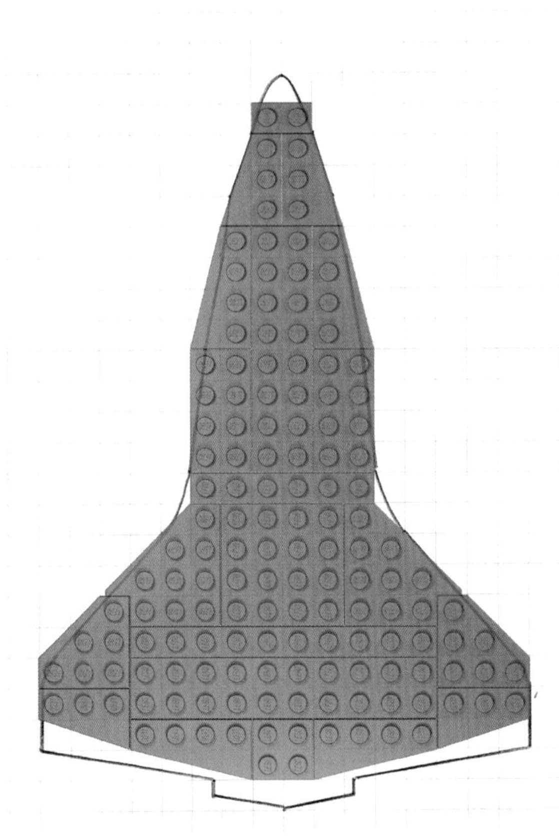

Abbildung 9–5: Die LEGO-Elemente auf dem Designraster mit der Umrisszeichnung der Tragflächen

Konstruktive Entscheidungen: Orientiere dich an der Wirklichkeit!

Damit haben wir die Grundstruktur der Tragflächen, aber nun müssen wir noch eine konstruktive Entscheidung treffen – nämlich wie diese Teile zusammenhalten sollen! Am einfachsten ist es, zur Beantwortung dieser Frage den echten Space Shuttle zum Vergleich heranzuziehen.

Der Teil der Tragflächen, den wir bereits zusammengestellt haben, sieht wie die Schicht der Schutzkacheln aus, die die Unterseite der Raumfähre abdecken. Wenn du einen Blick auf den echten Shuttle wirfst, kannst du erkennen, dass die Oberseite der Tragfläche fast dieselbe Größe und Form hat wie die Unterseite, aber aus einem anderen Material als die Kacheln besteht.

Um das Aussehen der echten Tragflächen nachzubilden, setzen wir darauf eine zweite Schicht Platten in anderer Farbe. Wie du in Abbildung 9–6 siehst, deckt diese zweite Schicht die erste nicht ganz ab, aber das ist im Design so beabsichtigt. Dadurch, dass wir die Merkmale des Original-Shuttles nachbauen, erhalten wir schließlich eine Lösung dafür, wie wir die Platten der ersten Lage zusammenhalten können.

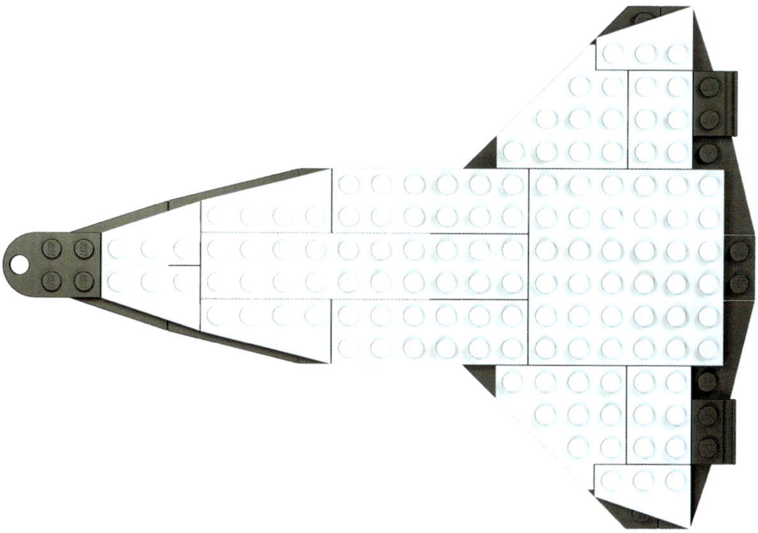

Abbildung 9–6: Die zweite Lage Platten (weiß) deckt die erste nicht ganz ab, aber das ist gut so.

Würden wir die zweite Lage Platten genauso zusammenstellen wie die erste, gäbe es nichts, was sie zusammenhalten würde. Durch die Auswahl von Platten anderer Größen und Formen können wir die einzelnen Teile so anordnen, dass sie sich so weit wie möglich überlappen.

Das Modell von der Seite

Bis jetzt haben wir nur Designraster Nr. 1 verwendet, das eine Draufsicht auf ein Modell ermöglicht. Damit kannst du die Länge und Breite des Modells und die grundlegende Form festlegen, aber nicht die Höhe. Um die *Triton* auch von der Seite darstellen und damit die Höhe ablesen zu können, brauchst du Designraster Nr. 4.

Jedes kleine Kästchen in diesem Raster steht für eine 1 × 1-Platte, die von der Seite gesehen wird. In dieser Ansicht kannst du ermitteln, wie viele Lagen Steine oder Platten benötigt werden, um die beabsichtigte Höhe zu erzielen. Für die *Triton* verwenden wir Designraster Nr. 4 im Querformat. Dieser Bogen ist breiter als hoch, eignet sich also gut für den Shuttle.

Wie du in Abbildung 9–7 siehst, kannst du auf dem Raster in der Seitenansicht die Höhe des Modells planen (etwa drei Steinlagen hoch) und die Position wichtiger Strukturen wie der Heckflosse und der Triebwerke festlegen.

Beim Zeichnen musst du nicht genau den Linien auf dem Raster folgen. Beim Bauen wirst du ohnehin Änderungen gegenüber der Zeichnung vornehmen und Kompromisse eingehen müssen. Solche Anpassungen sind nichts Schlechtes – im Gegenteil, oft führen Kompromisse zu den besten Ideen. Wenn dir ein bestimmtes Teil fehlt, musst du es durch ein anderes (oder mehrere andere) ersetzen, was sich manchmal als die bessere Lösung entpuppt.

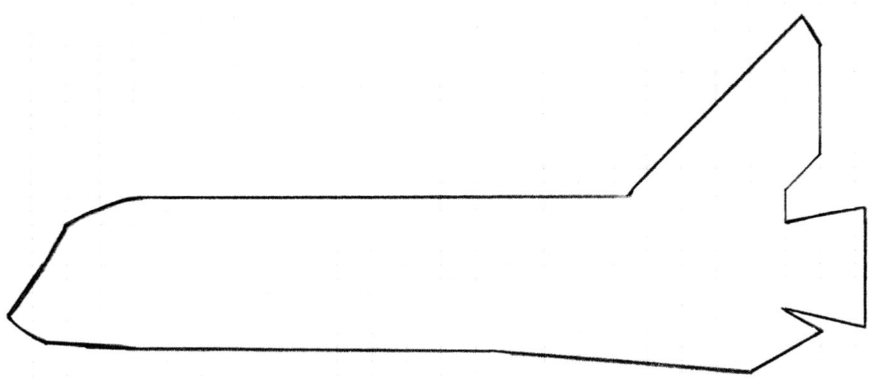

Abbildung 9–7: Skizzen müssen nicht perfekt sein, um gute Dienste zu leisten.

Den Maßstab wählen

Die Auswahl des Maßstabs ist eine der wichtigsten Entscheidungen für jedes Modell. Über den Maßstab haben wir schon mehrfach gesprochen. Bei unserem Space-Shuttle-Modell wird der Maßstab durch die Form der Tragflächen und die verfügbaren Teile zur Nachbildung dieser Form bestimmt. In anderen Fällen kannst du dich im Voraus für einen Maßstab entscheiden und dich dann beim Bauen danach richten, wie es bei dem Bahnhofsgebäude in Kapitel 3 der Fall war.

Da es sich hierbei um ein eigenständiges Modell handelt, kannst du den Maßstab frei wählen. Wenn es zu einem anderen Modell passen soll, musst du dich natürlich an dessen Maßstab orientieren. Anderenfalls nimmst du einfach den Maßstab, der sich am besten für dein Vorhaben eignet.

Farben

Ebenso wie den Maßstab musst du auch die Farben auswählen. Diese Entscheidung darfst du nicht unterschätzen! Die Farbe bestimmt, wie dein Modell wahrgenommen wird. Wenn du beispielsweise einen Hund aus blauen Steinen baust, wird niemand das Modell für die Skulptur eines Haustiers halten, sondern für die einer Comicfigur.

Auch Farbkombinationen können die Wahrnehmung eines Modells dramatisch ändern. Wenn du beispielsweise einen Hubschrauber hauptsächlich aus weißen Steinen mit einigen roten Akzenten baust, werden ihn die meisten für einen Ambulanzhelikopter halten. Das gleiche Modell aus schwarzen oder dunkelgrauen Steinen dagegen wirkt wie eine Militär- oder Polizeimaschine. Farben und Farbkombinationen wecken auch Assoziationen zu bestimmten Umgebungen. Strahlende Farben wie Rot, Gelb und Blau passen beispielsweise gut zu Vergnügungsparks, während ein Gebäude, das hauptsächlich aus grauen Steinen besteht, eher wie ein Lagerhaus oder eine Fabrik wirkt und nicht wie ein gemütliches Heim. Überlege beim Entwurf deines Modells, ob die Farben, die du verwenden willst, zu dem Motiv passen oder zu der Stimmung, die du vermitteln willst.

Die Farben für die *Triton* auszuwählen ist jedoch nicht so schwierig, denn hier kannst du dich wieder an der Wirklichkeit orientieren. Der echte Shuttle ist größtenteils weiß, dunkelgrau und schwarz – die übliche Farbpalette der NASA. Wenn du diese Farben beibehältst, vermittelt dein Modell trotz der geringen Größe einen wirklichkeitsgetreuen Eindruck. Wie du in

Abbildung 9–8 siehst, rufen die schwarzen und weißen Steine auch starke Kontraste hervor, die die Hauptmerkmale des Schiffes deutlicher hervortreten lassen.

Abbildung 9–8: Die kontrastreiche Schwarz-Weiß-Farbpalette lässt den Mini-Shuttle wirklichkeitsnah erscheinen.

Aspekte der Gestaltung

Unabhängig davon, was du bauen möchtest, musst du bestimme Aspekte immer berücksichtigen. Im Folgenden sehen wir uns die vier wichtigsten dieser Aspekte an: Form, Farbe, Proportion und Wiederholung.

Form

Welche Form soll dein Modell haben? Autos haben aus ganz bestimmten Gründen eine andere Form als Bäume. Denke über die Form nach, die du gestalten möchtest. Glatte, flache Wände können langweilig wirken, weshalb du Krümmungen, Winkel, Einsprünge und andere interessante Oberflächendetails in deine Modelle aufnehmen solltest, damit sie fesselnder aussehen.

Bei der *Triton* wollen wir die Form des Original-Shuttles nachbauen. Bei der Arbeit nach realen Vorbildern ist die Form einer der wichtigsten Aspekte. In Abbildung 9–9 siehst du, dass ich bestimmte Platten für die Tragflächen und Schrägsteine für die obere Hälfte des Rumpfes ausgewählt habe, um das echte Objekt möglichst genau nachzubilden.

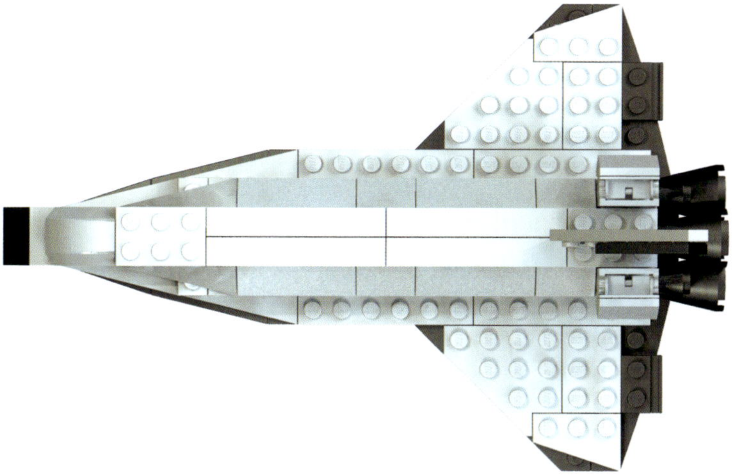

Abbildung 9–9: Der Space Shuttle weist eine charakteristische Form auf, die du in deinem Modell einfangen musst.

Farbe

Verwendest du nur wenige Farben oder die gesamte Palette? Die Auswahl der Farben hat starken Einfluss auf den Gesamteindruck, den dein Modell machen wird.

Beim Bau der *Triton* haben wir uns an der Wirklichkeit orientiert und die NASA-Farbplatte aus Schwarz, Weiß und Grautönen verwendet (siehe Abbildung 9–10). Du könntest die *Triton* jedoch auch nach einem anderen Farbmuster bauen. Wie wäre es mit einer schwarz-gelben Version für einen Konstruktions-Shuttle, der zum Bau einer Raumstation eingesetzt wird? Oder einer Raumfähre in Rot und Weiß, die als Rettungs-Shuttle für Notfälle bereitsteht?

Abbildung 9–10: Durch geschickte Farbauswahl – wie hier die schwarzen und weißen Platten für die Tragflächen und die schwarzen Kegelsteine für die Triebwerke – kannst du in einem ansonsten monochromen Modell Einzelheiten hervorheben.

Proportion

Haben alle Teilstrukturen des Modells denselben Maßstab? Wenn du die Türen und Fenster eines Modells nach demselben Maßstab baust, sieht das Ergebnis viel realistischer aus. Der echte Shuttle ist ein kompliziertes Fluggerät, und um diesen Eindruck mit der *Triton* nachzubilden, müssen die Tragflächen das richtige Verhältnis zwischen Länge und Breite aufweisen. Auch die Heckflosse muss hoch genug sein, aber nicht zu hoch und nicht zu dick (siehe Abbildung 9–11). Die Tragflächen müssen stark genug sein, um das Fundament für dein Modell zu bilden, aber nicht so dick, dass das Modell flugunfähig aussieht.

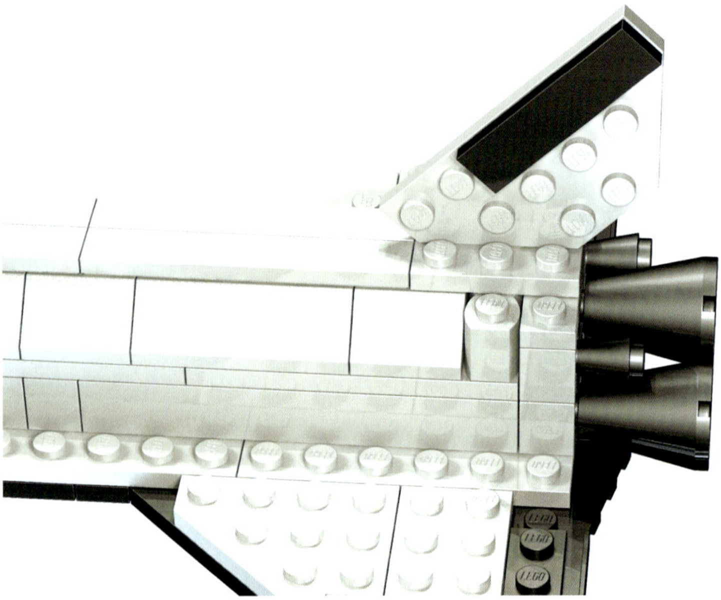

Abbildung 9–11: Eine einzelne Platte, die vertikal zwischen die Noppen der darunterliegenden Platte aufgesteckt ist, ergibt eine hohe und dünne Heckflosse.

Wiederholung

Endlose Reihen von 2×4-Steinen wirken langweilig, einige wenige Reihen von Bogensteinen können dagegen sehr elegant aussehen. Manchmal verleiht die Wiederholung einer Form einem Modell Tiefe. Allerdings musst du dir sicher sein, dass du eine *interessante* Form ausgewählt hast, bevor du sie viele Male wiederholst.

Auch bei der *Triton* gibt es solche Musterwiederholungen: Als Oberseite der Laderaumluken dienen mehrere 1×6-Fliesen, die zumindest den

Anschein erwecken, als ließen sie sich öffnen (siehe Abbildung 9–12). Auch die Struktur des unteren Teils der Laderaumluken, die aus 45°-Schrägsteinen bestehen, zeigt, wie Wiederholung zu einem wirklichkeitsgetreuen Aussehen beitragen kann.

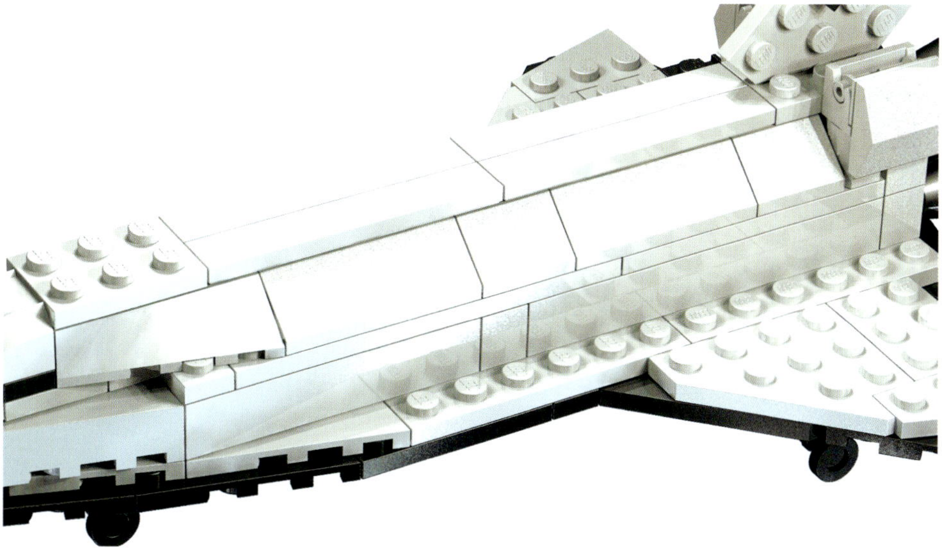

Abbildung 9–12: Bei diesem kleinen Modell wiederholen wir nur wenige Kacheln und Schrägsteine, um die Laderaumluken anzudeuten. Bei einer größeren Version wirst du wahrscheinlich mehr Wiederholungen einsetzen.

Die »Triton« bauen – Schritt für Schritt

Jetzt können wir endlich damit beginnen, die *Triton* zu bauen. Auf den folgenden Seiten findest du die Bauanleitung und Hinweise zu jedem einzelnen Schritt. Abbildung 9–13 führt alle Teile auf, die du für dieses Modell brauchst. Denke aber daran, dass Ersetzungen bei eigenen Modellen gang und gäbe sind. Wenn du also nicht alle Teile hast, die in der Stückliste aufgeführt sind, dann finde Ersatzlösungen dafür – sei kreativ!

Die offiziellen Bauanleitungen für die meisten LEGO-Modelle kommen ohne viele Worte aus. Das Unternehmen verlässt sich gewöhnlich auf Bilder, die dir zeigen, wie du das gekaufte Modell zusammensetzen musst. Da wir uns in diesem Kapitel jedoch den Gestaltungsvorgang ansehen, habe ich zu jedem Schritt ausführliche Hinweise hinzugefügt, um zu erklären, warum wir bestimmte Entscheidungen getroffen haben und wie sie die Wirkung des fertigen Modells beeinflussen.

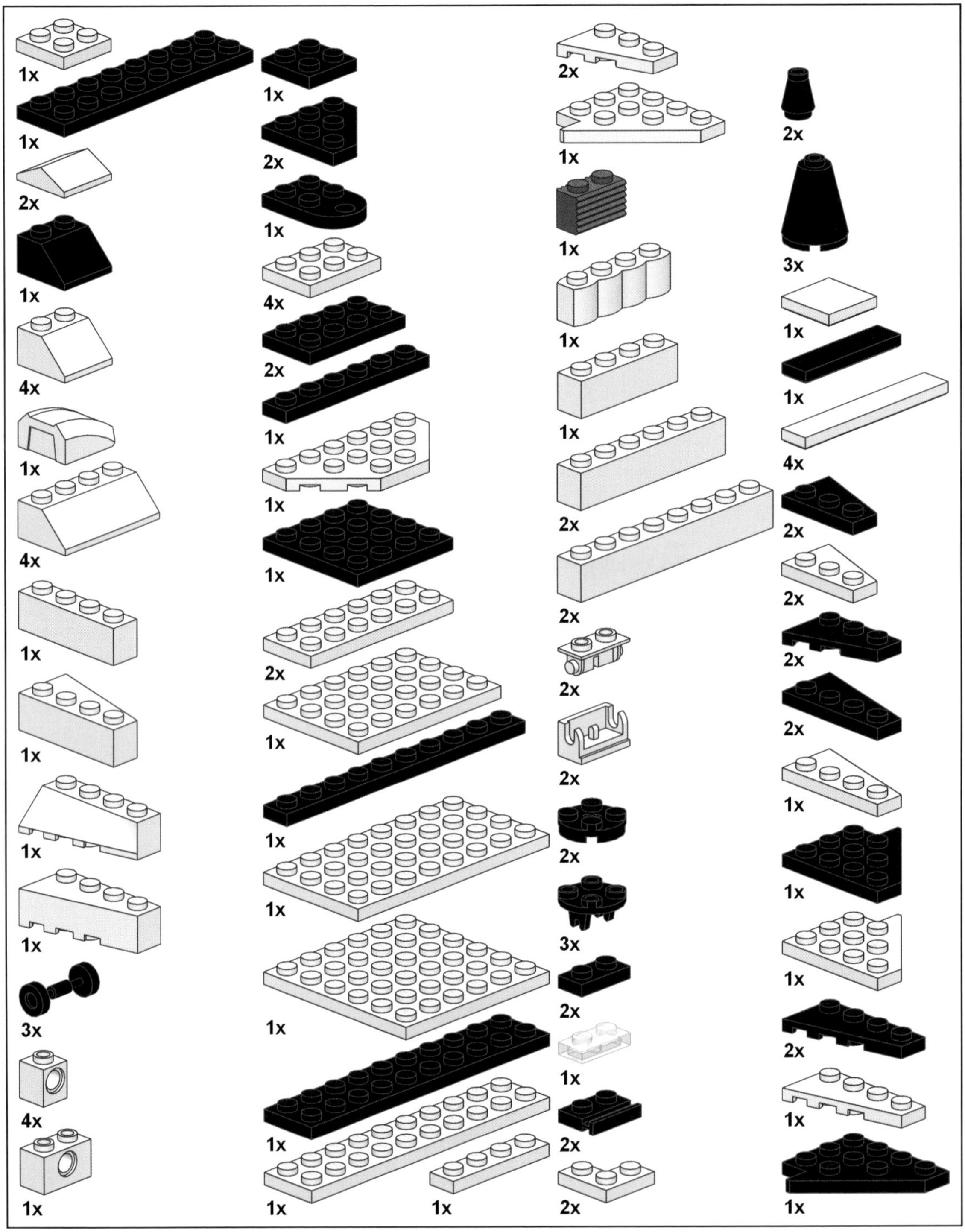

Abbildung 9–13: Die Stückliste für die ***Triton***

Schritt 1

Abbildung 9–14 zeigt die unterste Lage der Tragflächenstruktur, ähnlich wie in Abbildung 9–5.

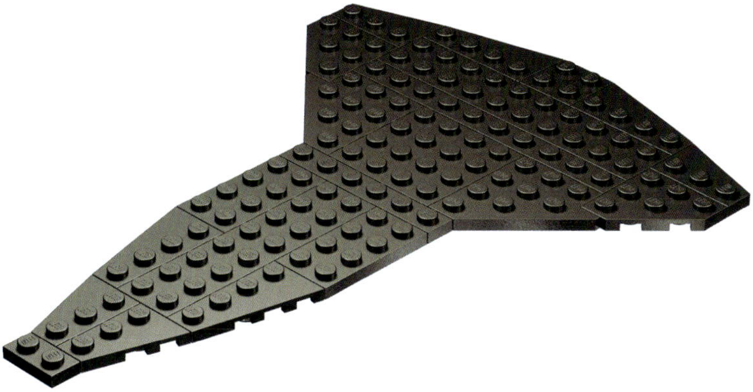

Abbildung 9–14: Die richtige Kombination von Platten ergibt die besondere Form der Shuttle-Tragflächen.

Schritt 2

Die zweite Lage Platten (siehe Abbildung 9–15) folgt dem Umriss der ersten, ist aber nicht genau deckungsgleich. Diese kleine Abweichung ist im Entwurf beabsichtigt. Auch beim echten Shuttle sind die Kanten der Tragfläche teilweise mit dem schwarzen, Hitze absorbierenden Material ausgekleidet. Dadurch, dass wir einen Teil der unteren Lage nicht abdecken, deuten wir diese Stellen an. (Dies ist eine Variante der Versatztechnik.)

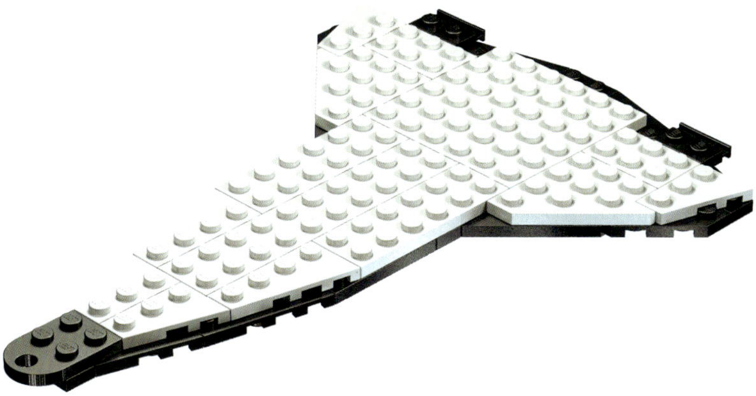

Abbildung 9–15: Die Teile der zweiten Lage überlappen die Elemente in der ersten, um sie zusammenzuhalten.

Schritt 3

Der Rumpf des Shuttle-Modells gestaltet sich einfach, da bei diesem Maßstab kein Platz für Einzelheiten bleibt. Wie du in Abbildung 9–16 siehst, konzentrieren wir uns darauf, die Grundform des Laderaums zu gestalten.

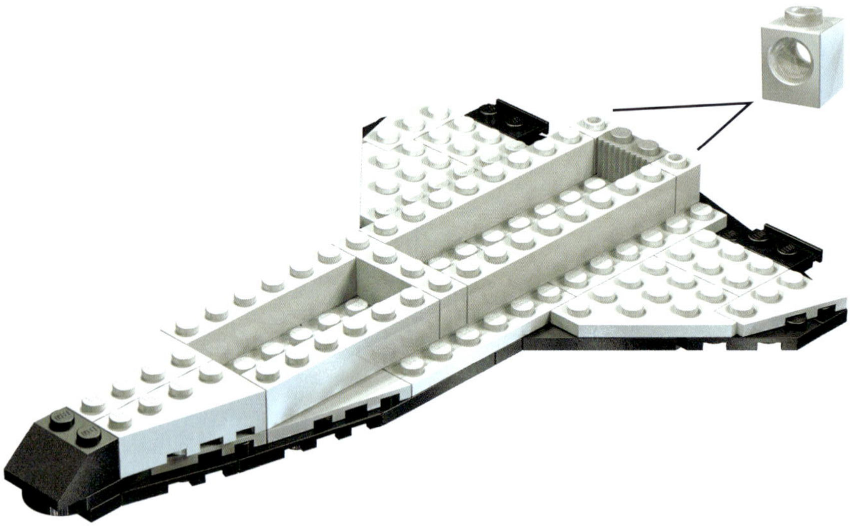

Abbildung 9–16: Das eingefügte Bild oben rechts gibt dir einen wichtigen Bauhinweis: Der 1 × 2-Riffelstein ist an beiden Seiten von je einem 1 × 1-Technic-Stein flankiert.

Bei der Gestaltung deiner eigenen Modelle musst du stets ähnliche Entscheidungen über den Detaillierungsgrad fällen. Versuche möglichst realistisch zu bauen, aber überfrachte ein kleines Modell nicht mit mehr Einzelheiten, als es fassen kann. Frage dich immer: »Sieht das Modell so aus, wie ich es haben will?« Solange die Antwort darauf Ja lautet, ist die Gestaltung korrekt.

Schritt 4

Da das Modell nicht funktional sein soll, brauchen wir keinen hohlen Laderaum. Stattdessen verbinden wir die Seitenwände mit 4 × *n*-Platten (siehe Abbildung 9–17).

Dadurch erhalten wir ein stabileres Raumschiff, das auch Flugmanöver im Zimmer etwas besser überstehen kann. Bei einem größeren Space-Shuttle-Modell würden wir funktionale Einzelheiten wie ein einziehbares Fahrgestell, bewegliche Querruder u.Ä. vorsehen, aber in diesem kleinen Maßstab lässt sich das nicht nachstellen. Wie viele Details in dein Projekt einfließen sollen, musst du anhand seiner Größe bestimmen.

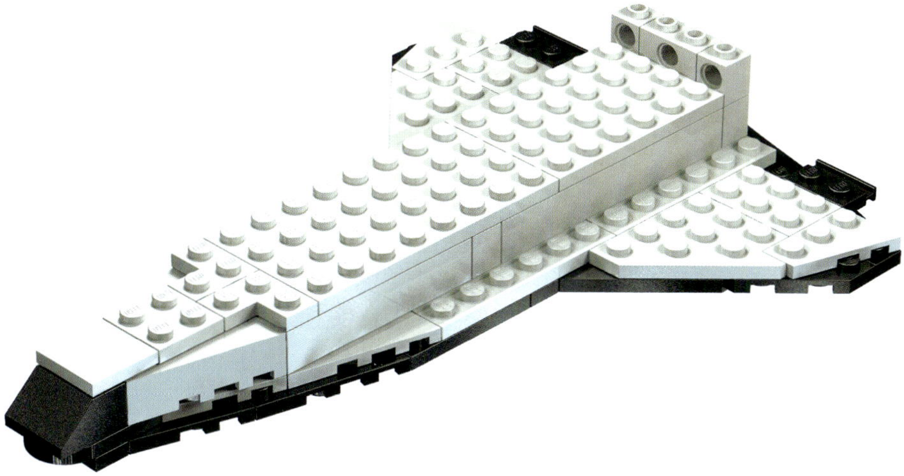

Abbildung 9–17: Am Heck werden noch mehr Technic-Steine eingebaut. Mit dieser Abbildung sollte klar sein, welche Teile du verwenden musst.

Schritt 5

Das *Triton*-Modell ist ziemlich klein und daher schnell gebaut. In Abbildung 9–18 haben wir bereits die 45°-Schrägsteine hinzugefügt, die die Laderaumluken bilden. (Wie du weißt, funktionieren diese Luken natürlich nicht, sondern sind nur Attrappen.)

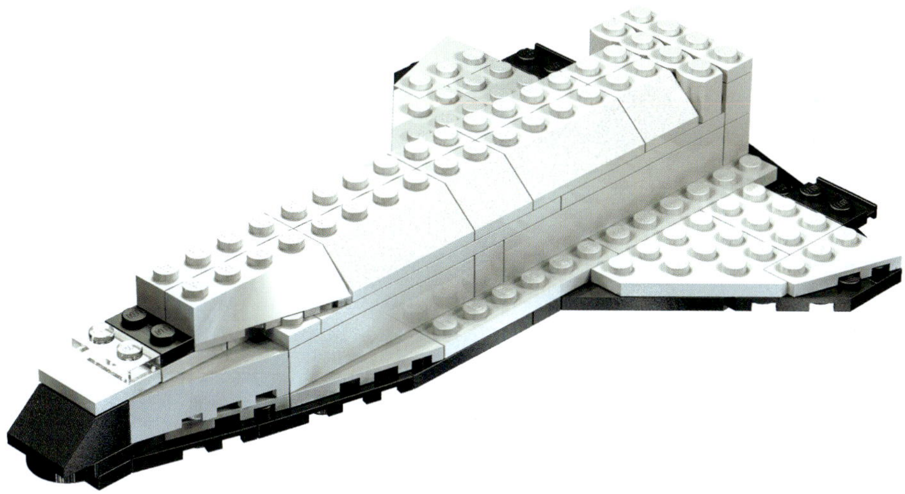

Abbildung 9–18: Hier sind die Laderaumluken bereits an Ort und Stelle – ebenso wie die transparente 1 × 2-Platte, die die Cockpit-Fenster darstellt.

Schritt 6

Manchmal kannst du in einem einzigen Schritt einer Bauanleitung auch mehrere nicht zusammengehörige Teile eines Modells ergänzen, wie du in Abbildung 9–19 siehst.

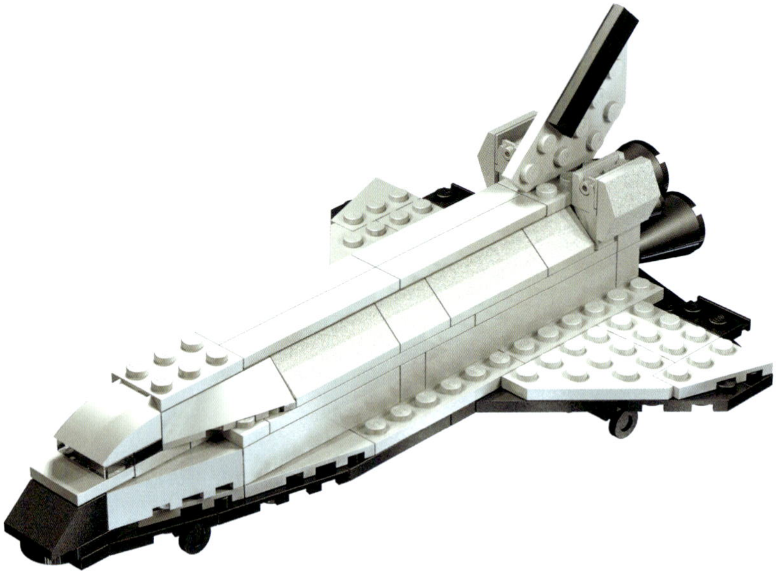

Abbildung 9–19: Solange die Sicht auf die neuen Elemente nicht verdeckt wird, kannst du in einem einzigen Schritt einer Bauanleitung beliebig viele Teile hinzufügen, ohne den Betrachter zu verwirren.

Hier haben wir die Heckflosse hinzugefügt (montiert auf einer 2 × 3-Platte), die Verkleidung in der Nähe der Triebwerke (2 × 2-Firststeine mit 33° Neigung, aufgehängt an 1 × 2-Scharniersteinen) und den gekrümmten Schrägstein, der das Cockpit-Dach bildet.

Eine schwarze 1 × 4-Fliese auf der Heckflosse deutet einige der Schutzkacheln an, die beim echten Shuttle an dieser Stelle vorhanden sind. Zerbrich dir nicht den Kopf darüber, wie du die beweglichen Teile der Heckflosse (an der hinteren Kante) nachbauen kannst. Wenn du hier zu viele Einzelheiten hinzufügtest, würde sich die Heckflosse stark vom Rest des Modells abheben. Versieh niemals einen Abschnitt eines Modells mit vielen Details, während du die anderen schlicht hältst!

Die Heckflosse wird von den Noppen der 2 × 3-Flosse darunter festgehalten. Da die Plattendicke etwa dem Noppenabstand entspricht, ist es möglich, eine Platte auf diese Weise festzustecken.

Schritt 7

Manchmal musst du dein Modell drehen, um einen Bauschritt besser nachvollziehen zu können. Beispielsweise haben wir die *Triton* in Abbildung 9–20 mit dem Heck zu uns gedreht, um besser zu erkennen, wo die 1 × 1- und 2 × 2 × 2-Kegelsteine für die Triebwerke hingehören.

Abbildung 9–20: Jetzt weißt du, warum ich am hinteren Rumpfende Technic-Steine verbaut habe. Das kleine Bild zeigt das Heck des Shuttles, bevor alle Kegelsteine eingesteckt sind.

Die Triebwerke haben nicht genau die richtige Größe für diesen Maßstab, kommen ihm aber sehr nahe. Wenn du das Muster, in dem die Triebwerke am echten Shuttle montiert sind, so genau wie möglich nachstellst, wirkt dein Mikromodell gleich viel wirklichkeitsgetreuer. Denke daran, dass wir das Gesamterscheinungsbild vermitteln wollen, aber nicht die kleinsten Einzelheiten.

Schritt 8

In Schritt 8 drehst du das Schiff wie in Abbildung 9–21. Jetzt blicken wir von unten auf das Modell, um das Fahrwerk anzubringen.

Wenn du Teile an die Unterseite anderer Elemente anschließen musst, zählst du die Röhrchen ab, um die richtige Position zu finden. Beim Anbauen auf der Oberseite ziehst du dagegen die Noppen als Orientierungshilfe heran.

Abbildung 9–21: Mit einem Bild ohne Worte kann ich genau angeben, wohin das Fahrwerk unter den Tragflächen gehört.

Die beiden heckwärtigen Fahrwerke der *Triton* werden etwas anders montiert als das vordere. Die Hinterräder sind über eine zusätzliche 2 × 2-Rundplatte mit dem Unterboden des Shuttles verbunden. Daher ist die Nase des fertigen Raumfahrzeugs leicht nach unten geneigt, wie du in Abbildung 9–22 siehst. Das entspricht dem Winkel, den der echte Shuttle aufweist, wenn er nach der Landung über den Boden rollt.

Schritt 9

Schritt 9 ist eigentlich gar kein Bauschritt mehr. Abbildung 9–22 zeigt einfach die Ansicht des fertigen Modells.

In diesem letzten Schritt kannst du Aufkleber (mit dem Computer ausgedruckt) oder noch kleine Bauteile für Details anbringen. In Abbildung 9–22 habe ich den Shuttle auf eine Startbahn aus LEGO-Fliesen gesetzt, um das Modell auf realistische Weise auszustellen.

*Abbildung 9–22: Der Shuttle **Triton** in der klassischen Stellung mit leicht abgesenkter Nase*

Ist etwas schiefgelaufen? Umbau ist kein Beinbruch!

Gräme dich nicht, wenn irgendetwas an deinem Modell nicht richtig stimmt. Schließlich baust du mit LEGO-Steinen, was bedeutet, dass du alles auseinanderbauen und wieder neu zusammensetzen kannst. Nimmt den Abschnitt auseinander, der nicht deinen Erwartungen entspricht, und baue ihn mit anderen Teilen, anderen Kombinationen von Teilen oder anderen Farben neu.

Von der *Triton* habe ich erst einen Prototyp angefertigt und die Nase dann zwei oder drei Mal umgebaut, bis ich die Kombination von Platten, Fliesen und Schrägsteinen zusammengestellt hatte, die die beabsichtigte Form am besten wiedergeben konnte. Außerdem habe ich das Muster der Platten für die Tragflächen mehrmals geändert, bis sie die richtige Form hatten und gleichzeitig stark genug waren, um die Teile zu tragen, die ich darauf montieren wollte. Die Triebwerke dagegen habe ich gleich im ersten Anlauf richtig hinbekommen.

Nicht jeder Abschnitt eines Modells sieht gleich beim ersten Versuch richtig aus. Manche werden wirklich so, wie du es dir vorgestellt hast, aber bei anderen musst du immer wieder andere Teile oder Techniken ausprobieren, bis sie endlich richtig aussehen.

Du bist fertig. Und jetzt?

Du hast jetzt gesehen, wie du ein eigenes Modell von Grund auf entwirfst und baust. Dabei hast du verschiedene Möglichkeiten kennengelernt, um Einzelheiten realer Objekte zu erfassen, und erfahren, wie du kluge konstruktive Entscheidungen triffst, um ein solches Objekt aus LEGO-Steinen nachzubauen. Aber was tust du, wenn du damit fertig bist?

Als Erstes wirst du dein fertiges Modell wahrscheinlich ausstellen, damit es auch andere bewundern können. Wenn du es auf ein Regal oder an einen anderen Platz stellst, kannst du noch irgendetwas bauen, auf dem das Modell ruht (wie die Landebahn in Abbildung 9–22), oder es vielleicht sogar zum Teil eines umfassenderen Dioramas machen.

Außerdem kannst du deine Modelle auch online ausstellen. Nimm Fotos davon auf und stelle sie ins Internet, damit deine Freunde und andere sie sich ansehen können. Möglichkeiten dazu bieten Websites wie *www.brickshelf.com/* oder *www.mocpages.com/* und *www.1000steine.de/*.

Rückblick: Du bist der Designer!

Du musst kein Angestellter von LEGO sein, um ein Modelldesigner zu werden. Sobald du dich dazu entschließt, etwas zu bauen, was zuvor noch nicht gebaut worden ist, bist du ein Designer. Um nichts anderes ging es in diesem Buch.

Als Modelldesigner musst du alle Aspekte des Bauens mit LEGO-Steinen berücksichtigen – Teileauswahl, Farbauswahl, Projektumfang und Maßstab –, um bei der Konstruktion deiner Modelle gute Entscheidungen fällen zu können. Diese Entscheidungen sind es jedoch, die unser Hobby so bereichern.

Was immer du auch baust – habe Spaß daran!

10

Nicht nur Bauklötze: Mehr Spaß mit LEGO-Steinen

Manche Hobbys sind sehr eingeschränkt. Wenn du beispielsweise Münzen sammelst, dann kannst du sie dir anschauen, sie katalogisieren, sie verkaufen und tauschen – aber nicht viel mehr. Das LEGO-System dagegen bietet wesentlich mehr Möglichkeiten, als nur Steine zusammenzusetzen.

In diesem Kapitel sehen wir uns zwei Beschäftigungen an, die über das einfache Bauen mit LEGO-Steinen hinausgehen und deine Kreativität und dein analytisches Denken herausfordern.

Eigene Bauanleitungen erstellen

Eine Möglichkeit, um dein LEGO-Hobby zu erweitern, besteht darin, anderen die Konstruktionsanleitungen für deine eigenen Modelle zu vermitteln, sodass sie nachgebaut werden können. Diese Weitergabe deiner Ideen nimmt einen hohen Stellenwert ein, wenn du der weltweiten LEGO-Gemeinschaft beitrittst.

Mit den Techniken, die du in diesem Buch gelernt hast, wirst du sehr bald eigene Modelle entwickeln, die es zuvor nicht gegeben hat. Wenn du einen Space Shuttle, einen Bulldozer oder die Skulptur eines Drachens fertiggestellt hast, kannst du den Konstruktionsvorgang dokumentieren, sodass jeder, der möchte, dieses Modell dann ebenfalls bauen kann – oder auch nur um sicherzustellen, dass du selbst es jederzeit erneut bauen kannst. Wenn du die einzelnen Bauschritte deines Modells aufgezeichnet hast, kannst du dasselbe Projekt jederzeit wieder in Angriff nehmen.

Fotos der einzelnen Schritte

Eine einfache Möglichkeit, um Pläne deiner Modelle zu erstellen, besteht darin, den Bauvorgang Schritt für Schritt mit einer Digitalkamera festzuhalten. Nimm so viele Bilder auf, wie du für nötig hältst, um die Konstruktion des Modells genau zu erklären, und stelle diese Fotos dann für andere zur Einsicht bereit.

Als Erstes solltest du dabei die Teile fotografieren, die zum Bau des Modells erforderlich sind (siehe Abbildung 10–1).

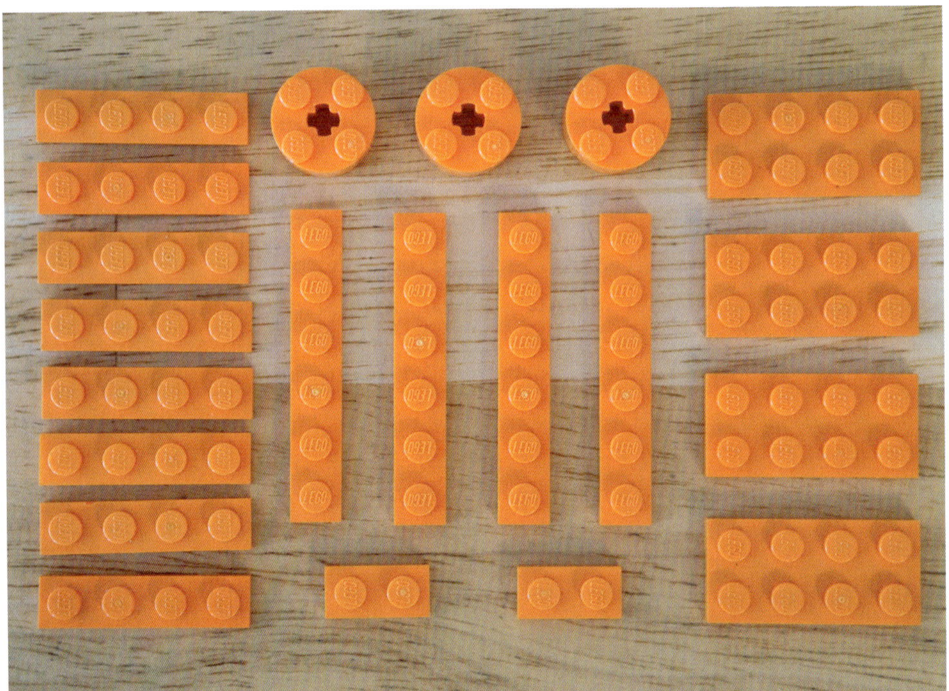

Abbildung 10–1: Stelle die für das Modell erforderlichen Teile zusammen und fotografiere sie, bevor du mit der Konstruktion beginnst. Hier siehst du die Teile für den Bau einer 1 × 2-Jumbo-Platte im Maßstab 4:1.

Ein Foto wie das in Abbildung 10–1 gibt anderen Bastlern eine klare Vorstellung davon, welche Teile sie brauchen, um dein Modell nachzubauen.

Als Nächstes nimmst du jeden einzelnen Schritt mit den jeweils neu hinzugefügten Teilen auf. Die Abbildungen 10–2 und 10–3 zeigen nacheinander die Schritte für den Bau einer 1 × 2-Jumbo-Platte im Maßstab 4:1.

Anschließend kannst du die Fotos in eine Textverarbeitung oder ein DTP-Programm importieren, um sie zu einer einzigen Anleitung zusammenzufassen, oder sie online stellen, sodass interessierte Personen sie eines nach dem anderen betrachten können.

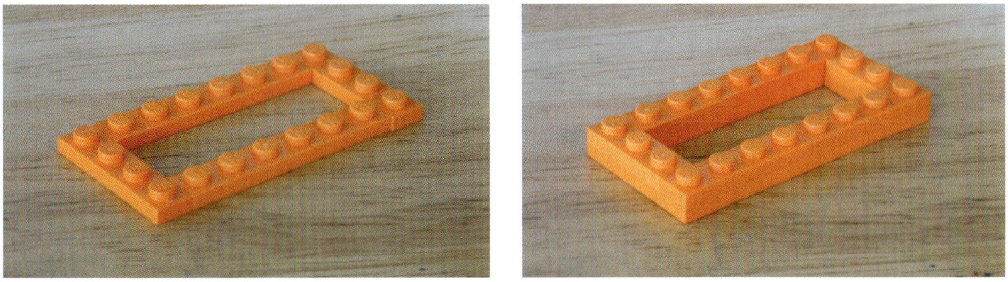

Abbildung 10–2: Jedes Foto zeigt einen einzigen Schritt bei der Konstruktion des Modells. Hier siehst du die Schritte 1 und 2 für den Bau der 1 × 2-Jumbo-Platte im Maßstab 4:1.

Abbildung 10–3: Jedes nachfolgende Bild sollte das Modell aus demselben Winkel, aber mit zusätzlichen Teilen zeigen. Hier siehst du Schritt 3 und 4.

Computergenerierte Anleitungen

Die meisten der Bauanleitungen in diesem Buch sind mit CAD-Software (Computer-Aided Design) ähnlich den Programmen erstellt worden, die für die Konstruktion von Autos und Flugzeugen eingesetzt werden. Diese erstaunlichen Programme bieten einen unerschöpflichen Vorrat an LEGO-Steinen in allen Farben. Wie Abbildung 10–4 zeigt, kannst du mit einer solchen Software ganze Modelle entwerfen und konstruieren.

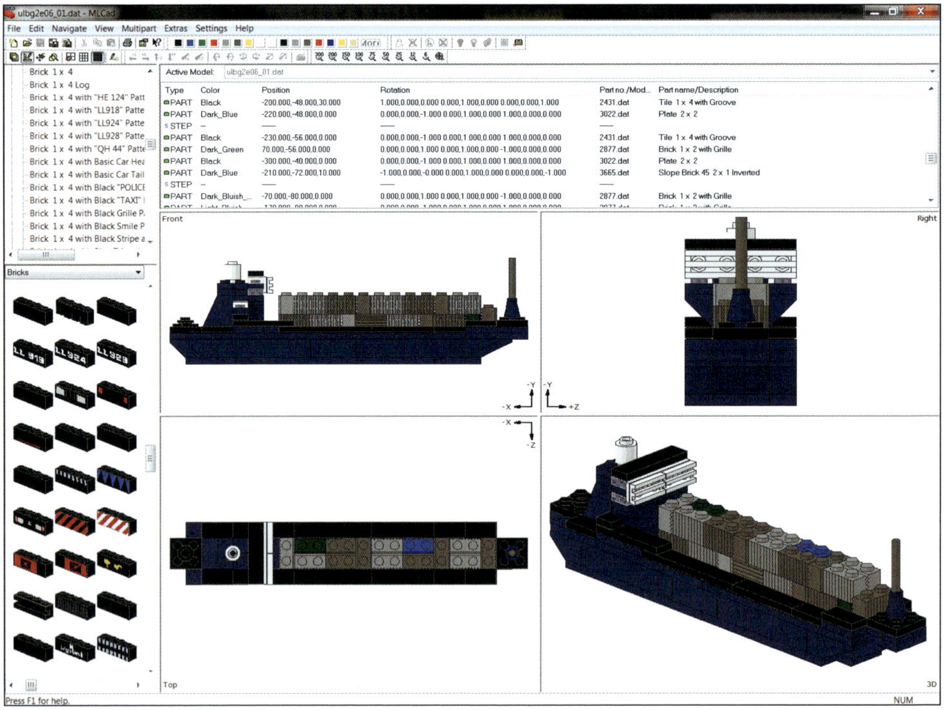

Abbildung 10–4: Mit MLCad kannst du virtuelle LEGO-Modelle mit einem endlosen Vorrat an Elementen erstellen.

Außerdem kannst du in diesen Programmen jeden einzelnen Bauschritt nachverfolgen und damit Schritt-für-Schritt-Anleitungen für andere Bastler erstellen. Ein Beispiel dafür siehst du in Abbildung 10–5.

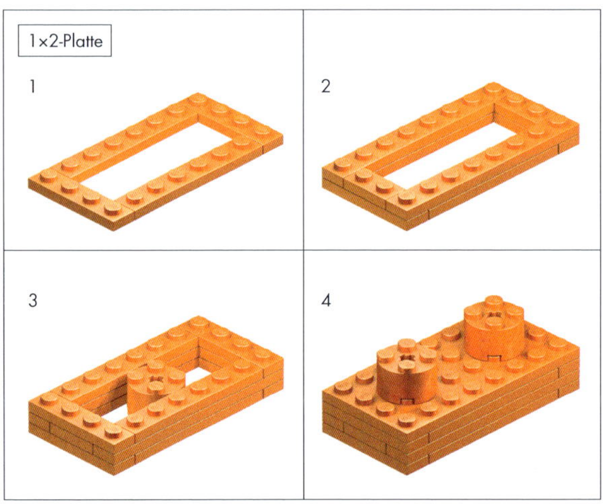

Abbildung 10–5: Diese Bauanleitung wurde mithilfe von Software erstellt. Beachte die Ähnlichkeit dieser Bilder mit denen in Abbildung 10–2 und 10–3!

Viel Spaß mit LEGO-Brettspielen

Das LEGO-Hobby soll Spaß machen. Um den Spaß noch weiter zu treiben, kannst du bekannte Brettspiele mit LEGO-Steinen nachbauen oder ganz eigene Spiele erfinden.

»Dame« und Schach in LEGO

Viele traditionelle Brettspiele werden auf einem Schachbrett mit acht Feldern Seitenlänge, also insgesamt 64 Feldern gespielt. Ein ganz einfaches Projekt besteht darin, ein solches Schachbrett aus LEGO-Steinen nachzubauen. Dankenswerterweise stellt LEGO eine Grundplatte mit Waffelboden in der Größe 32 × 32 her, die sich ideal für Schachbretter eignet. Eine schnelle Berechnung ergibt, dass du dieses Brett ganz einfach in acht Zeilen und acht Spalten aufteilen kannst, indem du einfach Fliesen im richtigen Muster aufsteckst.

Wie Abbildung 10–6 zeigt, brauchst du nur vier 2 × 2-Fliesen für jedes Feld. Schon mit wenig Aufwand hast du so dein eigenes Spielbrett erstellt!

Abbildung 10–6: Je vier 2 × 2-Fliesen bilden die unterschiedlich gefärbten Felder des Spielbretts.

HINWEIS

Wenn du nicht genügend Fliesen hast, um eine 32 × 32-Grundplatte zu bedecken, nimm einfach Standardplatten in zwei verschiedenen Farben. Das Brett ist dann nicht mehr glatt, eignet sich aber trotzdem zum Spielen.

Wenn du das Brett hast, kannst du darauf »Dame«, Schach und Ähnliches spielen. Für Dame brauchst du nur ganz einfache Spielsteine, etwa 2 × 2-Steine in zwei verschiedenen Farben. Möchtest du Schach spielen, kannst du deinen ganz eigenen Satz von Schachfiguren entwerfen.

Abbildung 10–7 zeigt ein Beispiel für einen Bauern. Er besteht größtenteils aus weit verbreiteten Teilen, sodass es deine Sammlung nicht überbeanspruchen wird, wenn du 16 Stück davon herstellst. In Abbildung 10–8 siehst du, wie ein Läufer und ein Turm aussehen können.

Abbildung 10–7: Ein einfacher Bauer aus gebräuchlichen LEGO-Steinen

Abbildung 10–8: Der Läufer und der Turm haben eine Grundfläche von 3 × 3.

»Connect-Across«

Dieses Spiel habe ich ursprünglich mit Spielfeldern aus Holz und Glasperlen als Spielsteinen erfunden. Es heißt »Connect-Across« und lässt sich genauso gut auch mit LEGO-Steinen spielen.

Als Erstes musst du 30 Felder wie die in Abbildung 10–9 zusammenbauen. (Die genaue Gestaltung und die Farbe sind nicht so wichtig, entscheidend ist, dass sie alle dieselbe Größe haben.)

Abbildung 10–9: Zwei Beispiele für die Spielfelder. Du brauchst 30 identische Exemplare davon.

Außerdem benötigst du zwei Sätze von je 15 Spielsteinen, also insgesamt 30. Dafür kannst du eine der Formen aus Abbildung 10–10 auswählen oder einen eigenen Spielstein entwerfen. Wichtig ist, dass die beiden Sätze unterscheidbar sind.

Beispielsweise kannst du für den ersten Satz 15 liegende Räder (mit oder ohne Gummireifen) verwenden (wie ganz links in Abbildung 10–10) und für den zweiten 15 Exemplare des Spielsteins, der ganz rechts dargestellt ist.

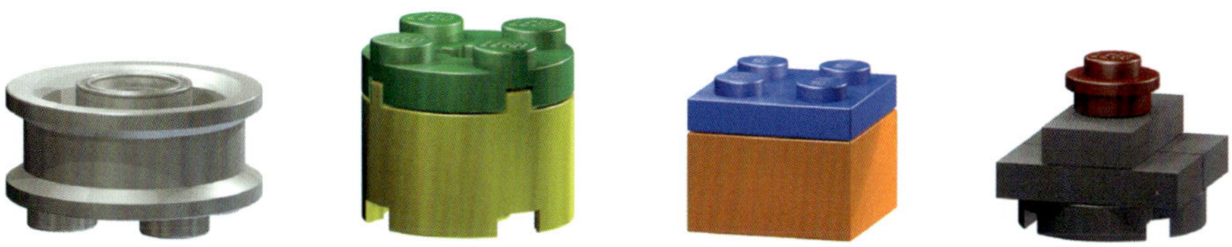

Abbildung 10–10: Unterschiedliche mögliche Bauformen für die Spielsteine

»Connect-Across« ist eine Mischform aus »Vier gewinnt« und »Dame«. Die beiden Spieler bauen dabei nach und nach das Spielbrett auf und setzen ihre Steine, wobei sie versuchen, vier in einer Reihe zu platzieren. Alle Felder, die dem Spielbrett hinzugefügt werden, müssen mit mindestens einer Seite oder Ecke ein anderes Feld berühren.

Spielvorbereitung

Um zu beginnen, entscheiden die Spieler zuerst, wer welchen Satz von Spielsteinen übernimmt. Anschließend werden vier Spielfelder beiseitegestellt und die restlichen ebenfalls unter die Spieler aufgeteilt.

Die Spieler werfen eine Münze, um zu bestimmen, wer anfängt. Derjenige, der hierbei auf den zweiten Platz kommt, arrangiert die vier beiseitegestellten Felder in der Tischmitte (siehe Abbildung 10–11). Dabei ist jedes Muster zulässig, solange jedes Feld mit wenigstens einer Seite oder Ecke ein anderes berührt.

HINWEIS

Du kannst eine 48×48-Grundplatte als Spielbrett nutzen, damit die einzelnen Felder nicht verrutschen. Allerdings lässt sich das Spiel auch auf jeder ebenen Oberfläche spielen.

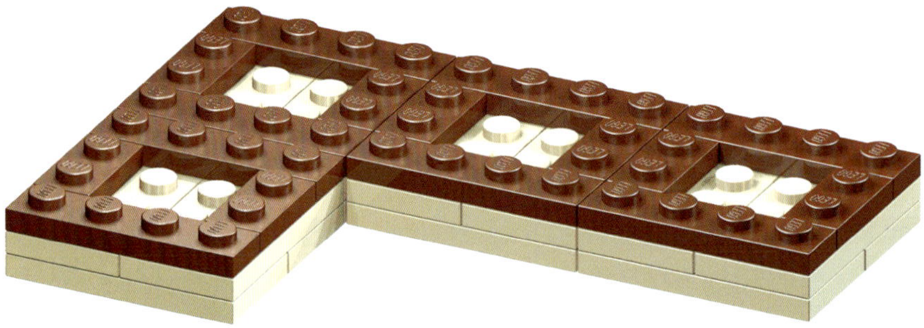

Abbildung 10–11: Ein Beispiel für ein Anfangsmuster der Spielfelder

Die Grundregeln

Für »Connect-Across« gibt es nur drei Grundregeln. Der Spieler, der am Zug ist, kann Folgendes tun:

1. Er kann einen seiner Spielsteine auf ein offenes Feld des Spielbretts setzen.
2. Er kann ein neues Feld auf das Spielbrett setzen, wobei es mit mindestens einer Seite oder Ecke ein anderes Feld berühren muss.
3. Er kann einen seiner bereits auf dem Spielbrett vorhandenen Steine um einen Schritt verschieben (also auf ein angrenzendes, leeres Feld) oder einen anderen Stein schlagen (wie bei »Dame«). Zum Schlagen wird der Stein über einen gegnerischen Stein hinweg auf ein leeres Feld gezogen und der übersprungene Stein vom Spielbrett entfernt. Der gefangene Stein wird dann an den Gegner zurückgegeben, damit er ihn wieder einsetzen kann.

Der Spielverlauf

Als ersten Zug setzt der erste Spieler einen Spielstein auf eines der vier leeren Felder (siehe Abbildung 10–2) oder baut ein weiteres Feld an, um das Spielbrett zu erweitern.

Der zweite Spieler kann dann ebenfalls einen Spielstein oder ein Feld hinzufügen. Das Spiel geht dann Zug um Zug so weiter. Dabei wächst das Spielfeld immer weiter an, wobei sich die Reihen und Spalten in verschiedene Richtungen verzweigen. In Abbildung 10–13 hat der Spieler mit den roten Steinen eine gute Chance, vier Steine in einer Reihe zu platzieren.

Abbildung 10–12: Liegende Räder ergeben einfache Spielsteine, die genau auf den mittleren Bereich eines Spielfelds passen

Abbildung 10–13: Vier Steine in eine Reihe zu stellen, ist nicht so einfach, wie du glauben magst!

Spielende

Die Spieler fahren damit fort, Felder und Steine hinzuzufügen oder einzelne Steine zu verschieben und zu schlagen, bis es einem von ihnen gelingt, vier Steine in einer Reihe (senkrecht, waagerecht oder diagonal) zu platzieren. Damit hat dieser Spieler gewonnen. Abbildung 10–14 zeigt, dass der Spieler mit den roten Steinen eine diagonale Viererreihe ausgelegt hat.

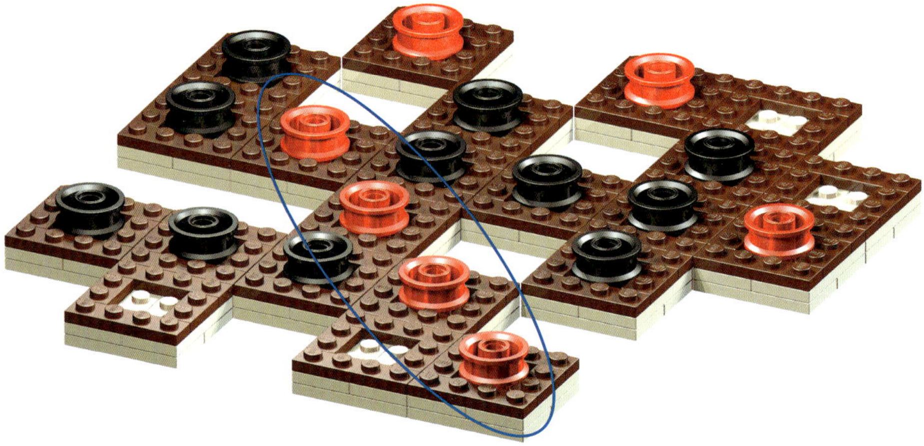

Abbildung 10–14: Die Siegerreihe ist eingekreist.

Rückblick: Alle Aspekte von LEGO genießen

Wie du dich an LEGO als Hobby erfreust, ist ganz allein deine Sache. In diesem Kapitel hast du gesehen, dass es viele interessante Beschäftigungen mit LEGO-Steinen gibt, die über das Bauen hinausgehen. Wie bei den zuvor vorgestellten Bautechniken gibt es auch beim Ausbau deines Hobbys kein »richtig« oder »falsch«. Brettspiele aus LEGO-Steinen zu spielen oder Bauanleitungen zu erstellen, kann genauso viel Spaß machen wie die Konstruktion von Modellen.

A

Brickopedia

Das LEGO-System besteht aus Tausenden von Elementen. Dabei kann es von einem bestimmten Element Varianten unterschiedlicher Größe geben (etwa 2 × 3- und 2 × 4-Steine), andererseits aber auch gleich große Teile, die sich durch unterschiedliche dekorative Einzelheiten oder aufgedruckte Muster unterscheiden.

Um jedes einzelne Teil des Systems zu katalogisieren, bräuchte ich ein ganzes Buch. Stattdessen ist die Brickopedia auf eine Auswahl von weniger als 300 Elementen beschränkt, von einfachen Standardsteinen, Schrägsteinen und Platten über Spezialteile wie Bögen bis hin zu dekorativen Elementen. Die in dieses Verzeichnis aufgenommenen Teile stellen die häufigsten und am vielfältigsten einsetzbaren Elemente im LEGO-System dar, die du auch in deiner eigenen Sammlung mit hoher Wahrscheinlichkeit finden wirst. Bei den Steinen, Platten, Schrägsteinen und Bögen habe ich fast alle grundlegenden Elemente aufgenommen, die in die jeweilige Kategorie fallen. Bei anderen Kategorien (z.B. bei speziellen Teilen wie den dekorativen Elementen) habe ich die Auswahl stärker eingeschränkt und mich auf diejenigen konzentriert, die die meisten Möglichkeiten für kreatives Bauen bieten und am besten mit den grundlegenden Teilen zusammenwirken.

Wie du siehst, habe ich die Einteilung der Brickopedia nach konstruktiven Gesichtspunkten vorgenommen. Daher solltest du sie nicht verwenden, um den Einkauf von LEGO-Steinen zu planen, da Geschäfte und Websites andere Kategorien und vielleicht auch eine andere Bezeichnung verwenden. Einige der Kategorien und Beschreibungen wirst du außerhalb dieses Textes nicht wiederfinden. Ich hoffe, dass die Brickopedia für dich trotzdem nützlich ist, um die Elemente des LEGO-Systems in Kategorien einzuteilen, zu ordnen und natürlich zum Bauen zu verwenden.

Der Aufbau der Brickopedia

Die Brickopedia enthält für jedes Element einen gesonderten Eintrag mit verschiedenen Angaben zu dem jeweiligen Bauteil (siehe Abbildung A–1).

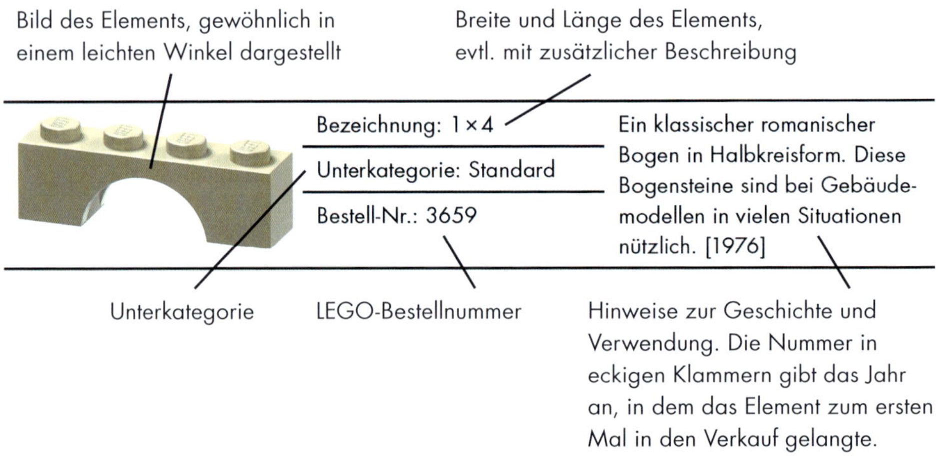

Abbildung A–1: Ein einfacher Brickopedia-Eintrag

Die Informationen geben an, woher ein bestimmtes Teil in deiner Sammlung stammen mag und wie du es verwenden kannst. In einigen Fällen erfährst du auch einfach eine interessante Anekdote zur Geschichte des Elements.

Die Namen der Kategorien und Unterkategorien spiegeln die Natur der Teile wider. Sofern möglich, habe ich ähnliche Teile in einer Gruppe zusammengefasst, z.B. reguläre und umgekehrte Schrägsteine derselben Größe, um zu zeigen, in welcher Beziehung sie zueinander stehen. Außerdem habe ich die LEGO-Elemente in mehrere grobe Kategorien eingeteilt, die feinere Unterkategorien zur Klassifizierung umfassen (siehe Tabelle A–1). Die Tabellen A.2 bis A.10 zeigen die Hauptkategorien von Standardsteinen bis zu dekorativen Elementen.

Tabelle A-1: Kategorien und Unterkategorien von LEGO-Elementen

Kategorie	Unterkategorie	Beschreibung
Steine	Standard	Elemente mit rechteckigen Seiten und der Höhe eines 1 × 1-Steins
	Modifiziert	Steine, die unregelmäßig geformte Seiten oder eine irreguläre Form aufweisen oder größer als ein 1 × 1-Stein sind
Platten	Standard	Elemente mit rechteckiger Form und der Höhe einer 1 × 1-Platte
	Modifiziert	Platten mit unregelmäßiger Form. Viertelkreis- und Dreieckplatten können zu einer Kreisfläche oder einem Achteck zusammengesetzt werden.
	Keilplatten	Zwei gegenüberliegende Seiten sind symmetrisch abgewinkelt, die beiden anderen verlaufen parallel oder weisen eine Einbuchtung in der Mitte auf.
	Flügelplatten	Diese Elemente sind geformt wie eine Flugzeugtragfläche und jeweils in spiegelbildlichen Versionen erhältlich.
Schrägsteine	Standard	Die Abschrägung befindet sich an der Oberseite des Elements.
	Umgekehrt	Die Abschrägung befindet sich an der Unterseite des Elements.
	Ecksteine	Diese Elemente dienen als Ecken, an denen sich zwei Reihen derselben Art von Schrägstein im Winkel von 90° treffen.
	Firststeine und Dachspitzen	Auf der Oberseite des Elements befinden sich zwei oder mehr Schrägflächen. Firststeine haben keine freiliegenden Noppen.
	Mischformen	Elemente, die zwei oder mehr (gerade oder gekrümmte) Schrägflächen aufweisen
	Gekrümmt	Schrägsteine mit einer gekrümmten Schrägfläche

Kategorie	Unterkategorie	Beschreibung
Spezialteile	SNOT-Konverter	Elemente mit Noppen an den Seiten oder mit einem Teil, das senkrecht zu einem anderen steht. Mit diesen Teilen kannst du andere Elemente rechtwinklig verbinden, um Knicke und Formwechsel in dein Modell einzubauen. SNOT steht für »studs not on top«, also »Noppen nicht [nur] auf der Oberseite«.
	Brückenplatten	Elemente mit versetzt angeordneten Noppen. Damit können andere Teile mit Abständen von einer halben Noppe verbunden werden.
	Besondere Oberflächen	Elemente, bei der mindestens eine Seite unregelmäßig geformt, konturiert oder strukturiert ist
	Scharniere und Drehscheiben	Scharniere sind Steine oder Platten, die über ein Gelenk verbunden sind. Mit Drehscheiben lassen sich andere Elemente drehbar verbinden. Beide Arten von Teilen ergeben bewegliche Verbindungen.
	Pin-Elemente	Steine oder Platten mit einem oben, unten oder an der Seite angeformten Technic-Pin oder Elemente, die einen solchen Pin aufnehmen können
	Räder und Reifen	Elemente, um Fahrzeuge zum Rollen zu bringen
Bögen	Standard	Einzelne Elemente, die jeweils einen kompletten Bogen formen
	Halbbögen	Teile, die nur einen halben Bogen bilden. Die Noppen befinden sich wie in der Standardversion auf der Oberseite.
	Umgekehrte Halbbögen	Auch dies sind Teile, die nur einen halben Bogen bilden. An der Unterseite gibt es Röhrchen, aber es liegen keine Noppen frei, da die Öffnung des Bogens an der Oberseite ausgespart ist.

Kategorie	Unterkategorie	Beschreibung
Fliesen und Paneele	Standard	Standardfliesen sind alle flachen Elemente mit der Höhe einer Platte, die keine Noppen aufweisen. Standardpaneele sind dünne Elemente, die Wandungen mit einer geringeren Stärke als ein 1 × *n*-Stein ergeben.
	Umgekehrt	Umgekehrte Fliesen haben eine flache Unterseite ohne Röhrchen, weisen oben aber Noppen auf.
Zylinder und Kegel	Standard	Standardzylinder (Rundsteine und Rundplatten) sind Elemente in Form einer Konservendose oder Trommel. Standardkegel sehen wie umgedrehte Eistüten aus.
	Modifiziert	Elemente, die nur teilweise zylindrisch oder kegelförmig sind. Mehrere Teile dieser Art lassen sich zu einem vollständigen Zylinder oder Kegel zusammensetzen.
Grundplatten	Standard	Grundplatten mit der Höhe eines Steins in der Größe 8 × 16 oder größer
	Waffelboden	Dünne Grundplatte, deren Unterseite keine Noppen aufnimmt.
Dekorative Elemente	Zäune, Geländer und Leitern	Gitter und leiterähnliche Elemente, die sich als Zäune, Schutz- und Ziergitter, Handläufe usw. einsetzen lassen.
	Stäbe, Clips und Griffe	Der Durchmesser von Stäben entspricht dem Innendurchmesser einer Minifiguren-Hand. Clips sind an Steine oder Platten angeformte Klammern, die ebenfalls Stäbe halten können. Griffe weisen den Durchmesser von Stäben auf und sind ansonsten regulär geformte Elemente.
	Pflanzen	Elemente, die wie Blumen, Bäume, Büsche oder andere Pflanzen aussehen
	Ornamente	Rein dekorative Elemente, die keine Pflanzen darstellen. Das vielleicht beste Beispiel für diese Unterkategorie sind Flaggen.
	Fenster und Türen	Teile, die Fenster und Türen darstellen

Tabelle A-2: Steine

Element	Angaben	Hinweise
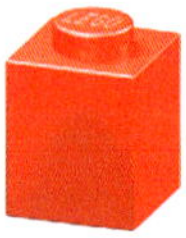	Bezeichnung: 1 × 1 Unterkategorie: Standard Bestell-Nr.: 3005	Dieses Teil bildet das Fundament des LEGO-Systems. Maße und Einteilung der anderen Teile basieren auf dem 1 × 1-Stein. Dies ist das dritthäufigste Element. Man sollte allerdings nicht barfuß im Dunkeln darauf treten! [1958]
	Bezeichnung: 1 × 2 Unterkategorie: Standard Bestell-Nr.: 3004	Das häufigste Teil des ganzen Systems: Es wird in mehr als 3000 offiziellen Bausätzen verwendet! Bei allem, was du baust (seien es Mosaike, Skulpturen, Gebäude im Minifiguren-Maßstab oder was auch immer), wirst du wahrscheinlich einige dieser Teile einsetzen. [1958]
	Bezeichnung: 1 × 3 Unterkategorie: Standard Bestell-Nr.: 3622	Wegen der ungeraden Anzahl von Noppen wirkt dieser Stein etwas merkwürdig, aber trotzdem solltest du drei Noppen lange Elemente wie dieses nicht links liegen lassen. Nicht jedes Modell hat Abmessungen in einer geraden Anzahl von Noppen! [1969]
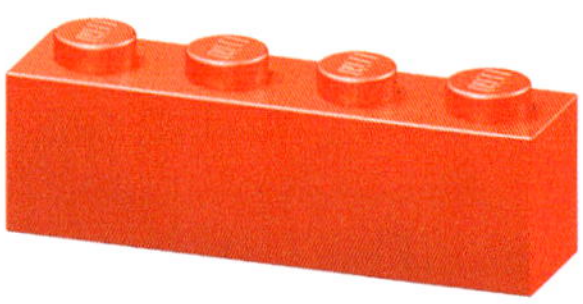	Bezeichnung: 1 × 4 Unterkategorie: Standard Bestell-Nr.: 3010	Ebenso wie sein kleiner Bruder, der 1 × 2-Stein, ist auch dieses Teil sehr gebräuchlich und in vielen Situationen nützlich. Auf der Liste der am häufigsten vorkommenden Elemente steht dieses auf Platz 7. Wahrscheinlich hast du auch in deiner Sammlung große Mengen davon. [1967]

Element	Angaben	Hinweise
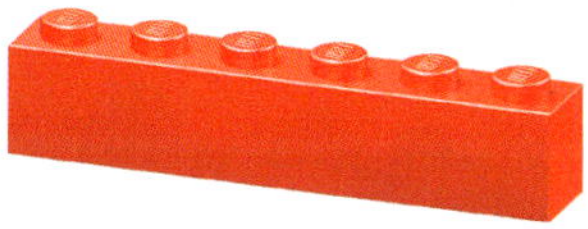	Bezeichnung: 1 × 6 Unterkategorie: Standard Bestell-Nr.: 3009	Dieser kurze »Balken« ist weniger gebräuchlich als die 1 × 4-Version, aber äußerst praktisch, wenn du lange Wände für Minifiguren-Häuser oder Makromodelle baust. [1958]
	Bezeichnung: 1 × 8 Unterkategorie: Standard Bestell-Nr.: 3008	Ein längerer »Balken«, der ebenfalls weniger gebräuchlich ist als die 1 × 4-Version. Wie der 1 × 6-Stein ist auch er äußerst nützlich für die Wände von Minifiguren-Häusern. [1958]
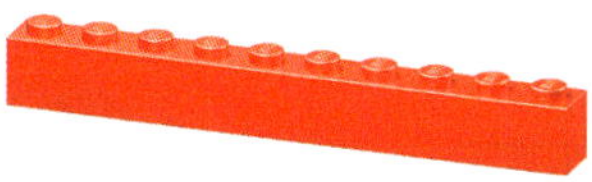	Bezeichnung: 1 × 10 Unterkategorie: Standard Bestell-Nr.: 6111	Dieses Element ist eine relativ neue Ergänzung zur Familie der 1 × *n*-Steine, tritt aber seltener auf als der 1 × 8. Mit einem Stein wie diesem lassen sich lange Wände schnell anfertigen.
	Bezeichnung: 1 × 12 Unterkategorie: Standard Bestell-Nr.: 6112	Dies ist der zweitlängste 1 × *n*-Stein, da es (zurzeit) keine 1 × 14-Steine gibt. In kleineren Bausätzen kommt der 1 × 12 nur selten vor. Er bietet sehr viele Überlappungsmöglichkeiten für kleinere Steine und trägt damit zur Robustheit von Modellen bei. [1993]
	Bezeichnung: 1 × 16 Unterkategorie: Standard Bestell-Nr.: 2465	Dieses Teil ist in kleinen Bausätzen praktisch nicht zu finden, aber wenn du Elemente dieser Art auftreiben kannst, werden sie dir bei komplizierteren Projekten gute Dienste leisten. [1988]

Element	Angaben	Hinweise
	Bezeichnung: 2 × 2 Unterkategorie: Standard Bestell-Nr.: 3003	Dieses »Klötzchen« ist ein weiterer Stein, der oft nicht angemessen gewürdigt wird. Mehrere 2 × 2-Steine lassen sich mithilfe weniger größerer Steine verbinden. Dies ist das zweithäufigste Element des LEGO-Systems. [1958]
	Bezeichnung: 2 × 3 Unterkategorie: Standard Bestell-Nr.: 3002	Wie der 1 × 3 ist auch dieser Stein wirklich nützlich, vor allem wenn du Elemente mit ungeradzahliger Länge brauchst. Zwei dieser Steine entsprechen 2 × 6. (Das ist zwar offensichtlich, wird aber leicht übersehen.) [1958]
	Bezeichnung: 2 × 4 Unterkategorie: Standard Bestell-Nr.: 3001	Der häufig vorkommende 2 × 4 ist der klassische Stein, an den die meisten Leute beim Thema LEGO als Erstes denken. Er wurde bereits 1958 eingeführt und gehört zu den Grundbestandteilen des Systems. Von diesen Elementen kannst du niemals genug haben. [1958]
	Bezeichnung: 2 × 6 Unterkategorie: Standard Bestell-Nr.: 2456	Dieser mittelgroße Träger ist häufig in Sortimenten zu finden. Angesichts seiner regulären Größe sollte man glauben, dass er von Anfang an zum System gehörte, allerdings wurde er erst ziemlich spät eingeführt. [1990]
	Bezeichnung: 2 × 8 Unterkategorie: Standard Bestell-Nr.: 3007	Dieser Träger wurde bereits Ende der 50er Jahre eingeführt, kaum dass der Noppen/Röhrchen-Mechanismus patentiert worden war. [1958]

Element	Angaben	Hinweise
	Bezeichnung: 2 × 10 Unterkategorie: Standard Bestell-Nr.: 3006	Dies ist eines der ursprünglichen Elemente, aus denen das moderne LEGO-System aufgebaut war. Damit lassen sich große Modelle verstärken oder Türen und Fenster mit einem Sturz versehen. [1958]
	Bezeichnung: 4 × 6 Unterkategorie: Standard Bestell-Nr.: 2356	Dieses Element tauchte Mitte der 90er Jahre auf, wurde aber erst in den ab 2000 herausgegebenen Bausätzen gebräuchlicher. Dies ist einer der wenigen Standardsteine mit einer Breite von vier Noppen. [1995]
	Bezeichnung: 4 × 10 Unterkategorie: Standard Bestell-Nr.: 6212	Dieses Element wurde im selben Jahr eingeführt wie der 4 × 6-Stein und ist gewöhnlich in Sortimenten zu finden. [1995]
	Bezeichnung: 4 × 12 Unterkategorie: Standard Bestell-Nr.: 4202	Dieses Element war Anfang der 80er Jahre hin und wieder zu finden, dann aber bis Mitte der 90er von der Bildfläche verschwunden. Dieser Stein ist ziemlich selten. [1981]
	Bezeichnung: 4 × 18 Unterkategorie: Standard Bestell-Nr.: 30400	Ein großer und ungebräuchlicher Stein. Er kam in einigen Bausätzen vor, die Anfang der 2000er Jahre herausgebracht wurden, war danach aber kaum noch zu finden. [2000]
	Bezeichnung: 2 × 2-Winkelstein Unterkategorie: Modifiziert Bestell-Nr.: 2357	Dieser Winkelstein ist praktisch, um die Ecken von Wänden zu gestalten, an denen sich Säulen aus gestapelten Elementen treffen. Dieses Teil hat zwar die gleiche Form wie der 4 × 4-Winkelstein, wurde aber erst Ende der 80er Jahre eingeführt. [1987]

Element	Angaben	Hinweise
	Bezeichnung: 4 × 4-Winkelstein Unterkategorie: Modifziert Bestell-Nr.: 702	Dieses Element dient hier nur zum Vergleich mit dem neueren und kleineren Winkelstein der Größe 2 × 2. In regulären Bausätzen ist diese Version seit mehr als 40 Jahren nicht aufgetaucht. [1958]
	Bezeichnung: 3 × 3-Dreieckstein Unterkategorie: Modifziert Bestell-Nr.: 30505	Wenn du vier dieser Steine so zusammensetzt, dass sie an der großen Ecke aufeinanderstoßen, erhältst du ein (unregelmäßiges) Achteck. [2001]
	Bezeichnung: 3 × 3-Zickzackstein Unterkategorie: Modifiziert Bestell-Nr.: 2462	Mit der gezackten Seite kannst du deinen Modellen eine besondere Struktur verleihen. Anders herum eingebaut, kannst du mit der flachen Seite eine Ecke, an der zwei Wände zusammenlaufen, auf realistische Weise abkanten. [1988]
	Bezeichnung: 2 × 3-Stein, links abgekantet Unterkategorie: Modifiziert Bestell-Nr.: 6565	Manchmal ist es sinnvoll, sich zwei Elemente paarweise anzusehen. Das gilt besonders für diese beiden abgekanteten Teile. Sie wurden Mitte der 90er Jahre eingeführt und eignen sich dazu, der Karosserie von Autos oder dem Rumpf von Flugzeugen, Raumschiffen usw. Konturen zu verleihen und deine Modelle dadurch realistischer zu gestalten. Diese Elemente gibt es auch in einer größeren Version (Bestell-Nr. 41767 und 41768). [1994]
	Bezeichnung: 2 × 3-Stein, rechts abgekantet Unterkategorie: Modifiziert Bestell-Nr.: 6564	

Element	Angaben	Hinweise
	Bezeichnung: 2 × 4-Stein, links abgekantet Unterkategorie: Modifiziert Bestell-Nr.: 41768	Die 2 × 3-Versionen dieser Teile waren zwar schon 1994 in Bausätzen vertreten, doch diese größere Version von 2 × 4 ließ bis 2002 auf sich warten. Die größeren und die kleinen Teile können gut kombiniert werden, um feine Formen und Winkel zu bilden. [2002]
	Bezeichnung: 2 × 4-Stein, rechts abgekantet Unterkategorie: Modifiziert Bestell-Nr.: 41767	

Tabelle A-3: Platten

Element	Angaben	Hinweise
	Bezeichnung: 1 × 1 Unterkategorie: Standard Bestell-Nr.: 3024	Das Unternehmen LEGO bezeichnete Platten früher einmal als »flache Steine«, da sie viel kleiner sind als reguläre Steine. Die Platte ist nur wenig höher als die Noppe auf der Oberseite. Dies ist eines der kleinsten Elemente. [1963]
	Bezeichnung: 1 × 2 Unterkategorie: Standard Bestell-Nr.: 3023	Diese Platte belegt nicht nur Platz 5 auf der Liste der häufigsten Teile, sondern gehört auch zu den nützlichsten Elementen, die es gibt. [1963]
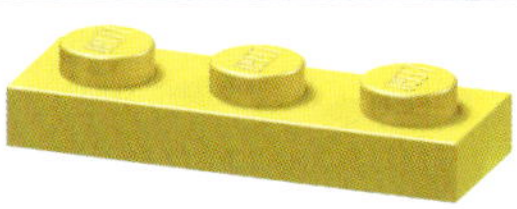	Bezeichnung: 1 × 3 Unterkategorie: Standard Bestell-Nr.: 3623	Dieses Teil ist ebenso praktisch wie der 1 × 1-Standardstein, allerdings kommen Elemente mit einer ungeraden Anzahl von Noppen nur selten vor. [1977]

Element	Angaben	Hinweise
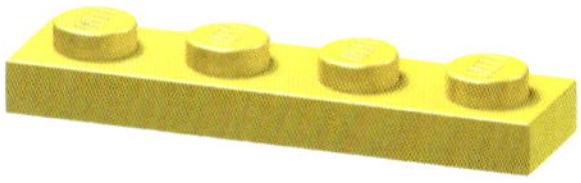	Bezeichnung: 1 × 4 Unterkategorie: Standard Bestell-Nr.: 3710	Platz 9 auf der Liste der häufigsten Teile. Von kleinen Steinen und Platten kann man nie genug haben. Obwohl dieses Teil heute sehr gebräuchlich ist, gehörte es nicht zu den ursprünglichen Elementen, die 1958 auf den Markt kamen. [1975]
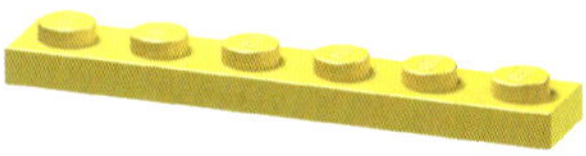	Bezeichnung: 1 × 6 Unterkategorie: Standard Bestell-Nr.: 3666	Dieses Teil gab es schon 1969, allerdings nur in einem einzigen Bausatz. In regulären Gebrauch kam es erst 1977. [1977]
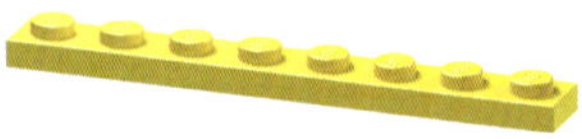	Bezeichnung: 1 × 8 Unterkategorie: Standard Bestell-Nr.: 3460	Dieses Teil war zwar früher erhältlich als die 1 × 6-Variante, trat aber auch erst Anfang der 70er Jahre auf, also mehr als zehn Jahre nach dem Start des modernen LEGO-Systems. Als Kind habe ich es für die Rotorblätter von Hubschraubern verwendet. [1972]
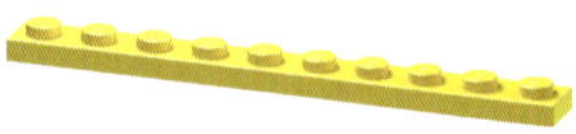	Bezeichnung: 1 × 10 Unterkategorie: Standard Bestell-Nr.: 4477	Dies ist eine der selteneren Standardplatten. [1983]
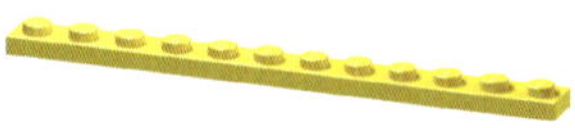	Bezeichnung: 1 × 12 Unterkategorie: Standard Bestell-Nr.: 60478	Eine noch längere 1 × *n*-Platte wäre wahrscheinlich schon zu biegsam. Dieses ziemlich neue Teil gehörte zu einer Reihe umfangreicher Bausätze. [2008]
	Bezeichnung: 2 × 2 Unterkategorie: Standard Bestell-Nr.: 3022	Die Plattenversion des 2 × 2-»Klötzchensteins«. Sie gehörte zu der Gruppe von Platten, die Anfang der 60er Jahre erstmals auf den Markt kamen. [1963]

Element	Angaben	Hinweise
	Bezeichnung: 2 × 3 Unterkategorie: Standard Bestell-Nr.: 3021	Dieses Teil ergänzt die Standardelemente mit ungerader Anzahl von Noppen in einer Reihe und ist besonders für Modelle nützlich, deren Seitenlänge ebenfalls ungeradzahlig ist. [1963]
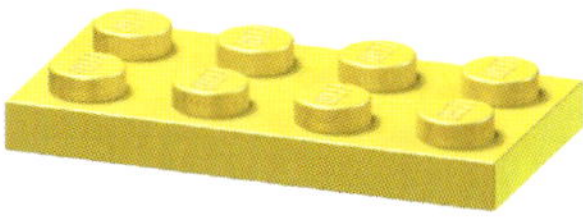	Bezeichnung: 2 × 4 Unterkategorie: Standard Bestell-Nr.: 3020	Die Plattenversion des altehrwürdigen 2 × 4-Steins kommt in über 2500 verschiedenen Bausätzen vor. [1963]
	Bezeichnung: 2 × 6 Unterkategorie: Standard Bestell-Nr.: 3795	Wie sein Gegenstück, der 2 × 6-Stein, schließt diese Platte die Lücke zwischen den kürzeren Elementen bis vier Noppen und den längeren ab acht Noppen. Sie ist für Modelle aller Arten geeignet. [1969]
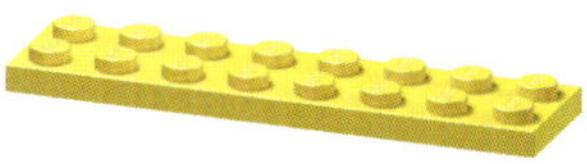	Bezeichnung: 2 × 8 Unterkategorie: Standard Bestell-Nr.: 3034	Ende der 50er und Anfang der 60er Jahre war diese Platte in einem der ersten Teilesortimente erhältlich. [1958]
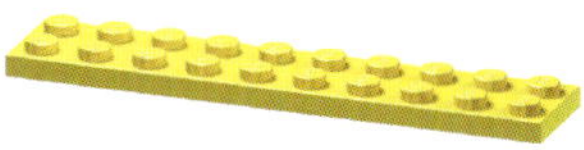	Bezeichnung: 2 × 10 Unterkategorie: Standard Bestell-Nr.: 3832	Wenn du ein Dach oder eine sanfte Neigung mithilfe von versetzten Platten bauen willst, ist dieses Element besonders praktisch, da du damit große Flächen in einem Rutsch abdecken kannst. [1977]
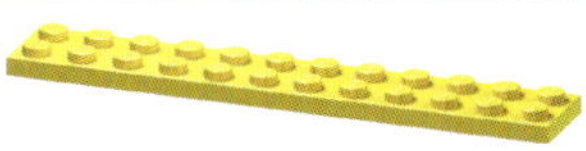	Bezeichnung: 2 × 12 Unterkategorie: Standard Bestell-Nr.: 2445	Wie Nr. 3832 eignet sich auch dieses Teil hervorragend für Plattendächer. Ebenso wie der 1 × 12-Stein ist auch diese Platte das zweitgrößte Element in ihrer Kategorie. (Es gibt keine 2 × 14-Platte.) [1987]
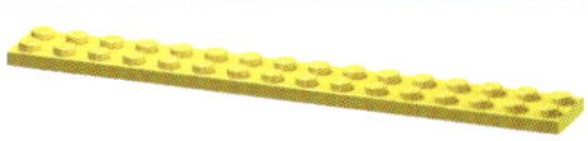	Bezeichnung: 2 × 16 Unterkategorie: Standard Bestell-Nr.: 4282	Dieses Teil hat wahrscheinlich die Maximalgröße, die für ein Element möglich ist. Alles, was länger ist, würde sich wahrscheinlich leicht durchbiegen und brechen. [1984]

Element	Angaben	Hinweise
	Bezeichnung: 4 × 4 Unterkategorie: Standard Bestell-Nr.: 3031	Dieses Teil wurde zwar bereits 1969 eingeführt, trat aber erst 1973 häufiger auf, als es in offizielle Bausätze aufgenommen wurde. [1969]
	Bezeichnung: 4 × 6 Unterkategorie: Standard Bestell-Nr.: 3032	Dieses Teil wurde 1970 eingeführt und gehörte zu verschiedenen Bausätzen. [1970]
	Bezeichnung: 4 × 8 Unterkategorie: Standard Bestell-Nr.: 3035	Im ersten Jahr des LEGO-Systems gab es nur zwei größere Platten, nämlich diese und die 6 × 8-Version. [1958]
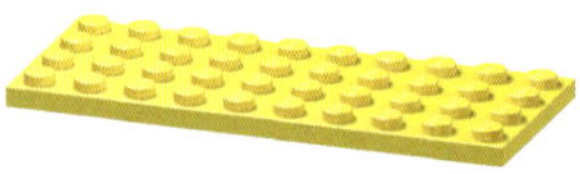	Bezeichnung: 4 × 10 Unterkategorie: Standard Bestell-Nr.: 3030	Diese Platte ist praktisch für Minifiguren-Fahrzeuge. Du musst einfach nur Räder an der Unterseite anbringen und obendrauf die Fahrgastzelle bauen. [1969]
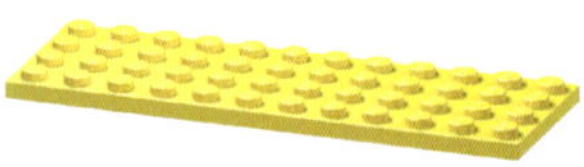	Bezeichnung: 4 × 12 Unterkategorie: Standard Bestell-Nr.: 3029	Diese Platten kannst du für lange Minifiguren-Fahrzeuge oder für kurze Abschnitte von Tragflächen verwenden. Außerdem sind sie praktisch als Zwischenböden von Gebäuden. [1967]
	Bezeichnung: 6 × 6 Unterkategorie: Standard Bestell-Nr.: 3958	Viele Jahre lang war dieses Element die größte quadratische Platte. [1978]
	Bezeichnung: 6 × 8 Unterkategorie: Standard Bestell-Nr.: 3036	Eine der beiden großen Platten, die schon im ersten Jahr des modernen Systems in Bausätzen vorkamen. [1958]
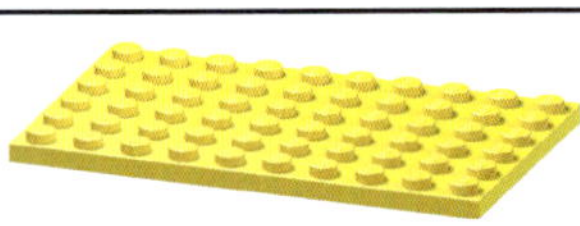	Bezeichnung: 6 × 10 Unterkategorie: Standard Bestell-Nr.: 3033	In den spätern 60er und 70er Jahren wurde die Familie der 6 × 8-Platten um einige willkommene Mitglieder ergänzt. Dieses und die nächsten vier Teile wurden innerhalb eines Zeitraums von fünf Jahren herausgebracht. [1971]

Element	Angaben	Hinweise
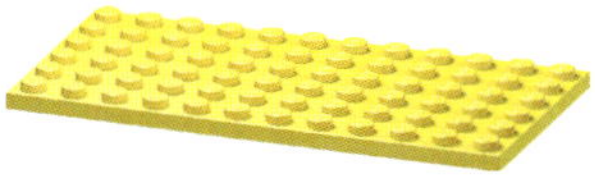	Bezeichnung: 6 × 12 Unterkategorie: Standard Bestell-Nr.: 3028	Eine der zwischen 1967 und 1975 herausgebrachten 6 × *n*-Platten. [1967]
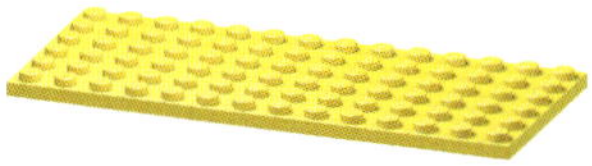	Bezeichnung: 6 × 14 Unterkategorie: Standard Bestell-Nr.: 3456	Es ist schon eigenartig, dass es weder einen 1 × 14-Stein noch eine 2 × 14-Platte gibt, aber dafür eine 6 × 14-Platte. Das LEGO-System ist flexibel genug, um trotz solcher Merkwürdigkeiten zu funktionieren. [1972]
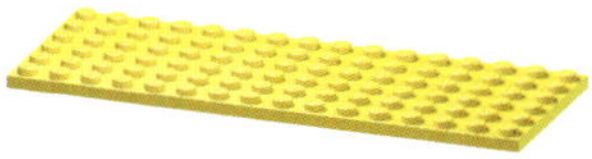	Bezeichnung: 6 × 16 Unterkategorie: Standard Bestell-Nr.: 3027	Diese Platte eignet sich gut für Zugwagons, Feuerwehrautos oder für Klappdächer an Scharnieren. [1967]
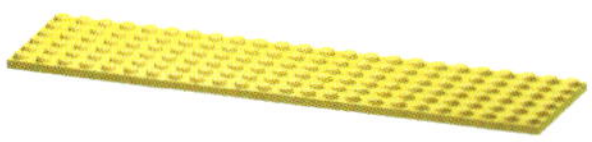	Bezeichnung: 6 × 24 Unterkategorie: Standard Bestell-Nr.: 3026	Lastwagen, Zugwagons und sogar die Tragflächen von Flugzeugen können aus diesen langen breiten Platten aufgebaut werden. [1967]
	Bezeichnung: 8 × 8 Unterkategorie: Standard Bestell-Nr.: 41539	Dies ist die größte quadratische Platte. [2001]
	Bezeichnung: 2 × 2-Winkelplatte Unterkategorie: Modifiziert Bestell-Nr.: 2420	Musst du zwei 1 × *n*-Wände oder zwei Steinstapel im rechten Winkel verbinden? Dieses Teil kann die Lösung sein! [1967]
	Bezeichnung: 4 × 4-Winkelplatte Unterkategorie: Modifiziert Bestell-Nr.: 2639	Dieses Teil ist zwar an jeder Seite nur zwei Noppen breiter als die 2 × 2-Winkelplatte, hat aber insgesamt neun Noppen mehr. Damit kannst du breitere Bauteile im rechten Winkel verbinden. [1991]
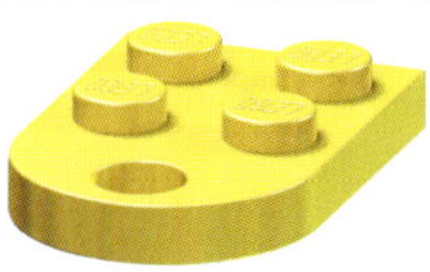	Bezeichnung: 2 × 3-Platte mit Anhängerkupplung Unterkategorie: Modifiziert Bestell-Nr.: 3176	Dieses Teil kannst du als Anhängerkupplung oder zum Anschließen von Technic-Steinen verwenden. Die Krümmung entspricht der eines 2 × 2-Rundelements. [1967]

Element	Angaben	Hinweise
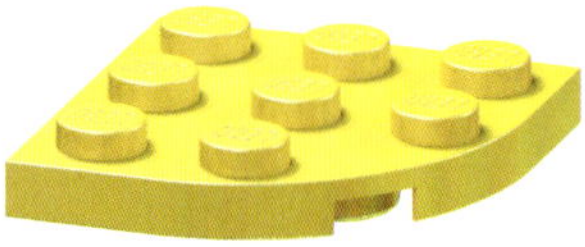	Bezeichnung: 3 × 3-Viertelkreis Unterkategorie: Modifiziert Bestell-Nr.: 30357	Dieses Element ist gut geeignet, um die Ecken von Tragflächen, Kotflügeln oder sogar Wänden abzurunden. [1999]
	Bezeichnung: 4 × 4-Viertelkreis Unterkategorie: Modifiziert Bestell-Nr.: 30565	Dies ist die einzige der drei Viertelkreisplatten, die wirklich einen Kreis ergibt, wenn du vier davon an den geraden Kanten zusammensteckst. [2001]
	Bezeichnung: 6 × 6-Viertelkreis Unterkategorie: Modifiziert Bestell-Nr.: 6003	Mit diesem Element kannst du sanft geschwungene Balkone für Minifiguren-Häuser bauen. Es ist für alle Strukturen geeignet, die großflächige, abgerundete Ecken aufweisen. [1992]
	Bezeichnung: 3 × 3-Dreieckplatte Unterkategorie: Modifiziert Bestell-Nr.: 2450	Vier dieser Elemente, an den langen Kanten nebeneinander gesteckt, ergeben ein unregelmäßiges Achteck. [1988]
	Bezeichnung: 4 × 4-Dreieckplatte Unterkategorie: Modifiziert Bestell-Nr.: 30503	Mit dieser Dreieckplatte kannst du komplizierte Tragflächenformen gestalten. [2001]
	Bezeichnung: 6 × 6-Dreieckplatte Unterkategorie: Modifiziert Bestell-Nr.: 6106	Anders als die anderen Dreieckplatten hat diese je zwei Noppen an den Spitzen statt nur einer. [1995]
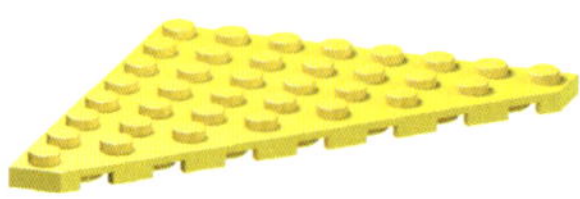	Bezeichnung: 8 × 8-Dreieckplatte Unterkategorie: Modifiziert Bestell-Nr.: 30504	Große Teile können sehr praktisch sein. Diese Platten eignen sich für die Tragflächen eines Space Shuttle. [2001]
	Bezeichnung: 2 × 4 Unterkategorie: Keilplatten Bestell-Nr.: 51739	Dieses Teil kannst du an der Nase eines Flugzeugs oder am Bug eines Bootes einsetzen. [2005]

Element	Angaben	Hinweise
	Bezeichnung: 3 × 4 Unterkategorie: Keilplatten Bestell-Nr.: 4859	Dieses Teil kam früher auf als die 2 × 3-Flügelplatten Nr. 43722 und 43723, hat aber im Grunde genommen dieselbe Form wie dieses Paar zusammengenommen. Es eignet sich für die Nasen von Hubschraubern, Flugzeugen usw. [1995]
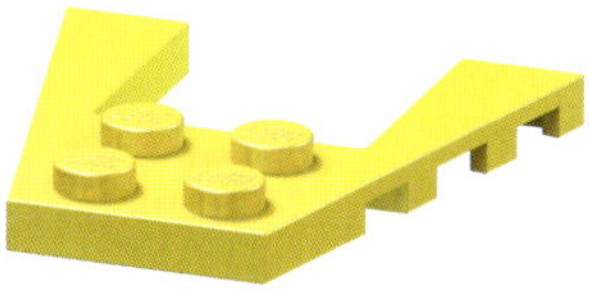	Bezeichnung: 4 × 4 Unterkategorie: Keilplatten Bestell-Nr.: 43719	Wie Nr. 4859 weist dieses Teil ungefähr die Form eines Paars Flügelplatten entsprechender Größe auf. Der Ausschnitt in der Größe 2 × 2 lässt Platz für einen Pilotensitz (passend für eine Minifigur) oder andere Strukturen. [2003]
	Bezeichnung: 3 × 6 Unterkategorie: Keilplatten Bestell-Nr.: 2419	Diese Keilplatte eignet sich als Heck eines kleinen Schiffs oder als Stummelflügel einer Landefähre, die von einem größeren Raumschiff gestartet wird. [1987]
	Bezeichnung: 4 × 6 Unterkategorie: Keilplatten Bestell-Nr.: 32059	Diese Keilplatte kannst du für ein Schiffsheck oder als einen Vorsprung verwenden, der aus einer Seitenwand herausragt. [1998]
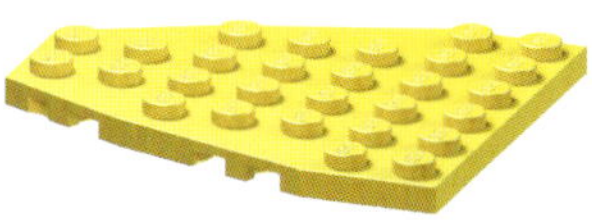	Bezeichnung: 6 × 7 Unterkategorie: Keilplatten Bestell-Nr.: 2625	Diese Keilplatte sieht genau wie der Bug eines kleinen Bootes aus. [1991]
	Bezeichnung: 4 × 9 Unterkategorie: Keilplatten Bestell-Nr.: 2413	Keil- oder Flügelplatte? Da es keine symmetrischen Varianten gibt, habe ich dieses Teil als Keilplatte klassifiziert, obwohl es wegen seiner ungewöhnlichen Form und der Länge von neun Noppen aus dieser Kategorie heraussticht. [1987]

Element	Angaben	Hinweise
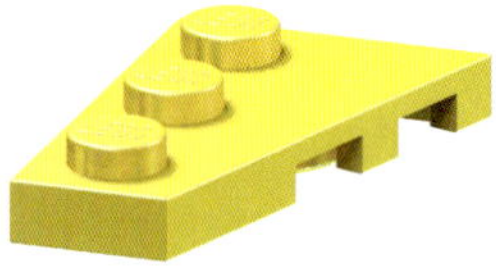	Bezeichnung: 2×3 links Unterkategorie: Flügelplatten Bestell-Nr.: 43723	Zu den Flügelplatten zähle ich jene Plattenelemente, bei denen alle Seiten eine andere Länge aufweisen. Außerdem müssen Flügelplatten paarweise in spiegelbildlichen Varianten auftreten, die mit den zweitlängsten Seiten nebeneinandergelegt aussehen wie ein Paar Flugzeugtragflächen. [2002]
	Bezeichnung: 2×3 rechts Unterkategorie: Flügelplatten Bestell-Nr.: 43722	
	Bezeichnung: 2×4 links Unterkategorie: Flügelplatten Bestell-Nr.: 41770	Zusammengelegt decken diese beiden Teile nur wenig mehr Fläche ab als die Keilplatte Nr. 43719. Als Ersatzlösung für diese Keilplatte haben sie jedoch den Nachteil, dass sie durch andere Elemente zusammengehalten werden müssen, wohingegen die Keilplatte andere Teile zusammenhält. [2001]
	Bezeichnung: 2×4 rechts Unterkategorie: Flügelplatten Bestell-Nr.: 41769	
	Bezeichnung: 4×4 links Unterkategorie: Flügelplatten Bestell-Nr.: 3936	Ich mag diese griffigen Miniflügel und kombiniere sie gern zu großen Tragflächen. [1979]
	Bezeichnung: 4×4 rechts Unterkategorie: Flügelplatten Bestell-Nr.: 3635	
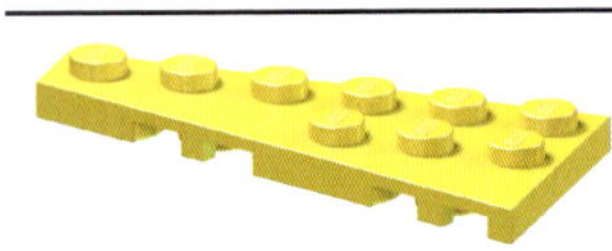	Bezeichnung: 3×6 links Unterkategorie: Flügelplatten Bestell-Nr.: 54384	Das ist eine weitere Variante der Flügelplatte. [2006]
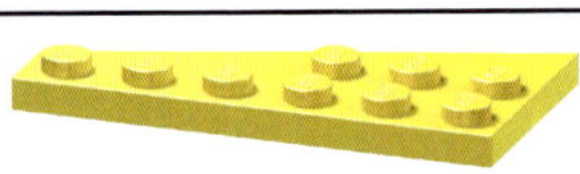	Bezeichnung: 3×6 rechts Unterkategorie: Flügelplatten Bestell-Nr.: 54383	

Element	Angaben	Hinweise
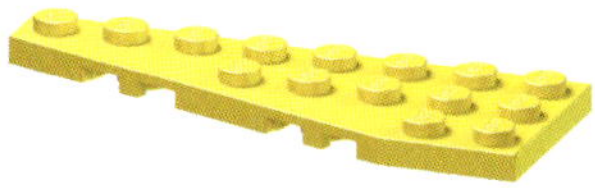	Bezeichnung: 3 × 8 links Unterkategorie: Flügelplatten Bestell-Nr.: 50305	Dieses Paar Flügelplatten kam in mehreren LEGO-Bausätzen vor, die von Filmen inspiriert waren oder sich mit Raumfahrt beschäftigten. [2005]
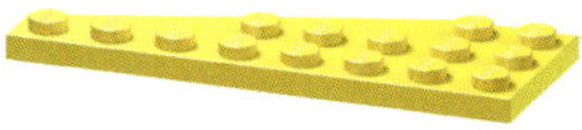	Bezeichnung: 3 × 8 rechts Unterkategorie: Flügelplatten Bestell-Nr.: 50304	
	Bezeichnung: 4 × 8 links Unterkategorie: Flügelplatten Bestell-Nr.: 3933	Dieses Paar Flügelplatten kam in einigen der ersten Bausätze der klassischen Produktreihe Legoland Space vor. Am Ende mit der Einkerbung weisen sie die gleichen Abmessungen und die gleiche Form auf wie die 4 × 4-Flügelplatten, allerdings erstrecken sie sich länger. [1978]
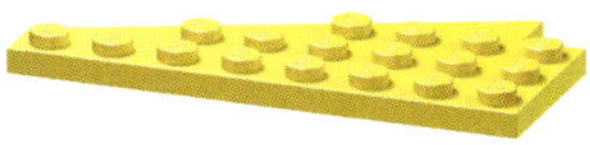	Bezeichnung: 4 × 8 rechts Unterkategorie: Flügelplatten Bestell-Nr.: 3934	
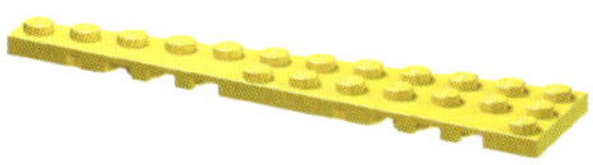	Bezeichnung: 3 × 12 links Unterkategorie: Flügelplatten Bestell-Nr.: 47397	Diese Elemente wurden fünf Jahre nach den 6 × 12-Flügelplatten eingeführt. [2004]
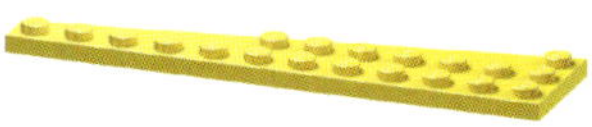	Bezeichnung: 3 × 12 rechts Unterkategorie: Flügelplatten Bestell-Nr.: 47398	
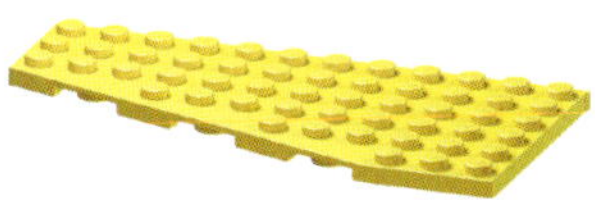	Bezeichnung: 6 × 12 links Unterkategorie: Flügelplatten Bestell-Nr.: 30355	Die ersten Flügelplatten erschienen in der klassischen Produktreihe Legoland Space (Nr. 3933 und 3934). Zwanzig Jahre später wurden in den »Star Wars«-Bausätzen diese Elemente eingeführt, die inzwischen selbst zu den Klassikern zählen. Die 6 × 12-Flügelplatten sind so lang, dass du die gesamte Tragfläche eines Minifiguren-Raumschiffs aus einem Stück bauen kannst. [1999]
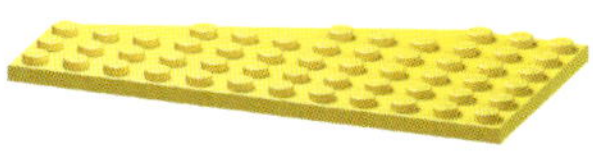	Bezeichnung: 6 × 12 rechts Unterkategorie: Flügelplatten Bestell-Nr.: 30356	

Tabelle A-4: Schrägsteine

Element	Angaben	Hinweise
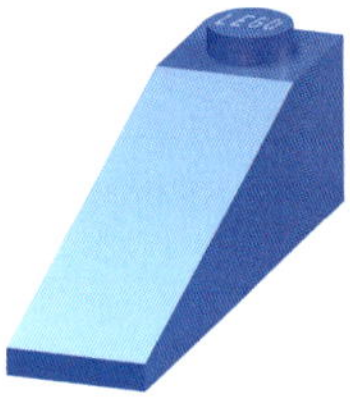	Bezeichnung: 4 × 1, 18° Unterkategorie: Standard Bestell-Nr.: 60477	Diese Dachsteine mit flacher Neigung ermöglichen die Konstruktion von Dächern für Minifiguren-Häuser in einem anderen als dem üblichen Winkel. [2008]
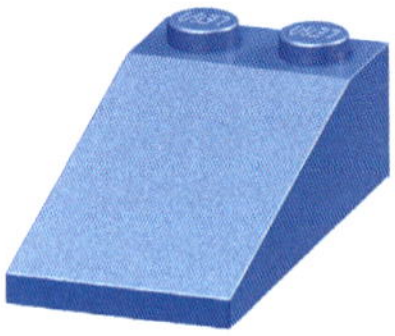	Bezeichnung: 4 × 2, 18° Unterkategorie: Standard Bestell-Nr.: 30363	Dies ist eines der jüngeren Elemente in der Familie der Schrägsteine und gehört zu denen mit der flachsten Neigung. Es passt genau zu der 4 × 1-Version darüber. Damit kannst du ganze Dächer mit flacher Neigung bauen. [1999]
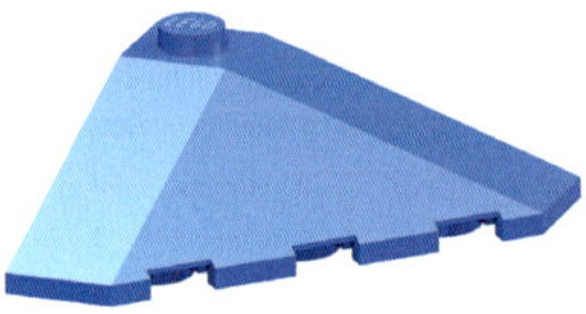	Bezeichnung: 4 × 4, 18° Unterkategorie: Außenecke Bestell-Nr.: 43708	Dieser vielfacettierte Schrägstein wurde Mitte der 2000er Jahre in einer Handvoll offizieller Bausätze verwendet. Er ist selten, kann aber zusammen mit den anderen 18°-Steinen verwendet werden, um großartige pagodenähnliche Dächer zu bauen. [2004]
	Bezeichnung: 1 × 1, 31° Unterkategorie: Standard Bestell-Nr.: 54200	Dieser liebevoll als »Käseecke« bezeichnete Schrägstein ist das einzige Element in dieser Kategorie, das nur eine Noppe abdeckt. Es eignet sich für die Feinarbeit an Skulpturen und für winzige Details von Minifiguren-Fahrzeugen. Dieses Teil wird in fast 500 Bausätzen verwendet. [2004]

Element	Angaben	Hinweise
	Bezeichnung: 1 × 2, 31° Unterkategorie: Standard Bestell-Nr.: 85984	Darf es noch etwas mehr Käse auf dem Modell sein? Wie wäre es mit einem 1 × 2-Dachstein, dessen Winkel genau zu Teil Nr. 54200 passt? [2009]
	Bezeichnung: 2 × 2, 33° Unterkategorie: Firststeine Bestell-Nr.: 3300	In den frühen 70er Jahren gab es eine komplett neue Serie von Schrägsteinen mit dem Winkel von 33°. Dieser Firststein dient als Abschluss für ein Schrägdach. [1971]
	Bezeichnung: 2 × 4, 33° Unterkategorie: Firststeine Bestell-Nr.: 3299	Der längere der beiden 33°-Firststeine. (33°-Schrägsteine gibt es zwar auch mit ungeradzahligen Längen von einer oder drei Noppen, doch von den Firststeinen existieren nur geradzahlige Versionen.) [1971]
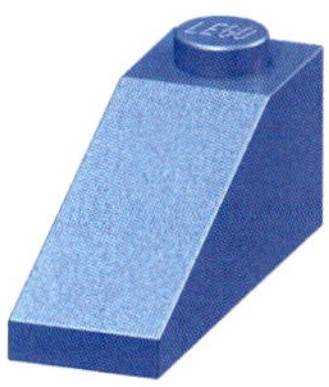	Bezeichnung: 3 × 1, 33° Unterkategorie: Standard Bestell-Nr.: 4286	Erst in den frühen 80er Jahren wurden 33°-Dächer mit ungeradzahliger Länge möglich. Dieses Element und Teil Nr. 4161 bildeten hervorragende Ergänzungen zum klassischen, vier Noppen langen Schrägstein (Nr. 3297) und machten es endlich möglich, Dächer mit ungerader Länge zu konstruieren. [1982]
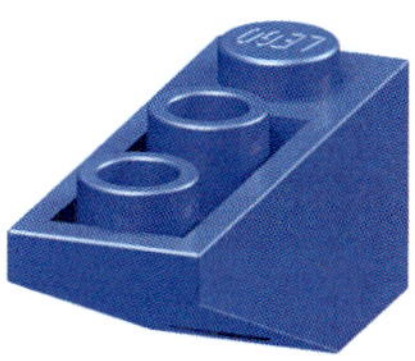	Bezeichnung: 3 × 1, 33° Unterkategorie: Umgekehrt Bestell-Nr.: 4287	Von vielen Standard-Schrägsteinen gibt es entsprechende Gegenstücke. Dieses Element ist (fast) das Spiegelbild von Nr. 4286. [1982]

Element	Angaben	Hinweise
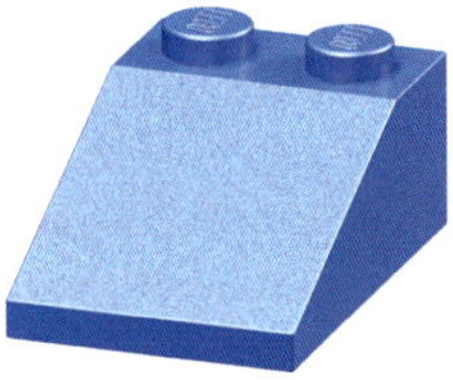	Bezeichnung: 3 × 2, 33° Unterkategorie: Standard Bestell-Nr.: 3298	Unter den ersten 33°-Schrägsteinen, die Anfang der 70er herauskamen, befand sich auch dieser Dachstein. [1971]
	Bezeichnung: 3 × 2, 33° Unterkategorie: Umgekehrt Bestell-Nr.: 3747	Für die Unterseiten von Booten, Flugzeugrümpfen und ähnlichen Strukturen lassen sich umgekehrte Schrägsteine wie dieser gut gebrauchen. Die Standard- und die umgekehrte Version des 3 × 1-Schrägsteins wurden im selben Jahr herausgebracht, aber das umgekehrte Gegenstück zum 3 × 2-Standardschrägstein ließ acht Jahre auf sich warten. [1979]
	Bezeichnung: 3 × 3, 33° Unterkategorie: Standard Bestell-Nr.: 4161	Hiermit kannst du Dächer mit 33° Neigung und ungeradzahliger Länge bauen. [1980]
	Bezeichnung: 3 × 3, 33° Unterkategorie: Außenecke Bestell-Nr.: 3675	Ein weiterer sehr eleganter Schrägstein! Sanft geneigte Pagodendächer wären ohne dieses Teil nicht ganz vollständig. [1980]
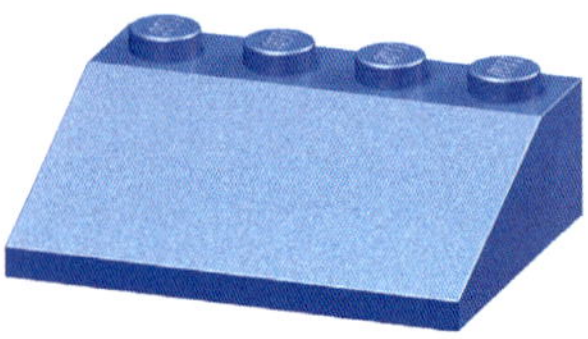	Bezeichnung: 3 × 4, 33° Unterkategorie: Standard Bestell-Nr.: 3297	Der klassische Dachstein! [1971]

Element	Angaben	Hinweise
	Bezeichnung: 1 × 1, 45° Unterkategorie: Firststeine Bestell-Nr.: 3044	Mit diesem Schrägstein kannst du Zäune, Burgmauern oder die Rücken von Dinosauriern krönen – oder einem 45°-Dach den First aufsetzen. [1976]
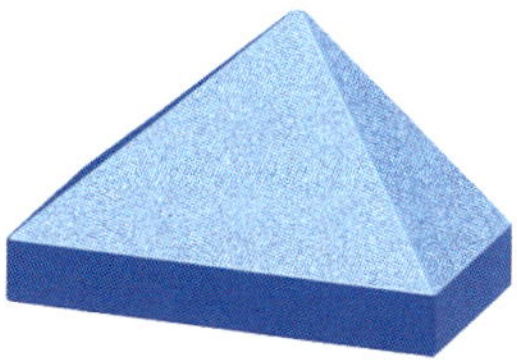	Bezeichnung: 1 × 2, 45° Unterkategorie: Firstabschluss Bestell-Nr.: 3048	Dies ist die ideale Ergänzung für das zuvor gezeigte Teil Nr. 3044. Hiermit schließt du die beiden Enden eines Dachfirstes ab. [1965]
	Bezeichnung: 1 × 2, 45° Unterkategorie: Firstabschluss Bestell-Nr.: 3049	Dies ist das Verbindungsstück für den Fall, dass eine Firstreihe auf eine andere Firstreihe oder auf einen anderen Abschnitt eines Daches stößt. Die Vorderseite schließt sich an ein Teil wie Nr. 3043 oder an andere 45°-Steine an. [1969]
	Bezeichnung: 2 × 1, 45° Unterkategorie: Standard Bestell-Nr.: 3040	Dieses Element wurde erst drei Jahre *nach* der umgekehrten Variante eingeführt. Inzwischen ist es sehr gebräuchlich. [1979]
	Bezeichnung: 2 × 1, 45° Unterkategorie: Umgekehrt Bestell-Nr.: 3665	Mit diesem Element kannst du feine Elemente an der Unterseite einer Flugzeugnase oder an den Hüften einer Miniland-Figur gestalten. Es eignet sich auch für kleine Skulpturen. [1976]
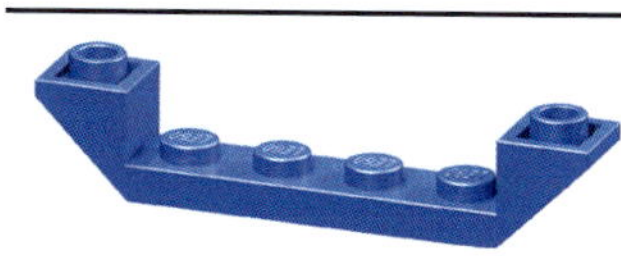	Bezeichnung: 6 × 1, 45° Unterkategorie: Umgekehrt Bestell-Nr.: 52501	Sehr ähnlich der 2 × 2-Version (Nr. 4871). Dies ist der ideale Ausgangspunkt, um ein Boot im Minifiguren-Maßstab zu bauen. [2005]

Element	Angaben	Hinweise
	Bezeichnung: 2 × 2, 45° Unterkategorie: Firststeine Bestell-Nr.: 3043	Mit diesem regulären 45°-Firststein und dem Abschlussstück Nr. 3048 gibst du einem Schrägdach den letzten Schliff. [1965]
	Bezeichnung: 2 × 2, 45° Unterkategorie: Standard Bestell-Nr.: 3039	Einer der ersten Schrägsteine! Wer in den späten 50er oder den frühen 60er Jahren Schrägdächer bauen wollte, musste auf die Versatztechnik für Standardsteine zurückgreifen, um die Neigung nachzubilden. [1965]
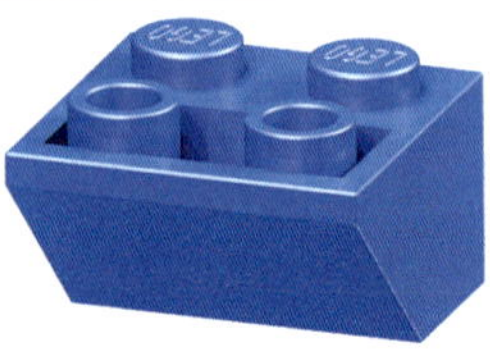	Bezeichnung: 2 × 2, 45° Unterkategorie: Umgekehrt Bestell-Nr.: 3660	Das umgekehrte Gegenstück zur Nr. 3039. Beachte, dass die Oberseite teilweise offen ist und einige der Noppen hohl sind und wie Röhren wirken, die aus einem Kasten herausschauen. [1975]
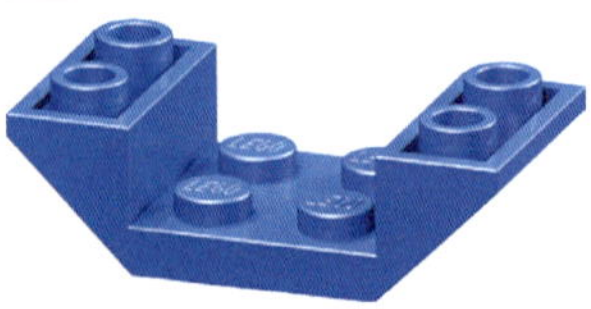	Bezeichnung: 4 × 2, 45° Unterkategorie: Umgekehrt Bestell-Nr.: 4871	Mehrere dieser Elemente hintereinander ergeben den Boden eines Minifiguren-Boots oder eines Hubschraubers. [1985]
	Bezeichnung: 2 × 2, 45° Unterkategorie: Außenecke Bestell-Nr.: 3045	Diesen eleganten Schrägstein hätte ich auch in die Kategorie »Mischformen« aufnehmen können. Ich führe ihn jedoch wie üblich als Außenecke, da er häufig zu diesem Zweck in Dächern verbaut wird. [1965]
	Bezeichnung: 2 × 2, 45° Unterkategorie: Innenecke Bestell-Nr.: 3046	Wenn zwei Dachabschnitte aufeinandertreffen, musst du sie mit einem Teil wie diesem verbinden. Für die anderen Neigungen gibt es zurzeit kein Element wie dieses. [1965]

Element	Angaben	Hinweise
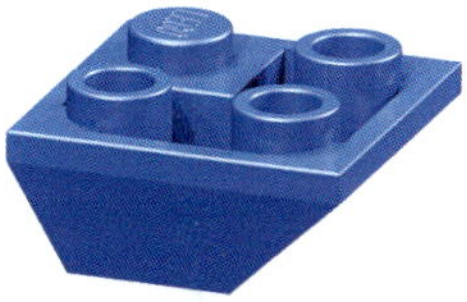	Bezeichnung: 2 × 2, 45° Unterkategorie: Umgekehrte Außenecke Bestell-Nr.: 3676	Für dieses Element gibt es viele Verwendungszwecke, beispielsweise als Grundlage für ein Erkertürmchen an einer Burg. [1984]
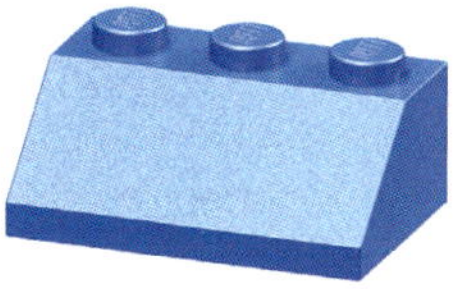	Bezeichnung: 2 × 3, 45° Unterkategorie: Standard Bestell-Nr.: 3038	Elemente mit ungerader Anzahl von Noppen kann man nie genug haben! [1965]
	Bezeichnung: 2 × 3, 45° Unterkategorie: Firststeine Bestell-Nr.: 3042	Ein ungewöhnliches Firstelement mit einer Länge von drei Noppen. [1965]
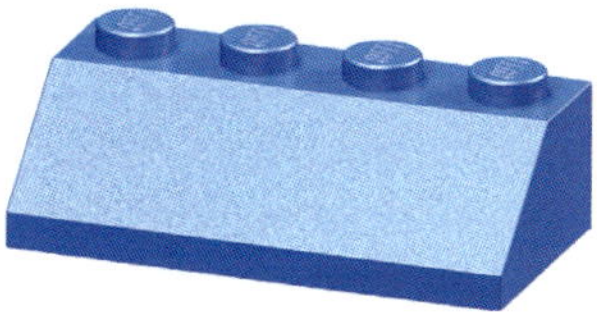	Bezeichnung: 2 × 4, 45° Unterkategorie: Standard Bestell-Nr.: 3037	Um den Großteil einer Dachfläche abzudecken, benötigst du längere Schrägsteine wie diesen hier. [1965]
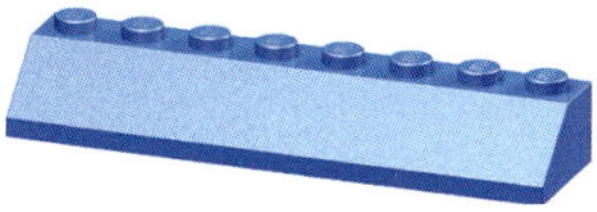	Bezeichnung: 2 × 8, 45° Unterkategorie: Standard Bestell-Nr.: 4445	Dieses Teil ist sehr praktisch, wenn du einen längeren Schrägstein brauchst, um eine Öffnung oder Luke im Dach zu überspannen. Dies ist einer der längsten Schrägsteine, die es gibt. [1983]
	Bezeichnung: 6 × 1 × 5, 55° Unterkategorie: Standard Bestell-Nr.: 30249	Dieses elegante Element bietet sich als Heckflosse eines Flugzeugs an. Zurzeit ist dies der einzige Schrägstein mit einer Neigung von 55°. [1999]

Element	Angaben	Hinweise
	Bezeichnung: 2 × 1 × 2, 65° Unterkategorie: Standard Bestell-Nr.: 60481	Dieses Element bildet eine ideale Ergänzung zur 2 × 2 × 2-Version. Du kannst es als Heckflosse für ein Flugzeug im Mikromaßstab oder als Teil einer Burgmauer verwenden. [2008]
	Bezeichnung: 2 × 2 × 2, 65° Unterkategorie: Standard Bestell-Nr.: 3678	Ursprünglich hatte dieses Element kein Röhrchen in der Mitte, was sich aber mit der Neuausgabe ab 2003 änderte. Dies ist eines von nur zwei Elementen mit 65° Neigung. [1978]
	Bezeichnung: 2 × 1 × 2, 75° Unterkategorie: Dachspitze Bestell-Nr.: 3688	Dieses Teil musst du nicht als Narrenkappe für quadratschädelige Figuren reservieren, denn es ist für alles Mögliche von Burgtürmen bis zu Weihnachtsmannmützen geeignet. Die anderen 75°-Elemente sind drei Steinlagen hoch, dieses jedoch nur zwei. [1986]
	Bezeichnung: 2 × 1 × 3, 75° Unterkategorie: Standard Bestell-Nr.: 4460	Ein weiteres Element, das gern für Burgmauern verwendet wird. Außerdem hat es den idealen Winkel, um das Heck eines klassischen Feuerwehrautos zu bilden. [1984]

Element	Angaben	Hinweise
	Bezeichnung: 2 × 1 × 3, 75° Unterkategorie: Umgekehrt Bestell-Nr.: 2449	Dies ist zurzeit der einzige umgekehrte Schrägstein mit einer Neigung von 75°. Die Seite, die der Schräge gegenüberliegt, ist offen, sodass Noppenelemente im rechten Winkel daran angebaut werden können. [1988]
	Bezeichnung: 2 × 2 × 3, 75° Unterkategorie: Standard Bestell-Nr.: 3684	Hervorragend geeignet für den Unterbau von Burgmauern oder anderen Wänden, die ein solides Fundament benötigen. [1977]
	Bezeichnung: 2 × 2 × 3, 75° Unterkategorie: Außenecke Bestell-Nr.: 3685	Die ideale Ergänzung zu den Teilen Nr. 3684 und 4460. Mit diesem Teil kannst du Ecken ausbilden. Es ist damit sogar möglich, ein sehr steiles Dach aus 75°-Steinen zu bauen, z.B. für einen Kirchturm. [1978]
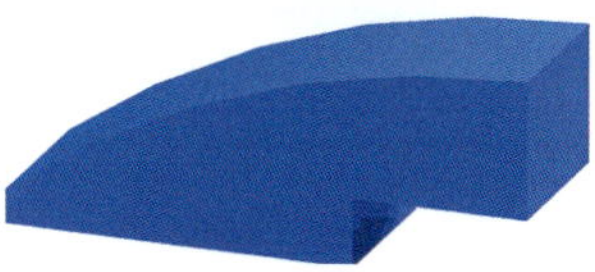	Bezeichnung: 3 × 1 Unterkategorie: Gekrümmt Bestell-Nr.: 50950	Dieses Teil tauchte erstmals Mitte der 2000er in Bausätzen auf. Da es keine Noppen auf der Oberseite aufweist, eignet es sich sehr gut, um das Vorderteil eines Minifiguren-Fahrzeugs abzurunden. [2005]
	Bezeichnung: 4 × 1 Unterkategorie: Gekrümmt Bestell-Nr.: 61678	Ein schlanker gekrümmter Schrägstein, mit dem du deine Modelle um feine Krümmungen und moderne Linien bereichern kannst. Wie bei der 3 × 1-Version liegen auch hier keine Noppen offen. [2008]

Element	Angaben	Hinweise
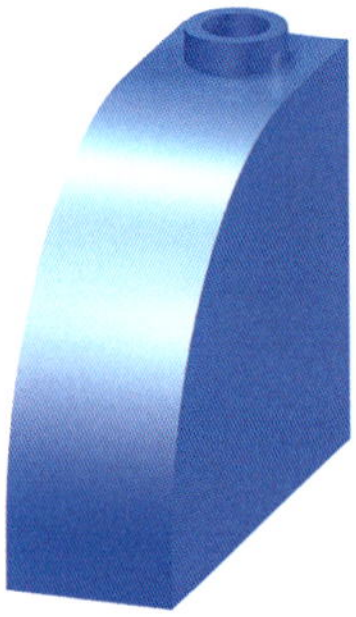	Bezeichnung: 3 × 1 × 2 Unterkategorie: Gekrümmt Bestell-Nr.: 33243	Dieses einmalige neue Element ist noch nicht in vielen Bausätzen zu finden. Die Krümmung passt genau zu den Halbbögen der Größe 1 × 3 × 2 (Nr. 6005, siehe die Kategorie »Bögen«). [2003]
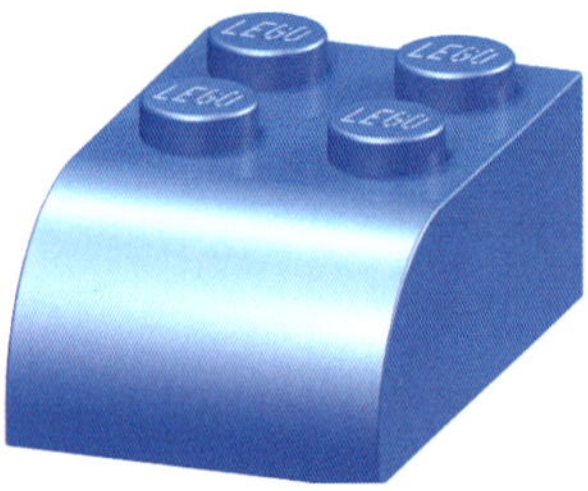	Bezeichnung: 3 × 2, einseitig abgerundet Unterkategorie: Gekrümmt Bestell-Nr.: 6215	Ein weiteres Element mit einer einmaligen Form. Es ist ideal, um die Kanten von Gebäuden und Fahrzeugen sanft abzurunden. [1995]
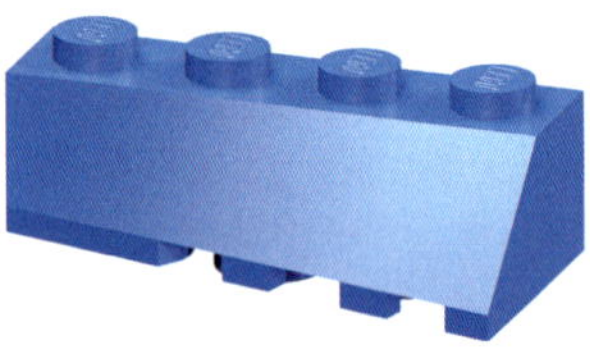	Bezeichnung: 2 × 4 links, 45° auf 90° Unterkategorie: Gekrümmt Bestell-Nr.: 43721	Diese beiden Elemente gehören zu den interessantesten, die seit vielen Jahren herausgegeben wurden. Sie sind einmalig, da sie als Verbindung zwischen Standard- und Schrägsteinen (mit 45° Neigung) eingesetzt werden können: Die eine Seite fällt senkrecht ab, doch über die Länge von vier Noppen hinweg verwandelt sich dieser Winkel in eine Schräge von 45°. Das abgeschrägte Ende ist unten eine Noppe breiter als das gerade. [2002]
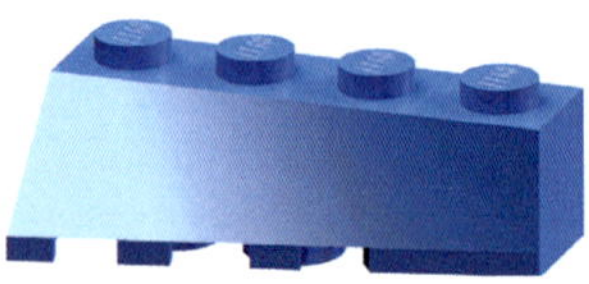	Bezeichnung: 2 × 4 rechts, 45° auf 90° Unterkategorie: Gekrümmt Bestell-Nr.: 43720	
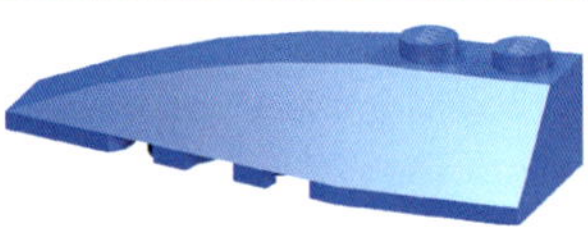	Bezeichnung: 2 × 6 links Unterkategorie: Mischformen Bestell-Nr.: 41748	Raumschiffe, Flugzeuge und Ähnliches kannst du mit diesen Teilen stromlinienförmiger gestalten. Durch die besondere Form – eine gekrümmte Oberfläche von der Spitze zu den Noppen und eine entsprechend gekrümmte Seite – eignet sich dieses schlanke Element ideal zur realistischen Modellierung von Flugmaschinen. [2002]
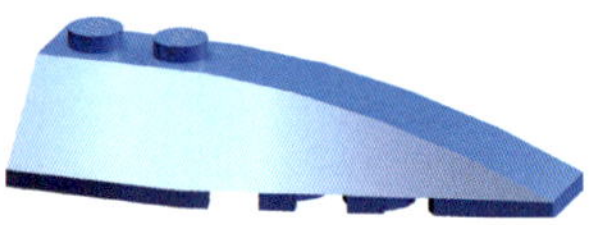	Bezeichnung: 2 × 6 rechts Unterkategorie: Mischformen Bestell-Nr.: 41747	

Element	Angaben	Hinweise
	Bezeichnung: 2 × 6 links Unterkategorie: Mischformen, umgekehrt Bestell-Nr.: 41765	Dieses Elementepaar gibt Booten aller Größe die richtige Form, vor allem dem Bug oder irgendwelchen Schwimmern oder Auslegern. Du kannst die beiden Varianten Seite an Seite benutzen, aber auch durch Teil Nr. 500 getrennt (den gekrümmten, umgekehrten 6 × 1-Schrägstein), um ein breiteres Profil zu erreichen. [2002]
	Bezeichnung: 2 × 6 rechts Unterkategorie: Mischformen, umgekehrt Bestell-Nr.: 41764	
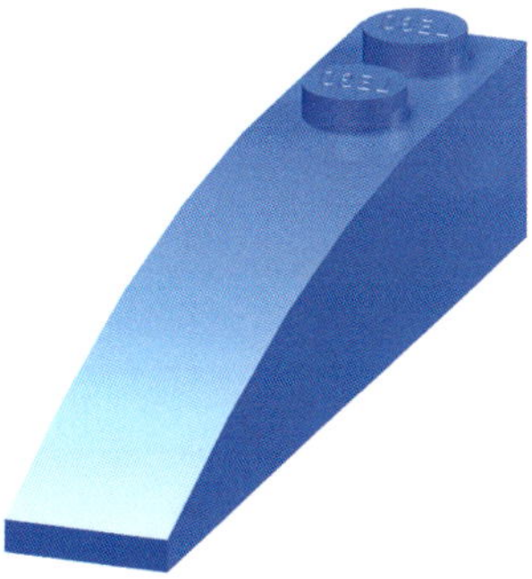	Bezeichnung: 6 × 1 Unterkategorie: Gekrümmt Bestell-Nr.: 42022	Wenn du etwas Eleganteres als eine glatte Schrägfläche brauchst, kannst du mit diesen Teilen eine abgerundete Neigung erzielen. [2002]
	Bezeichnung: 6 × 1 Unterkategorie: Gekrümmt, umgekehrt Bestell-Nr.: 500	
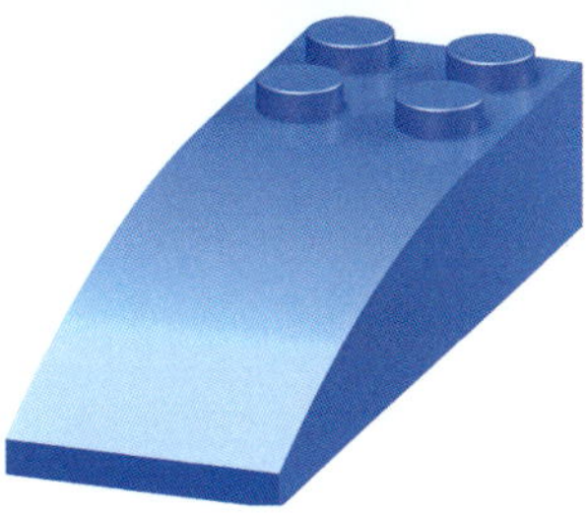	Bezeichnung: 6 × 2 Unterkategorie: Gekrümmt Bestell-Nr.: 44126	Die Krümmung entspricht genau der von Teil Nr. 42022. Dieses Element ist ideal für Kuppen, Tragflächen und andere Strukturen geeignet, die eine sanfte Abrundung brauchen. [2003]
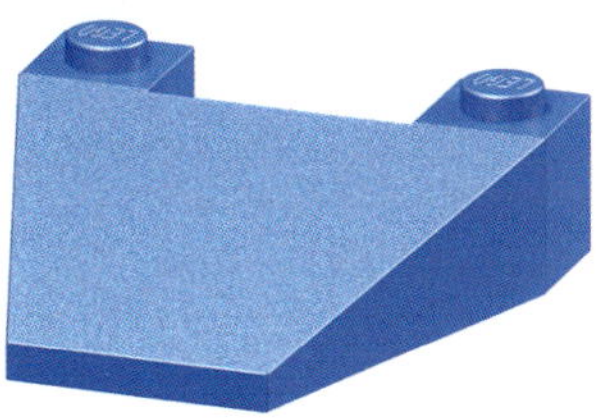	Bezeichnung: 4 × 4, ursprüngliche Form Unterkategorie: Mischformen Bestell-Nr.: 4858	Diese Version ist älter und kantiger als Teil Nr. 6069. [1985]

Element	Angaben	Hinweise
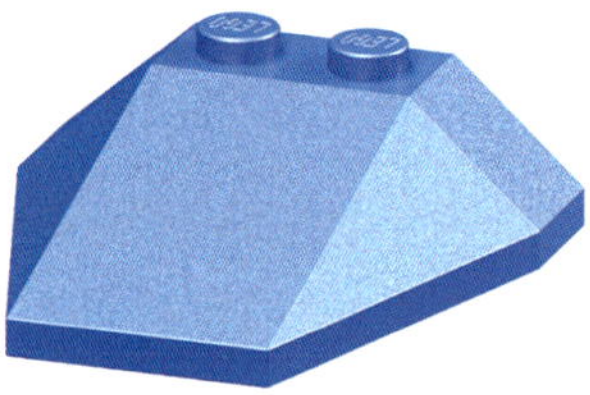	Bezeichnung: 4 × 4, neue Form Unterkategorie: Mischformen Bestell-Nr.: 6069	Dies ist zwar kein ganz gleichwertiger Ersatz für Nr. 4858, ermöglicht aber Vorsprünge von sportlicherem Erscheinungsbild zu bauen. [1992]
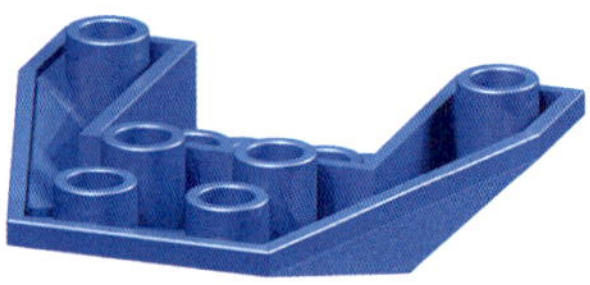	Bezeichnung: 4 × 4 Unterkategorie: Mischformen, umgekehrt Bestell-Nr.: 4855	Dieses Element wurde zeitgleich mit dem Mischform-Schrägstein Nr. 4858 herausgebracht, ist aber eher das umgekehrte Gegenstück zu der moderneren Version Nr. 6069. [1985]

Tabelle A-5: Spezialteile

Element	Angaben	Hinweise
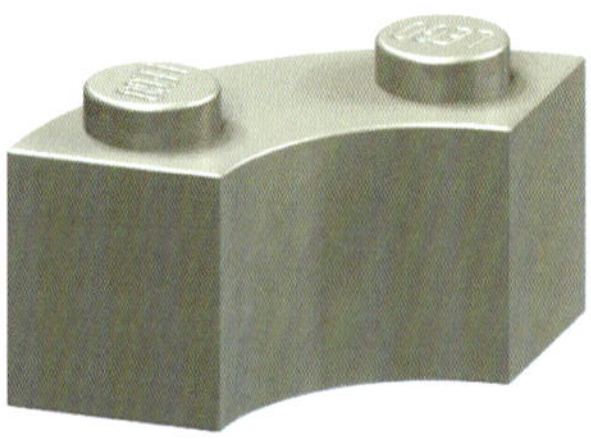	Bezeichnung: 2 × 2-Viertelkreisstein Unterkategorie: Besondere Oberflächen Bestell-Nr.: 3063	Dies ist eines der beliebtesten Elemente, die je produziert wurden, allerdings auch teuer und schwer in großen Mengen zu bekommen. [1958]
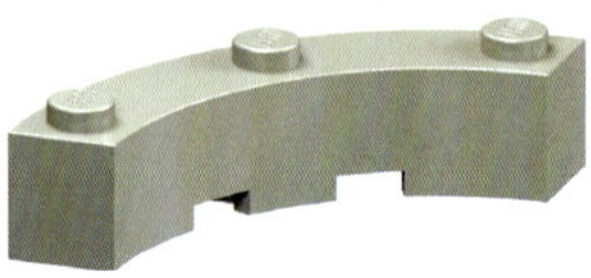	Bezeichnung: 4 × 4-Viertelkreisstein Unterkategorie: Besondere Oberflächen Bestell-Nr.: 48092	Eine hervorragende Ergänzung zum ursprünglichen 2 × 2-Viertelkreisstein! [2004]
	Bezeichnung: 1 × 1 mit Noppe auf einer Seite Unterkategorie: SNOT-Konverter Bestell-Nr.: 87087	Dieses Teil, auf das LEGO-Bastler lange gewartet haben, ist noch um eine Größenordnung praktischer als der Scheinwerferstein, weil die Seite mit der Noppe jetzt bündig gestaltet ist. Da es nur auf einer Seite eine Noppe gibt, kann dieses Element in Wänden verbaut werden. [2009]

Element	Angaben	Hinweise
 	Bezeichnung: 1 × 1 mit Noppe auf einer eingerückten Seite Unterkategorie: SNOT-Konverter Bestell-Nr.: 4070	Hier siehst du den legendären Scheinwerferstein sowohl von vorne als auch von hinten. Andere Elemente lassen sich auf verschiedene Weise daran anschließen. Auf die Noppe auf der eingerückten Seite kannst du eine transparente 1 × 1-Rundplatte als Scheinwerferattrappe aufstecken. Mit mehreren dieser Bauteile nebeneinander ist es möglich, ein 1 × *n*-Element um 90° gedreht zu befestigen. In die Öffnung an der Rückseite passt eine einzelne Noppe. [1979]
	Bezeichnung: 1 × 1 mit Noppen auf zwei Seiten Unterkategorie: SNOT-Konverter Bestell-Nr.: 47905	Dieses Teil wurde fünf Jahre vor Nr. 87087 eingeführt und weist Noppen auf zwei Seiten auf, an die sich andere Elemente anschließen lassen. [2004]
	Bezeichnung: 1 × 1 mit Noppen auf allen Seiten Unterkategorie: SNOT-Konverter Bestell-Nr.: 4733	Dieses Element wird manchmal auch als »Hydrantenstein« bezeichnet. Trotz der faszinierenden Form weist es einen entscheidenden Nachteil auf, denn die nicht belegten Noppen stehen meistens im Weg. [1985]
	Bezeichnung: 1 × 2 mit je zwei Noppen auf den beiden Längsseiten Unterkategorie: SNOT-Konverter Bestell-Nr.: 52107	Dieser 1 × 2-Stein weist insgesamt sechs Noppen zur Verbindung mit anderen Elementen auf. [2005]

Element	Angaben	Hinweise
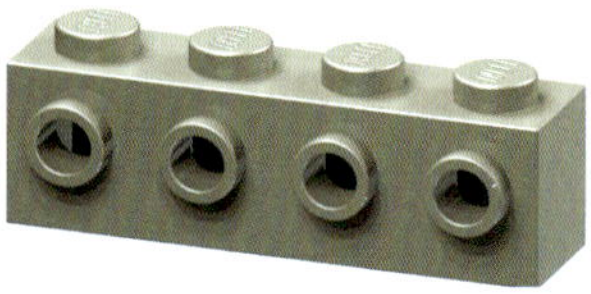	Bezeichnung: 1 × 4 mit Noppen auf einer Seite Unterkategorie: SNOT-Konverter Bestell-Nr.: 30141	Dies ist zwar nicht gerade eines der elegantesten Teile, aber dafür eines der zweckmäßigsten. Es ist klein genug, sodass es in fast jede Struktur passt, und bietet doch vier horizontale Noppen zur einfachen Befestigung anderer Teile. [2000]
	Bezeichnung: 2 × 4 × 2 mit Noppen auf zwei Seiten Unterkategorie: SNOT-Konverter Bestell-Nr.: 2434	Dieses massive Element kann das Kernstück einer SNOT-Teilstruktur bilden. [1990]
	Bezeichnung: 2 × 4 × 2 mit Röhrchen auf zwei Seiten Unterkategorie: SNOT-Konverter Bestell-Nr.: 6061	Wegen seines technischen Aussehens hat dieser 2 × 4 × 2-Stein mit Röhrchen auf zwei Seiten den Spitznamen »Motorblock« erhalten. [1992]
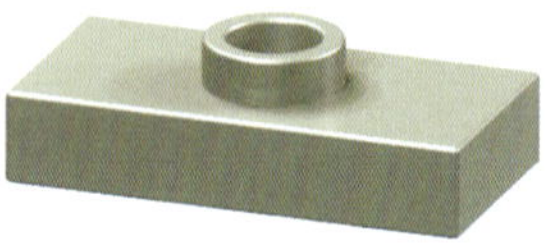	Bezeichnung: 1 × 2-Brückenplatte mit einer Noppe Unterkategorie: Brückenplatten Bestell-Nr.: 3794	Mit diesem kleinen Element kannst du Teile eines Modells um eine halbe Noppe gegenüber dem Rest versetzen und damit feinere Details darstellen. [1977]
	Bezeichnung: 2 × 2-Brückenplatte mit einer Noppe Unterkategorie: Brückenplatten Bestell-Nr.: 87580	Ein sehr nützliches Element zum Bauen mit einem Versatz um eine halbe Noppe! [2009]
	Bezeichnung: 1 × 4-Brückenplatte mit zwei Noppen Unterkategorie: Brückenplatten Bestell-Nr.: 92593	Ist dies eine Platte, bei der zwei Noppen fehlen, oder eine Fliese mit zwei zusätzlichen Noppen? Die Noppen befinden sich an der regulären Position, der glatte Mittelteil dagegen ist einzigartig. [2011]

Element	Angaben	Hinweise
	Bezeichnung: Winkel 1 × 1 auf 1 × 1 Unterkategorie: SNOT-Konverter Bestell-Nr.: 554	Wenn du die Baurichtung auf engstem Raum ändern musst, kannst du dieses Teil verwenden. Das Loch auf der Oberseite hat den Durchmesser einer Noppe und die Fläche um das Loch ist eine Noppe hoch. [2002]
	Bezeichnung: Winkel 1 × 2 auf 2 × 2 Unterkategorie: SNOT-Konverter Bestell-Nr.: 44728	Diese Elemente kannst du in eine senkrechte Wand einbauen, sodass die vier Noppen auf der Seite zur Befestigung anderer Teile freiliegen. [2002]
	Bezeichnung: Winkel 2 × 2 auf 2 × 2 Unterkategorie: SNOT-Konverter Bestell-Nr.: 3956	Dies war eines der ersten Teile mit Noppen, die im rechten Winkel zur Grundfläche angeordnet sind. In einigen Bausätzen der klassischen Serie Legoland Space tauchte dieses Juwel Ende der 70er Jahre erstmals auf. [1978]
	Bezeichnung: Winkel 1 × 2 auf 1 × 4 Unterkategorie: SNOT-Konverter Bestell-Nr.: 2436	Dieses Teil ähnelt Nr. 44728, wobei die vier horizontalen Noppen jedoch in einer Reihe angeordnet sind statt in zwei Reihen zu je zwei. Dies ist praktisch, um ein Element direkt an einer senkrechten Wand zu befestigen. [1987]
	Bezeichnung: 1 × 2-Palisadenstein Unterkategorie: Besondere Oberflächen Bestell-Nr.: 30136	Ich nenne diese Unterkategorie »besondere Oberflächen«, da die Vorderseite weder glatt ist noch horizontale Noppen aufweist. Der Palisadenstein ist natürlich vor allem in Braun gut zu gebrauchen, aber auch die graue Variante hat ihren Reiz. [1996]

Element	Angaben	Hinweise
	Bezeichnung: 1 × 4-Palisadenstein Unterkategorie: Besondere Oberflächen Bestell-Nr.: 30137	Dies ist die längere Version von Teil Nr. 30136. Zurzeit gibt es noch keine 1 × 1-Palisadensteine, aber um einen ähnlichen Effekt zu erzielen, kannst du ersatzweise einen 1 × 1-Rundstein nehmen. [1996]
 	Bezeichnung: 1 × 2-Riffelstein Unterkategorie: Besondere Oberflächen Bestell-Nr.: 2877	Hier haben wir ganz »besondere« Oberflächen vorliegen, denn die Vorderseite ist anders gestaltet als die Rückseite. Wenn du mehrere Steine dieser Art nebeneinandersetzt, kannst du sie entweder alle gleich ausrichten oder ein Muster gestalten, indem du abwechselnd die unterschiedlichen Seiten zeigst. Aufgrund der Riefenstruktur werden diese Steine manchmal als Gitterattrappen bei Maschinen, als Rolltüren für Feuerwehrfahrzeuge oder sogar zur Simulation von Wellblech verwendet. [1986]
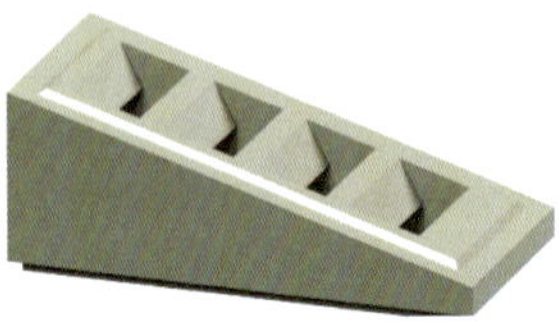	Bezeichnung: Geriffelter 2 × 1-Schrägstein Unterkategorie: Besondere Oberflächen Bestell-Nr.: 61409	Dies ist zwar eine Art Schrägstein, aber nicht im üblichen Sinne des Wortes. Hiermit lassen sich realistisch wirkende Entlüftungsöffnungen und Roste an Maschinen und Fahrzeugen darstellen. [2008]
	Bezeichnung: Zwei 1 × 2-Platten mit Scharniergelenk Unterkategorie: Scharniere Bestell-Nr.: 2429/2430	Im Grunde genommen sind dies zwar zwei Teile, doch werden sie fast immer als zusammengehöriges Paar verwendet (beispielsweise als Arme von Miniland-Figuren wie in Kapitel 4). [beide 1987]

Element	Angaben	Hinweise
	Bezeichnung: Zwei 1 × 2-Steine mit Scharniergelenk Unterkategorie: Scharniere Bestell-Nr.: 3830/3831	Mit diesem Steinepaar kannst du einen Abschnitt einer Wand beweglich am Rest des Mauerwerks befestigen. Es ist auch möglich, zwei Wände in einem festen spitzen Winkel zusammentreffen zu lassen. [beide 1977]
	Bezeichnung: Scharnierstein mit 1 × 2-Scharnieroberteil Unterkategorie: Scharniere Bestell-Nr.: 3937/3938	Mit diesen Teilen kannst du beispielsweise das Kanzeldach eines Düsenjägers aufklappen lassen. Es ist auch möglich, die Noppen des Oberteils einfach in horizontale Richtung zu drehen und das Element dann starr in eine Wand einzubauen, um andere Teile seitlich daran zu befestigen. [beide 1978]
	Bezeichnung: Scharnierstein mit 2 × 2-Scharnieroberteil Unterkategorie: Scharniere Bestell-Nr.: 3937/61343938	Das Unterteil dieses Paares ist der 1 × 2-Scharnierstein, den du zuvor gesehen hast. Das größere Oberteil, mit dem er hier kombiniert ist, macht es jedoch möglich, größere Dächer, Hauben oder Türen anzubauen. [1978/1991]
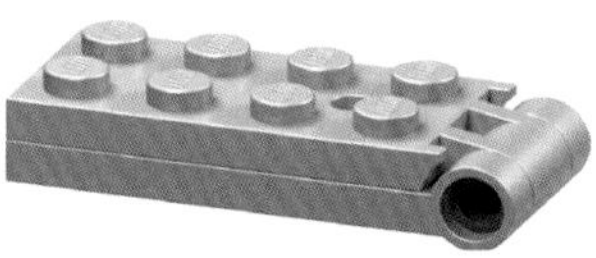	Bezeichnung: 2 × 5-Platte Unterkategorie: Scharniere Bestell-Nr.: 3149	Mit diesem klassischen Teil werden oft Feuerwehrleitern und ähnliche Dinge befestigt, aber du kannst es auch für andere Zwecke einsetzen, etwa für die Flügel eines Vogels. [1967]
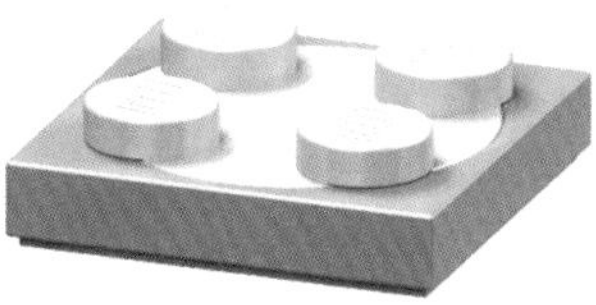	Bezeichnung: 2 × 2-Drehplatte Unterkategorie: Drehplatten Bestell-Nr.: 3680	Dieses Element ist die kleinere Version der großen 4 × 4-Drehplatte (siehe unten). Es ist nur eine Platte hoch und kann an vielen unauffälligen Stellen eines Modells versteckt werden. [1977]

Element	Angaben	Hinweise
	Bezeichnung: 4 × 4-Drehplatte Unterkategorie: Drehplatten Bestell-Nr.: 3403	Die hier gezeigte Drehscheibe ist die moderne Version eines ähnlichen Elements, das 1963 produziert wurde. Den älteren Varianten fehlte die quadratische Grundplatte; sie waren von oben bis unten zylindrisch geformt. [1977]
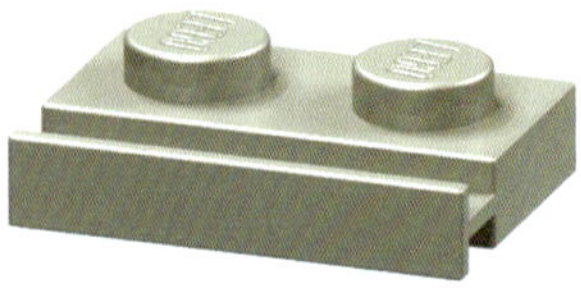	Bezeichnung: 1 × 2-Platte mit Führungsschiene Unterkategorie: Besondere Oberflächen Bestell-Nr.: 32028	Mit diesem Element kannst du eine Teilstruktur bauen, die sich in dem 1 × 4-Stein mit horizontaler Nut (Nr. 2643) wie in einer Schiene bewegt. Dieses Teil gibt es auch in einer 1 × 8-Version. [1977]
	Bezeichnung: 1 × 2-Stein mit Nut (vertikal) Unterkategorie: Besondere Oberflächen Bestell-Nr.: 4216	Dieses Element wird manchmal gestapelt als Fassadenverzierung verwendet. [1981]
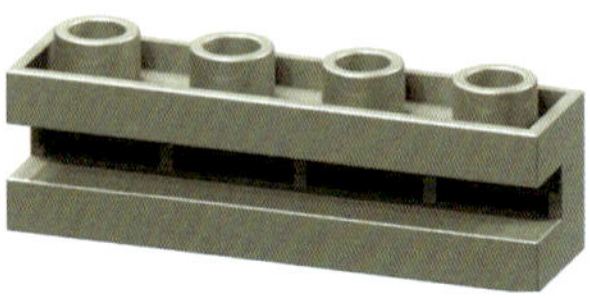	Bezeichnung: 1 × 4-Stein mit Nut (horizontal) Unterkategorie: Besondere Oberflächen Bestell-Nr.: 2653	Dieses Teil erlaubt nicht nur eine dekorative, sondern auch eine funktionale Verwendung, da es Platten mit Führungsschiene (Nr. 32028) und die daran befestigten Strukturen aufnehmen kann. [1991]
	Bezeichnung: 1 × 2-Stein mit einem Pin Unterkategorie: Pin-Elemente Bestell-Nr.: 2458	Wenn du eine Struktur an eine Platte mit Führungsschiene angebaut und diese in einen Stein mit horizontaler Nut eingeführt hast, kannst du als Anschlag diesen Stein verwenden. [1988]
	Bezeichnung: 1 × 2-Stein mit zwei Pins Unterkategorie: Pin-Elemente Bestell-Nr.: 30526	Die Anordnung der Pins auf diesem Teil ist auf die Löcher in allen Technic-Steinen abgestimmt. Anders als bei dem zuvor gezeigten Teil Nr. 2548 sind die Pins hier unter den Noppen zentriert. [2000]

Element	Angaben	Hinweise
	Bezeichnung: 2 × 2-Stein mit einem Pin Unterkategorie: Pin-Elemente Bestell-Nr.: 4730	Wenn du einen festen Pin brauchst, der aus einer Wand herausragt, dann versuche es mit diesem Teil. Diesen Stein kannst du in jede 2 × *n*-Wand einfügen und dann alles Mögliche an dem starren Pin befestigen. [1985]
	Bezeichnung: 2 × 2-Stein mit Pin auf der Oberseite Unterkategorie: Pin-Elemente Bestell-Nr.: 4729	Dieses Teil wirst du wahrscheinlich nicht oft benötigen, aber wenn du es brauchst, wird es dir unschätzbare Dienste leisten. Das gilt auch für die Plattenversion dieses Elements (Nr. 2460). [1995]
	Bezeichnung: 2 × 2-Platte mit Pin auf der Oberseite Unterkategorie: Pin-Elemente Bestell-Nr.: 2460	Mit diesem Teil kannst du unter anderem den Rotor eines kleinen Hubschraubers montieren. Es ist auch möglich, das Element auf die Seite zu drehen, den Pin in einen Technic-Stein zu stecken, der in eine Seitenwand eingebaut ist, und dann andere Teile an der Unterseite der Platte zu befestigen. [1988]
	Bezeichnung: 2 × 2-Platte mit Pin an der Unterseite Unterkategorie: Pin-Elemente Bestell-Nr.: 2476	Wie Nr. 2460 bietet auch die Platte Nr. 2476 einige besondere Möglichkeiten. Beispielsweise kannst du zwei dieser Platten mit den Pins in einen 1 × 4-Technic-Stein stecken, wobei sie genau nebeneinander passen. [1988]

Element	Angaben	Hinweise
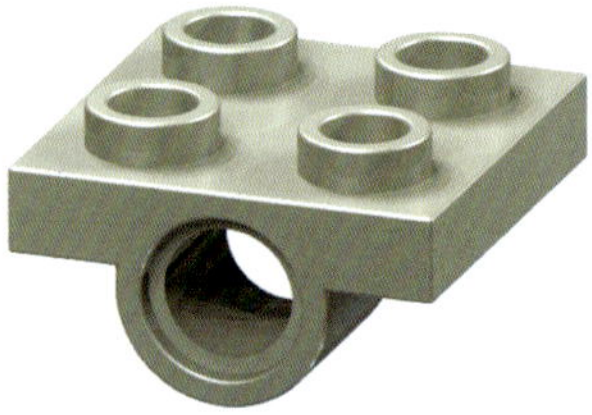	Bezeichnung: 2 × 2-Platte mit einzelnem Technic-Loch Unterkategorie: Pin-Elemente Bestell-Nr.: 2444	Mit diesem Element kannst du Technic-Pins und -Achsen unter Steinen und Platten befestigen. Teil Nr. 2444 weist nur auf einer Seite ein Loch auf, Nr. 2817 dagegen hat zwei. [1987/1989]
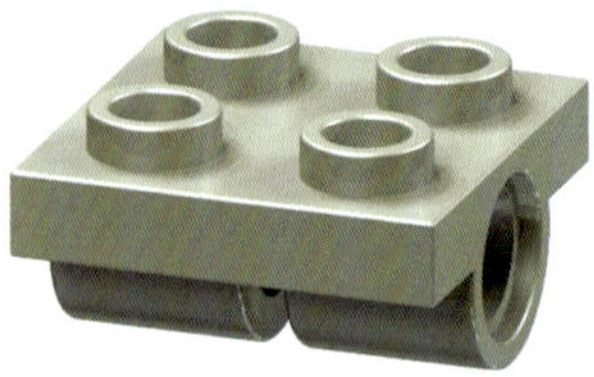	Bezeichnung: 2 × 2-Platte mit doppeltem Technic-Loch Unterkategorie: Pin-Elemente Bestell-Nr.: 2817	
	Bezeichnung: 2 × 2-Platte mit kleinen Rädern/Reifen Unterkategorie: Räder/Reifen Bestell-Nr.: 4600/4624/3641	Auch kompakte Fahrzeugmodelle sollten sich bewegen können. Dieser Satz aus Rädern und Reifen ist an einer kleinen 2 × 2-Platte montiert, aus deren Seiten kleine Stifte zur Befestigung herausragen. [1985/1986/1985]
	Bezeichnung: 2 × 2-Platte mit profillosen Rädern/Reifen Unterkategorie: Räder/Reifen Bestell-Nr.: 6157/6014/30028	Wenn du einen kleinen Flitzer im Mikromaßstab baust, kannst du ihn mit diesen gefährlich aussehenden profillosen Reifen noch ein wenig aufpeppen. Die Platte, die in der Abbildung zu sehen ist, sorgt für eine größere Spurweite, was deinem Modell mehr den Eindruck eines Rennfahrzeugs verleiht. [1994/1991/1996]
	Bezeichnung: 2 × 4-Platte mit Rädern/Reifen Unterkategorie: Räder/Reifen Bestell-Nr.: 30157/55981/30648	Wenn du für ein breiteres Fahrzeug eine größere Spurweite brauchst, als die zuvor gezeigten 2 × 2-Varianten erlauben, kannst du dieses Teil verwenden. Die Reifen passen auch auf das als Stein ausgeführte Gegenstück, das du im Folgenden siehst. [1988/2006/2001]

Element	Angaben	Hinweise
	Bezeichnung: 2 × 4-Stein mit mittelgroßen Rädern/Reifen Unterkategorie: Räder/Reifen Bestell-Nr.: 6249/6248/3483	Die Räder (mit den vier Noppen an der Seite) werden manchmal als *Freestyle*-Räder bezeichnet, da sie ursprünglich aus einem Bausatz dieses Namens stammen. Sie drehen sich frei auf Stiften, die aus den Seiten des 2 × 4-Steins herausragen. [1995/1988/1985]
	Bezeichnung: Mittelgroße Räder mit Technic-Achslöchern Unterkategorie: Räder/Reifen Bestell-Nr.: 3482/3483	Diese Räder mit Technic-Achslöchern lassen sich auf vielfältige Weise einsetzen. Wenn du noch einige Technic-Steine auf die Achse fädelst, kannst du die Räder unter Fahrzeuge beliebiger Größe montieren. [1984/1985]
	Bezeichnung: Elementetrenner Unterkategorie: – Bestell-Nr.: 6007	Dieses Werkzeug wurde zwar inzwischen durch eine elegantere Version ersetzt, aber es sind immer noch viele Elementetrenner der ursprünglichen Form zu finden. [1990]
	Bezeichnung: Elementetrenner Unterkategorie: – Bestell-Nr.: 630	Der umgestaltete Elementetrenner ist schlanker als die ursprüngliche Version. Mit der dünnen Vorderkante lassen sich Fliesen und Brückenplatten ablösen. Mit dem vorderen Aufbau kannst du Achsen aus Technic-Steinen herausdrücken oder Teile wie den 2 × 2-Rundstein (Nr. 3941) entfernen. [2011]

Tabelle A-6: Bogensteine

Element	Angaben	Hinweise
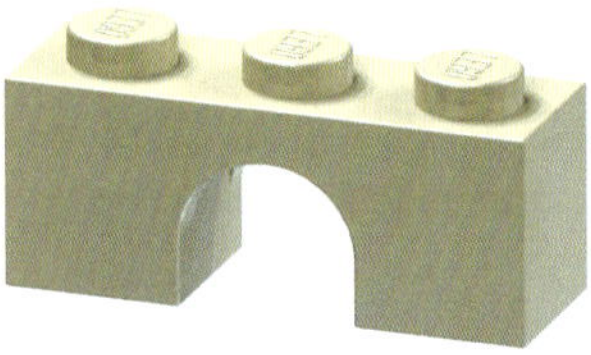	Bezeichnung: 1×3 Unterkategorie: Standard Bestell-Nr.: 4490	Dieses Teil ist perfekt geeignet, um Bogenfenster in dicke Burgmauern einzubauen. Noch kleiner lässt sich ein Bogenstein, der sowohl funktional als auch elegant sein soll, wahrscheinlich nicht herstellen. [1976]
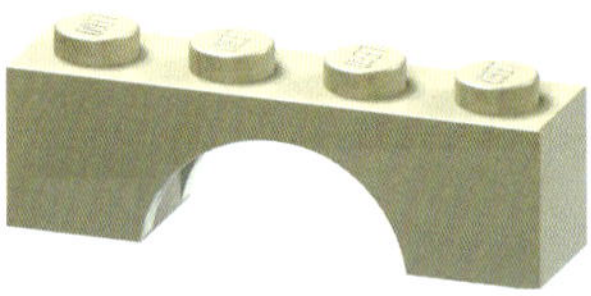	Bezeichnung: 1×4 Unterkategorie: Standard Bestell-Nr.: 3659	Ein klassischer romanischer Bogen in Halbkreisform. Diese Bogensteine sind bei Gebäudemodellen in vielen Situationen nützlich. [1976]
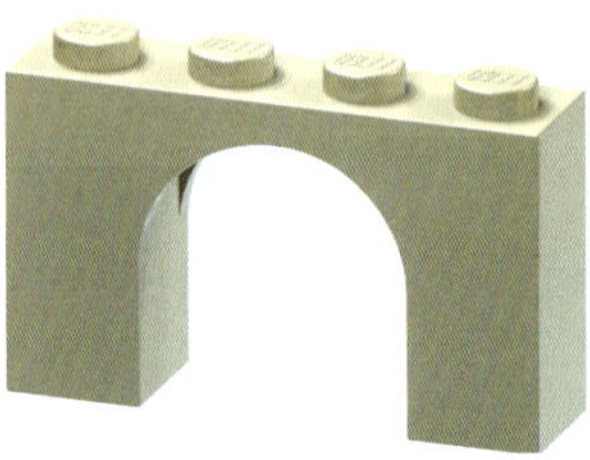	Bezeichnung: 1×4×2 Unterkategorie: Standard Bestell-Nr.: 6182	Angesichts seiner Form ist es nicht überraschend, dass dieses Element in einer Reihe von Bausätzen zum Thema Mittelalter vorkommt. [1994]
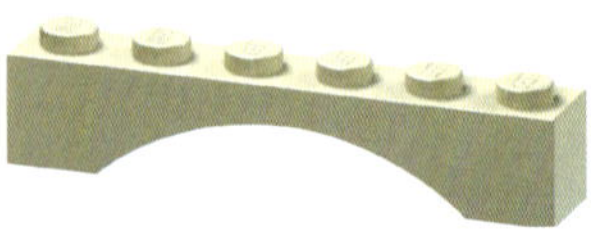	Bezeichnung: 1×6 Unterkategorie: Standard Bestell-Nr.: 3455	Der Radius der Krümmung ist viel größer als bei der folgenden Variante der Größe 1×6×2 (Nr. 3307). [1972]
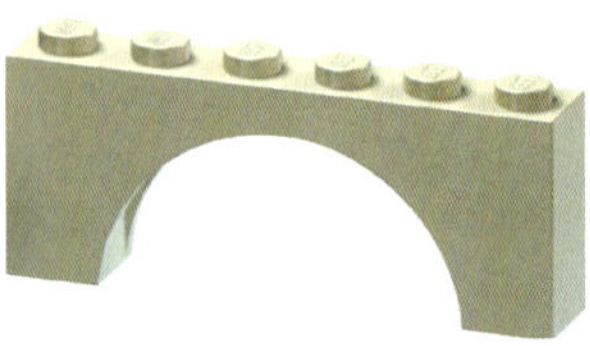	Bezeichnung: 1×6×2 Unterkategorie: Standard Bestell-Nr.: 3307	Wie der 1×4-Bogen bildet auch dieses Element einen klassischen romanischen Bogen. Mit mehreren dieser Teile nebeneinander lässt sich ein attraktiver Arkadengang für ein Gebäude konstruieren. [1971]
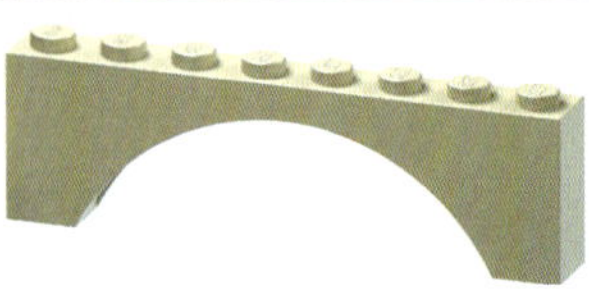	Bezeichnung: 1×8×2 Unterkategorie: Standard Bestell-Nr.: 3308	Wie der 1×6-Bogen weist auch dieses Teil einen größeren Krümmungsradius auf. [1971]
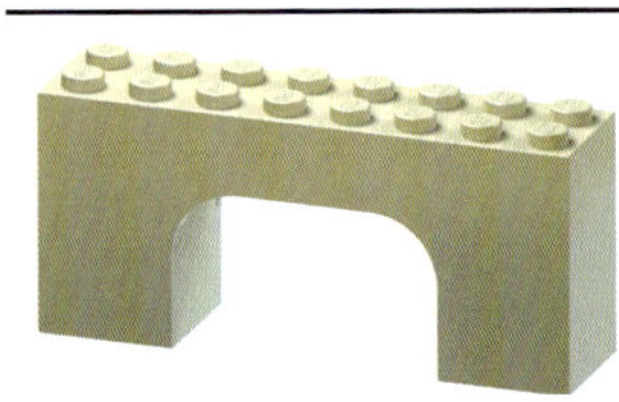	Bezeichnung: 2×8×3 Unterkategorie: Standard Bestell-Nr.: 4742	Dieses Teil war in verschiedenen Sortimenten enthalten und richtet sich vor allem an jüngere Bastler. [1985]

Element	Angaben	Hinweise
	Bezeichnung: 1 × 12 × 3 Unterkategorie: Standard Bestell-Nr.: 6108	Was für ein Bogen! Mit seiner eindrucksvollen Größe eignet sich dieses Element als großzügige Öffnung für Eisenbahntunnel, Feuerwachen und ähnliche Strukturen. [1993]
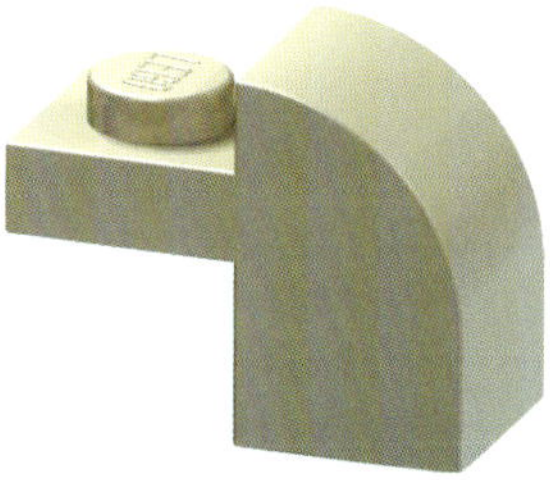	Bezeichnung: 1 × 2 Unterkategorie: Halbbögen Bestell-Nr.: 6091	Wenn du dieses kompakte Teil unter Nr. 6005 steckst, erhältst du eine interessante Form. Du kannst für beide Teile dieselbe Farbe verwenden, aber auch mit kontrastierenden Farben besondere Effekte erzielen. [1992]
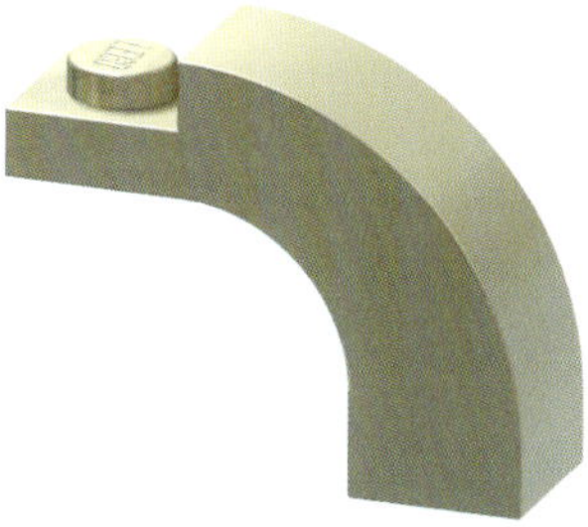	Bezeichnung: 1 × 3 × 2 Unterkategorie: Halbbögen Bestell-Nr.: 6005	Teil Nr. 6091 passt genau unter diesen Bogen. Für sich allein genommen eignet sich dieser Bogenstein auch für den Kopf von Strebepfeilern. [1995]
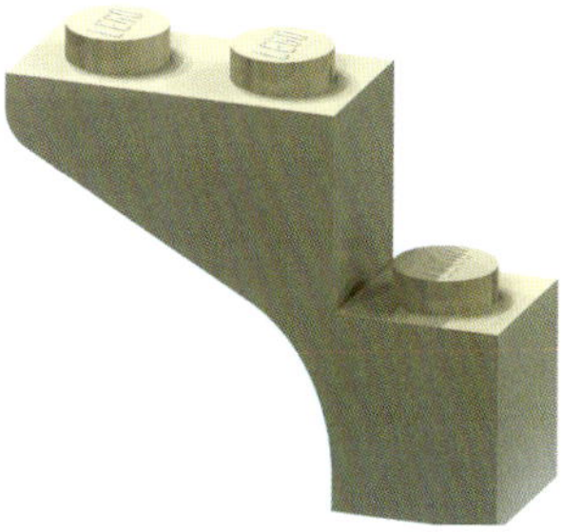	Bezeichnung: 1 × 3 × 2 Unterkategorie: Halbbögen Bestell-Nr.: 88292	Dieser elegante kleine Halbbogen erinnert ein wenig an den aus umgekehrten 1 × 2-Schrägsteinen gefertigten Ersatzbogen aus dem Bahnhofsmodell in Kapitel 3. [2010]
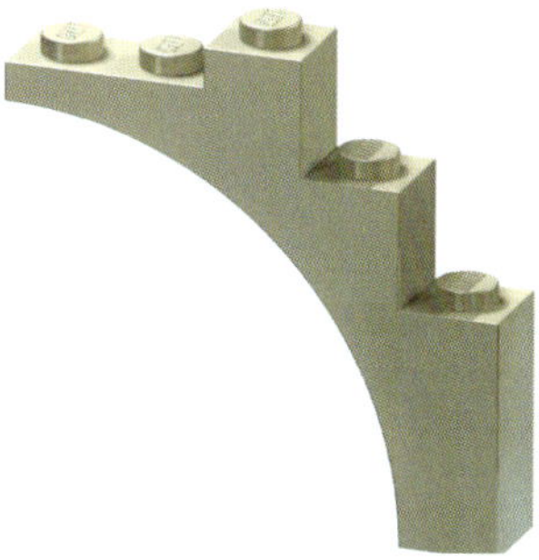	Bezeichnung: 1 × 5 × 4 Unterkategorie: Halbbögen Bestell-Nr.: 2339	Für sich allein genommen kann dieser Strebepfeilerbogen von einer Wand oder sonstigen Struktur wegzeigen und mit seiner Spitze eine andere Struktur stützen. Paarweise zusammengebaut ergibt sich ein 1 × 10 × 4-Bogen. [1986]

Element	Angaben	Hinweise
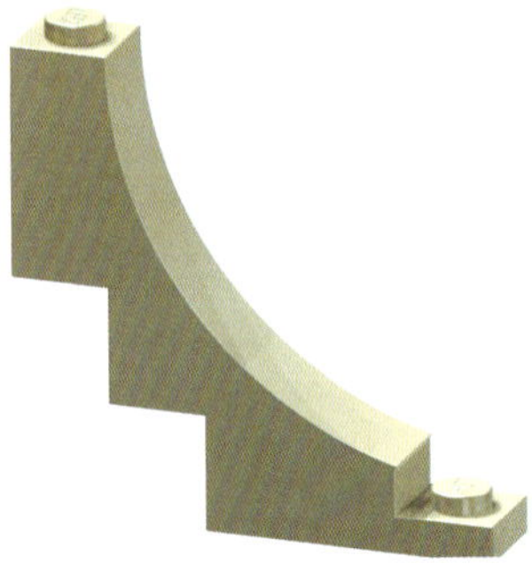	Bezeichnung: 1×5×4 Unterkategorie: Umgekehrte Halbbögen Bestell-Nr.: 30099	Dieses Element ist ein weiteres Beispiel für ein umgekehrtes Gegenstück zu einem Standardelement (hier Nr. 2339), das erst über ein Jahrzehnt nach dem ursprünglichen Teil herausgebracht wurde. [1997]
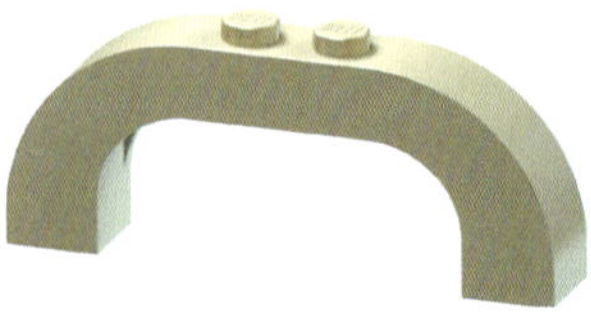	Bezeichnung: 1×6×2 Unterkategorie: Standard Bestell-Nr.: 6183	Nein, dies ist nicht der Tragegriff einer LEGO-Schatulle, obwohl sich dieses Teil sicher auch dafür eignen würde. Eigentlich aber ist dies ein Bogen mit abgerundeten Ecken, der sich wunderbar als dekoratives Element eignet. [1994]
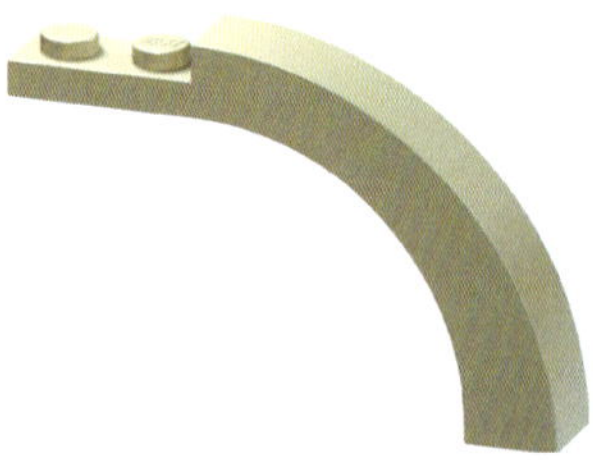	Bezeichnung: 1×6×3 Unterkategorie: Halbbögen Bestell-Nr.: 6060	Wahrscheinlich ist dies das am besten für Strebepfeiler geeignete Teil, da der Bogen weit hinausragt. Einfach elegant! [1992]

Tabelle A-7: Fliesen und Paneele

Element	Angaben	Hinweise
	Bezeichnung: 1 × 1-Fliese Unterkategorie: Standard Bestell-Nr.: 3070B	Ein ähnliches Teil kam zwar bereits 1971 heraus, doch diese modernere Version weist zusätzlich eine dünne Nut um den unteren Rand auf, um das Teil leichter ablösen zu können. [1978]
	Bezeichnung: 1 × 2-Fliese Unterkategorie: Standard Bestell-Nr.: 3069A	Wie bei der 1 × 1-Fliese ist auch dies die zweite Version dieses Elements. Die erste, ohne die Nut am unteren Rand, kam 1968 heraus. [1977]

Element	Angaben	Hinweise
	Bezeichnung: 1 × 3-Fliese Unterkategorie: Standard Bestell-Nr.: 63864	2010 kamen zwei neue Fliesen zum LEGO-System hinzu, nämlich diese 1 × 3-Variante und die weiter unten gezeigte 2 × 4-Version (Nr. 87079). [2010]
	Bezeichnung: 1 × 4-Fliese Unterkategorie: Standard Bestell-Nr.: 2431	Um die Begrenzungslinien zwischen den Spuren einer Straße nachzubilden, verlegst du eine Reihe dieser Elemente zwischen Reihen von schwarzen Fliesen. [1987]
	Bezeichnung: 1 × 6-Fliese Unterkategorie: Standard Bestell-Nr.: 6636	Mit einer Fliese wie dieser kannst du die Rumpfwandung eines Schiffs im Mikromaßstab abdecken (wie in dem Beispiel in Kapitel 6). [1995]
	Bezeichnung: 1 × 8-Fliese Unterkategorie: Standard Bestell-Nr.: 4162	Damit kleine Hubschrauber wirklichkeitsgetreuer aussehen, kannst du diese Elemente als Rotoren verwenden. [1980]
	Bezeichnung: 2 × 2-Fliese Unterkategorie: Standard Bestell-Nr.: 3068B	Bürgersteige sind nur ein Verwendungszweck für die 2 × 2-Standardfliese. Für die Markierungen auf Straßen oder Parkplätzen kannst du sie mit 1 × *n*-Fliesen anderer Farben mischen. [1976]
	Bezeichnung: 2 × 4-Fliese Unterkategorie: Standard Bestell-Nr.: 87079	Wenn du eine große Fläche glätten musst, kannst du auf diese Elemente zurückgreifen, die acht Noppen auf einmal abdecken. [2010]
	Bezeichnung: 2 × 2-Rundfliese Unterkategorie: Standard Bestell-Nr.: 4150	Dies ist ein Gullydeckel – aber auch noch wesentlich mehr! Wie viele andere Fliesen weist auch diese eine Nut entlang des unteren Randes auf, um sie besser ablösen zu können. [1983]

Element	Angaben	Hinweise
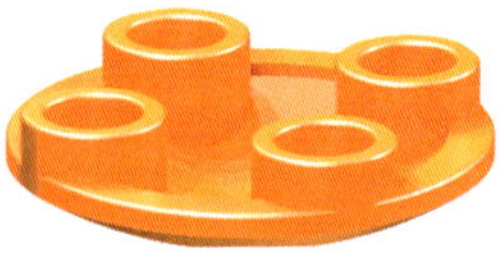	Bezeichnung: 2 × 2-Rundfliese Unterkategorie: Umgekehrt Bestell-Nr.: 2654	Im Grunde genommen ist dies keine reine umgekehrte Fliese, denn die Unterseite ist außerdem gekrümmt. Manchmal werden diese Elemente auch als »Bootsplatten« bezeichnet, da man sie unter einen Schiffsrumpf stecken kann, um das Wasserfahrzeug auf einem Teppich oder einer anderen Oberfläche »schwimmen« zu lassen. [1991]
	Bezeichnung: 1 × 1 × 1-Paneel Unterkategorie: Standard Bestell-Nr.: 6231	Mit diesem Teil kannst du Aussparungen in Wände einbauen. Es lässt sich sehr gut mit dem nächsten gezeigten Element Nr. 4865 kombinieren. [1985]
	Bezeichnung: 1 × 2 × 1-Paneel Unterkategorie: Standard Bestell-Nr.: 4865	Dieses Element kann eine kleine Couch oder die Trittstufen in einem Fahrzeug darstellen, aber auch als architektonisches Element in einem großen, offenen Raum Akzente setzen. [1985]
	Bezeichnung: 1 × 4 × 1-Paneel Unterkategorie: Standard Bestell-Nr.: 30413	Dies ist eine längere Version des zuvor gezeigten Elements Nr. 4865. [2000]
	Bezeichnung: 1 × 2 × 2-Paneel Unterkategorie: Standard Bestell-Nr.: 4864	Mit diesem Paneel kannst du eine Außenwand bauen und dabei im Inneren des Modells Platz für bewegliche Teile oder andere Strukturen aussparen. [1997]

Element	Angaben	Hinweise
	Bezeichnung: 1 × 2 × 3-Paneel Unterkategorie: Standard Bestell-Nr.: 2362	Paneele sind in jeder Ausrichtung praktisch. Wenn du sie so herumdrehst wie auf dieser Abbildung, kannst du damit eine ansonsten langweilige Wand um Einbuchtungen ergänzen. Um 180° gedreht, ergeben sie dagegen eine massiv wirkende Wandung. [1998]
	Bezeichnung: 3 × 2 × 6-Paneel Unterkategorie: Standard Bestell-Nr.: 2466	Nicht alle Paneele sind flach. Einige – wie das hier gezeigte – bestehen aus mehreren dünnen flachen Flächen, die interessante Winkel bilden. [1988]
 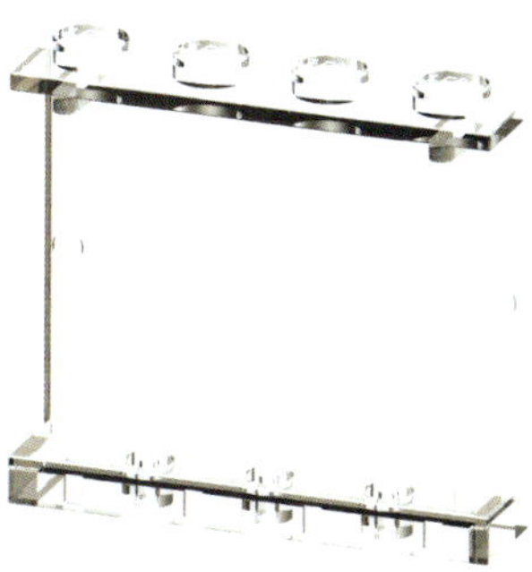	Bezeichnung: 1 × 4 × 3-Paneel Unterkategorie: Standard Bestell-Nr.: 4215A	Viele Teile sind auch in transparenter Ausführung erhältlich. Dieses Element gibt es in mehreren deckenden Farben, aber in der durchsichtigen Version (die dieselbe Bestellnummer hat) kannst du es als Fenster für ein großes Bürogebäude einsetzen oder um viel Licht in Konstruktionen für Minifiguren einzulassen. [1994]

Tabelle A-8: Zylinder und Kegel

Element	Angaben	Hinweise
	Bezeichnung: 1 × 1-Rundplatte Unterkategorie: Standard Bestell-Nr.: 4073	Dies ist das kleinste Element im ganzen System – in der Mitte kaum breiter als die darauf sitzende Noppe und unten kaum breiter als ein normales Röhrchen. Wenn du durchsichtige rote Platten dieser Art an einem Scheinwerferstein montierst, hast du die Bremslichter für ein kleines Auto. [1980]
	Bezeichnung: 2 × 2-Rundplatte Unterkategorie: Standard Bestell-Nr.: 4032	Die kreuzförmige Öffnung in der Mitte dieses Teils gibt es auch bei dem 2 × 2-Rundstein. [1980]
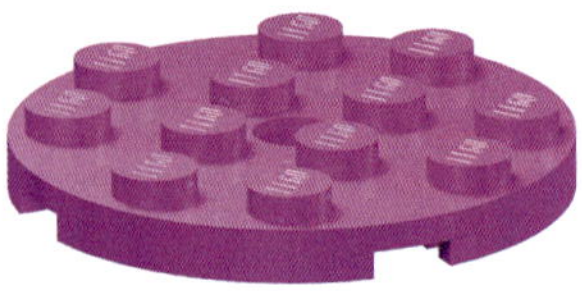	Bezeichnung: 4 × 4-Rundplatte Unterkategorie: Standard Bestell-Nr.: 60474	Diese Platten kannst du als Schleusentüren einer Raumstation oder auf die Kante gestellt auch als Räder eines Streitwagens verwenden. [2008]
	Bezeichnung: 1 × 1-Kegel Unterkategorie: Standard Bestell-Nr.: 4589	Dieses Element kann beispielsweise die Spitze einer kleinen Rakete bilden. Die Oberseite funktioniert wie eine Noppe und kann in die Unterseite aller regulären Steine und Platten gesteckt werden. [1985]
	Bezeichnung: 1 × 1-Rundstein Unterkategorie: Standard Bestell-Nr.: 3062B	Dies ist die modernisierte Version eines Teils, das zu den ersten, 1958 herausgebrachten Elementen gehörte. Der einzige Unterschied besteht darin, dass die Noppe jetzt hohl und nicht mehr wie beim Original massiv ist. [1977]

Element	Angaben	Hinweise
	Bezeichnung: 2 × 2 × 2-Kegel Unterkategorie: Standard Bestell-Nr.: 3942	Auch dieses Teil wurde nach dem ersten Auftreten einer kosmetischen Operation unterzogen und weist jetzt eine Hohlnoppe auf. [1984]
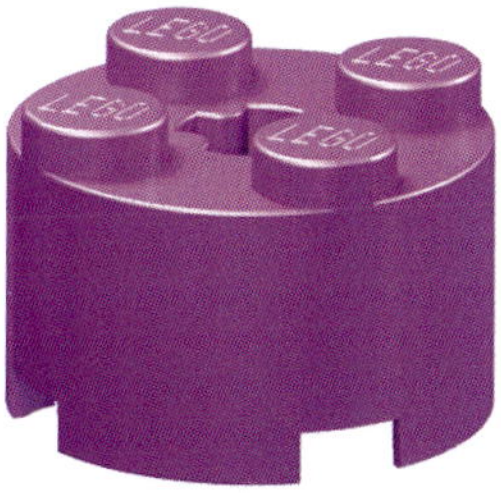	Bezeichnung: 2 × 2-Rundstein Unterkategorie: Standard Bestell-Nr.: 3941	Dieses Teil sieht wie eine kleine Keksdose mit Noppen an der Oberseite aus. Durch das Loch oben in der Mitte kann eine reguläre Technic-Achse geführt werden. [1978]
	Bezeichnung: 3 × 3 × 2-Kegel Unterkategorie: Standard Bestell-Nr.: 6233	Diese Teile werden manchmal als Triebwerke von Raketen oder Space Shuttles verwendet. [1995]
	Bezeichnung: 4 × 4 × 2-Kegel Unterkategorie: Standard Bestell-Nr.: 3943	Dieses lampenschirmförmige Teil kann ein Raumschifftriebwerk darstellen, aber auch zur Verbindung von 4 × 4- und 2 × 2-Rundelementen dienen. [1982]

Element	Angaben	Hinweise
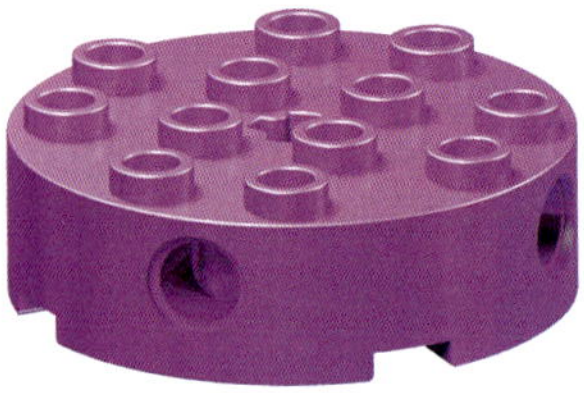	Bezeichnung: 4×4-Rundstein Unterkategorie: Standard Bestell-Nr.: 6222	Die Löcher an der Seitenwand nehmen Technic-Pins und -Achsen, aber auch die Noppen von Standardelementen auf. Wenn du mehrere dieser Elemente stapelst, sieht das Ergebnis allerdings ein bisschen nach Schweizer Käse aus. [1995]
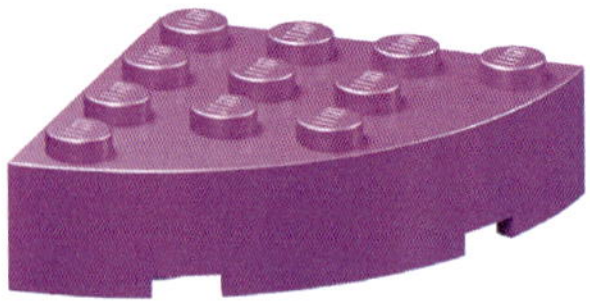	Bezeichnung: 4×4-Viertelkreisstein Unterkategorie: Modifiziert Bestell-Nr.: 2577	Mit diesen Teilen kannst du einen halbrunden Balkon wie für ein »Romeo und Julia«-Diorama bauen. Vier ergeben einen kreisrunden Startplatz für kleine Raketen. [1990]

Tabelle A-9: Grundplatten

Element	Angaben	Hinweise
	Bezeichnung: 8×16 Unterkategorie: Standard Bestell-Nr.: 4204	Diese Grundplatte ist die jüngere Version eines ähnlichen Elements (Nr. 700). Die modernisierte Variante verfügt an der Unterseite über eine zusätzliche Aussteifung, die sie sehr starr und robust macht. [1985]
	Bezeichnung: 8×16 Unterkategorie: Waffelboden Bestell-Nr.: 3865	Diese Grundplatte eignet sich hervorragend für kleinere Gebäude einer Minifiguren-Stadt, etwa Tankstellen oder Bushaltestellen. [1971]
	Bezeichnung: 10×20 Unterkategorie: Standard Bestell-Nr.: 700	Als Kind habe ich meine grünen 10×20-Grundplatten fast völlig verschlissen. Sie bildeten das Fundament für unzählige Wohnhäuser, Fabriken und Geschäfte, die alle irgendwann von Katastrophen heimgesucht wurden, weshalb die LEGO-Feuerwehr zur Rettung anrücken musste! [1965]

Element	Angaben	Hinweise
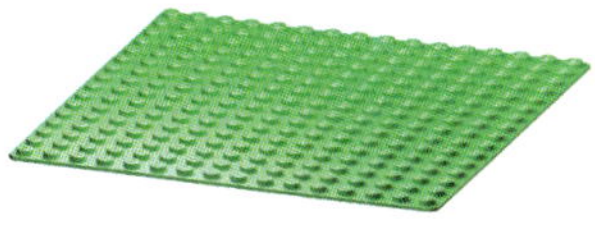	Bezeichnung: 16 × 16 Unterkategorie: Waffelboden Bestell-Nr.: 3867	Umfangreiche Grundplatten wie diese gibt es auch in den Größen 32 × 32 und 48 × 48. Letztere ist wahrscheinlich das größte jemals produzierte LEGO-Element. Diese Platten bilden die Grundlagen für alle Arten von Gebäuden und Dioramen. [1978]

Tabelle A-10: Dekorative Elemente

Element	Angaben	Hinweise
	Bezeichnung: 1 × 4-Zaun Unterkategorie: Zäune, Geländer und Leitern Bestell-Nr.: 3633	Dieses Teil eignet sich als niedriger Gartenzaun oder als Reling für ein Schiff im Mikromaßstab. [1976]
	Bezeichnung: 1 × 4 × 2-Zaun Unterkategorie: Zäune, Geländer und Leitern Bestell-Nr.: 3185	Dieses Teil sieht großartig aus, wenn es als Gitter einer Klimaanlage oder eines Entlüftungsschachtes in eine Wand eingebaut wird. [1967]
	Bezeichnung: 1 × 2-Leiterplatte Unterkategorie: Zäune, Geländer und Leitern Bestell-Nr.: 4175	Dieses winzige, leiterähnliche Teil lässt sich ohne Schwierigkeiten in die meisten Modelle einbauen, da es nur den Platz einer 1 × 2-Platte einnimmt. Die Sprossen können an der Seitenwand oder am Ende eines Modells herunterhängen, um eine Leiter oder ein Gitter darzustellen. [1980]

Element	Angaben	Hinweise
	Bezeichnung: 1 × 2-Riffelplatte Unterkategorie: Zäune, Geländer und Leitern Bestell-Nr.: 2412B	Dieses Element wurde Mitte der 90er Jahre neu herausgebracht und dabei mit einer feinen Nut um die Unterkante versehen. Diese Neuerung ist sehr praktisch, um die Riffelplatte von den Oberflächen abzulösen, auf die sie aufgesteckt ist. Wenn du diese Platte auf andersfarbige Elemente aufsteckst, scheint deren Farbe durch die Öffnungen im Gitter durch. [1987/1995]
	Bezeichnung: 1 × 6-Geländer Unterkategorie: Zäune, Geländer und Leitern Bestell-Nr.: 6583	Dieses hübsche Element wird oft für Eisenbahnmodelle verwendet, eignet sich aber genauso gut als Geländer für kleine Brücken oder als Schiffsreling. [1996]
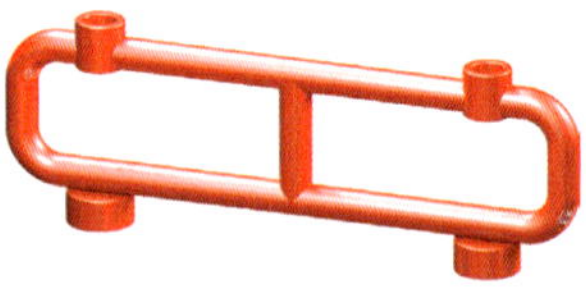	Bezeichnung: 1 × 8 × 2 Unterkategorie: Zäune, Geländer und Leitern Bestell-Nr.: 2486	Dieses Teil sieht wie eine der Absperrungen auf Parkplätzen oder wie die Reling auf dem Oberdeck eines Luxusliners aus. Natürlich könnte es auch einfach nur ein alter Fahrradständer in einem Minifiguren-Park sein. [1988]
	Bezeichnung: 4 Steine hoher, einfacher Stab Unterkategorie: Stäbe Bestell-Nr.: 30374	Lichtsäbel? Baseballschläger? Handlauf eines Geländers? Dieses Element kann all dies und noch viel mehr sein. Der Durchmesser ist so abgestimmt, dass der Stab in die Hand einer Minifigur und in die im Folgenden vorgestellten Clip-Elemente passt. [1999]

Element	Angaben	Hinweise
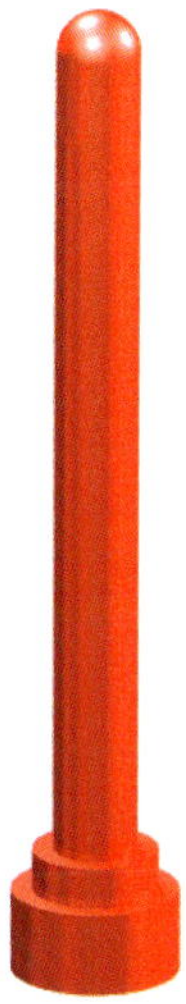	Bezeichnung: 4 Steine hohe, einfache Antenne Unterkategorie: Stäbe Bestell-Nr.: 3957	Wie wäre es mit einem Stab mit Noppenbefestigung? Die Antenne mit abgerundeter Spitze hat einen Sockel, der sich auf jedes Noppenelement aufsetzen lässt. Außerdem weist die Antenne (im Hauptbereich) denselben Durchmesser auf wie der zuvor gezeigte einfache Stab. [1977]
	Bezeichnung: 1 × 1-Platte mit vertikalem Clip Unterkategorie: Clips Bestell-Nr.: 4085C	Einige Teile werden immer und immer wieder weiterentwickelt: Dies hier ist schon die dritte Variante des entsprechenden Elements! Es dient meistens dazu, um Teile mit Griffen sowie Stäbe an Modellen zu befestigen.
	Bezeichnung: 1 × 1-Platte mit horizontalem Clip Unterkategorie: Clips Bestell-Nr.: 6019	Clip-Platten können mehr als nur Stäbe wie Nr. 30374 festhalten. Sie lassen sich auch an Teilen mit Griff wie Nr. 2540 oder 30236 befestigen. [1990]
	Bezeichnung: 1 × 2-Platte mit zwei Clips Unterkategorie: Clips Bestell-Nr.: 60470	Dieses Teil ist doppelt so breit wie das zuvor gezeigte Element Nr. 6019 und bietet eine stärkere Klammerverbindung auf einem robusteren Fundament der Größe 1 × 2. [2008]

Element	Angaben	Hinweise
	Bezeichnung: 1 × 2-Platte mit einem horizontalen Clip Unterkategorie: Clips Bestell-Nr.: 63868	Die größere Länge dieses Elements (im Vergleich mit dem zuvor gezeigten Teil Nr. 6019) sorgt für eine stärkere Verbindung, beispielsweise für eine bewegliche Verkleidung oder eine Schwingtür. [2009]
	Bezeichnung: 1 × 1-Platte mit seitlichen Noppen Unterkategorie: Clips Bestell-Nr.: 4081B	Dies ist die moderne Version eines älteren Elements. Der runde Teil an der Seite hat zwei Ausbuchtungen von Noppengrößen, an die andere Elemente aufgesteckt werden können. Außerdem lassen sich Stäbe durch das Loch führen. [1980/1988]
	Bezeichnung: 1 × 1-Platte mit oberem Clip Unterkategorie: Clips Bestell-Nr.: 2555	Brauchst du eine Reling für ein Minifiguren-Schiff oder einen dekorativen Mauerabschluss? Stecke zwei dieser Elemente auf den Stab Nr. 30374 auf, und schon bist zu fertig! [1989]
	Bezeichnung: 1 × 2-Platte mit oberem Clip und einer Noppe Unterkategorie: Clips Bestell-Nr.: 92280	Die Kombination aus einer einzelnen Noppe und einem Clip auf der Oberseite macht dieses Element einzigartig und sehr bemerkenswert. [2011]
	Bezeichnung: 1 × 1-Stein mit Griff Unterkategorie: Griffe Bestell-Nr.: 2921	Einige Elemente in dieser Kategorie verfügen über Clips, andere stattdessen über einen angeformten Griff. [1992]
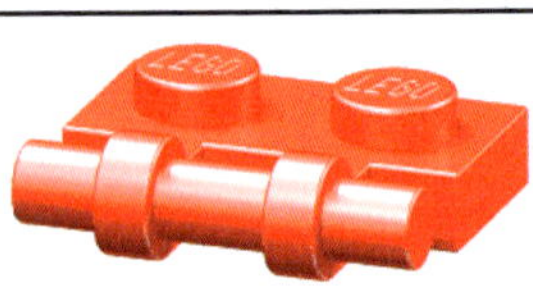	Bezeichnung: 1 × 2-Platte mit Griff Unterkategorie: Griffe Bestell-Nr.: 2540	Je nachdem, was du am Griff befestigst, kannst du dieses Element sowohl dekorativ als auch funktional einsetzen. Es nimmt nur den Platz einer 1 × 2-Platte ein, weshalb es praktischer ist als die Steinversion (Nr. 30236). [1989]

Element	Angaben	Hinweise
	Bezeichnung: 1 × 2-Stein mit Griff Unterkategorie: Griffe Bestell-Nr.: 30236	Der Griff dieses Elements ist genauso groß wie der an der Platte Nr. 2540. Mit Reihen aus diesen Steinen kannst du den oberen Abschluss von Gebäuden und auch manche Fahrzeuge verzieren. [1999]
	Bezeichnung: 1 × 2-Platte mit verstrebtem Griff Unterkategorie: Griffe Bestell-Nr.: 2432	Dieses Teil wird oft »1 × 2-Platte mit Tragegriff« genannt. [1987]
	Bezeichnung: 1 × 2-Platte mit Griff Unterkategorie: Griffe Bestell-Nr.: 48336	Dieses Teil ist eine horizontale Version der zuvor gezeigten Platte (Nr. 2432). Daran kannst du kleine Türen und Paneele einhängen, um auch in kleinen Modellen funktionsfähige Verschlussmechanismen vorzusehen. [2004]
	Bezeichnung: 1 × 2-Platte mit Griff Unterkategorie: Griffe Bestell-Nr.: 60478	Dieses Teil verfügt an seinem schmalen Ende über einen Griff, der eine Noppe weit herausragt. [2008]
	Bezeichnung: 1 × 2-Platte mit zwei Griffen Unterkategorie: Griffe Bestell-Nr.: 3839B	Dieses Teil wurde ursprünglich in den späten 70er Jahren eingeführt, einige Jahre später aber umgestaltet, um die Verbindung zwischen Platte und Griffen zu verstärken. Auch in heutigen Bausätzen findet es noch Verwendung. [1981]

Element	Angaben	Hinweise
	Bezeichnung: Busch Unterkategorie: Pflanzen Bestell-Nr.: 6064	Ziergärten, ländliche Western-Dioramen und Eisenbahnen im Gebirge können von diesem kleinen Dornbusch profitieren. [1992]
	Bezeichnung: Laubbaum Unterkategorie: Pflanzen Bestell-Nr.: 3470	Wenn du einen Obstgarten oder einige perfekt beschnittene Bäume für einen noblen Minifiguren-Landsitz brauchst, kommt dieser Laubbaum gerade richtig! [1977]
	Bezeichnung: Nadelbaum (klein) Unterkategorie: Pflanzen Bestell-Nr.: 2435	Seit der Einführung vor mehr als einem Vierteljahrhundert ist dieses kleine Tannenbäumchen nur in Grün hergestellt worden. [1976]
	Bezeichnung: Nadelbaum (groß) Unterkategorie: Pflanzen Bestell-Nr.: 3471	Auch der große Nadelbaum wurde während der letzten 40 Jahre nur in Grün hergestellt. Eine Mischung von Bäumen in der großen und der kleinen Version macht eine Szene realistischer und interessanter. [1973]

Element	Angaben	Hinweise
	Bezeichnung: Farnteil 3 × 5 Unterkategorie: Pflanzen Bestell-Nr.: 2423	Mit mehreren dieser Teile kannst du ein altes Haus mit einer efeubedeckten Wand versehen. [1987]
	Bezeichnung: Seegras Unterkategorie: Pflanzen Bestell-Nr.: 30093	Natürlich kannst du dieses Element als Seegras verwenden, aber wie wäre es, damit einen Kaktus darzustellen oder den gruseligen Munga-Busch auf einem fernen Planeten, den die tapfere Minifiguren-Crew eines selbst entworfenen Raumschiffs erforscht? [1997]
	Bezeichnung: Einfache Fahne Unterkategorie: Ornamente Bestell-Nr.: 4495	Burgen, Fahrgeschäfte in Vergnügungsparks und Flottenparaden benötigen diese bunten Banner, die so aussehen, als würden sie wirklich im Wind flattern. Dieses einfache und doch wirkungsvolle Ornament wird gewöhnlich auf Element Nr. 3957, die vier Steine hohe Antenne, aufgesteckt. [1984]
	Bezeichnung: Löwenkopf Unterkategorie: Ornamente Bestell-Nr.: 30274	Mit diesem Löwenkopf wurde bei den ornamentalen Elementen ein ganz neuer Grad von Raffinesse und Eleganz erreicht. Dieses Teil ist ideal für altehrwürdige Gebäude geeignet, in denen Minifiguren ihren Geschäften nachgehen. [2000]

Element	Angaben	Hinweise
	Bezeichnung: 1 × 2 × 2-Fenster Unterkategorie: Fenster Bestell-Nr.: 7026	Dieses Element gehörte von Anfang an zum Sortiment. In Gruppen lassen sich damit große Bürofenster erstellen. Einzeln verleihen sie selbst der kleinsten Minifiguren-Behausung Charakter. [1958]
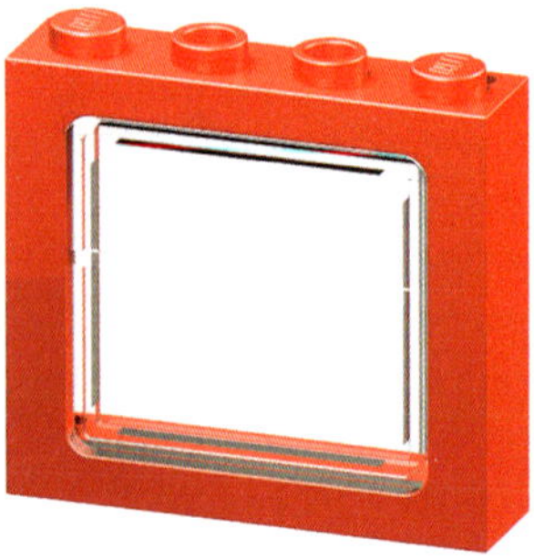	Bezeichnung: 1 × 4 × 3-Zugfenster Unterkategorie: Fenster Bestell-Nr.: 6556/4034	Dies ist die neuere Version des Zugfensters, der Glaseinsatz in der Abbildung ist aber derjenige aus der ursprünglichen Version. Diese Kombination eignet sich auch gut für die Fenster von Bussen oder sogar von Raumschiffen. [1993/1980]
	Bezeichnung: 1 × 2 × 2-Fenster Unterkategorie: Fenster Bestell-Nr.: 2377	Diese Elemente werden oft als Flugzeugfenster bezeichnet, eignen sich aber auch für Eisenbahnwagons, Feuerwehrautos, Schiffe, Hubschrauber usw. Sie lassen sich sowohl mit als auch ohne Glaseinsatz verwenden. [1987]
	Bezeichnung: 1 × 4 × 2-Fenster Unterkategorie: Fenster Bestell-Nr.: 4863	Dieses Element besteht aus zwei miteinander verbundenen Flugzeugfenstern. Ebenso wie die Einzelversion Nr. 2377 passt es zu einer breiten Palette von Fahrzeugen. Im Grunde genommen ist es ein Paneel mit Aussparungen. [1985]

Element	Angaben	Hinweise
	Bezeichnung: 1 × 2 × 2 2/3-Bogenfenster Unterkategorie: Fenster Bestell-Nr.: 30044/30046	Brauchen die Bewohner deiner LEGO-Burg Licht? Dieses wunderschöne Elementepaar kann dabei helfen. Um das Fenster in eine Wand einzubauen, kannst du einen 1 × 4-Standardbogen darüber befestigen. [1996/1996]
	Bezeichnung: 1 × 4 × 3-Fenster Unterkategorie: Fenster Bestell-Nr.: 3853	Das gute alte, zuverlässige 1 × 4 × 3-Grundmodell für Fenster siehst du hier mir Einsätzen, die wie Glasflächen wirken. Statt dieser durchgehenden Einsätze kannst du auch Gitter verwenden. Es ist ebenso möglich, das Teil umzudrehen und Fensterläden anzubringen, um ein heimeligeres Erscheinungsbild zu schaffen. [1977]
	Bezeichnung: 1 × 4 × 5-Tür mit vierteiligem Fenster Unterkategorie: Türen Bestell-Nr.: 3861	Gebäude für Minifiguren wären zu nichts nütze, wenn die Bewohner nicht hinein- und herausgehen könnten. Dieses häufig verwendete Teil ist merkwürdigerweise nur in dieser Version mit Rechtsanschlag erhältlich. [1977]

Element	Angaben	Hinweise
	Bezeichnung: 1 × 4 × 5-Glastür Unterkategorie: Türen Bestell-Nr.: 73436	Diese modernere Türenvariante gibt es sowohl mit Rechts- als auch Linksanschlag. Sie ist ideal für Bürogebäude, Schulen, Banken oder andere Bauwerke einer Minifiguren-Stadt geeignet. [1982]

B

Designraster: Besser bauen durch gute Planung

Manchmal kannst du dir mit ein bisschen Planung viel Kopfzerbrechen ersparen. Die in diesem Anhang vorgestellten Designraster sollen dich vor den Enttäuschungen schützen, die zwangsläufig aufkommen, wenn du nicht zu Anfang festlegst, in welche Richtung sich deine Konstruktion bewegen soll. Bei diesen Rastern handelt es sich im Grunde genommen um kariertes Papier, dessen Kästchengröße an die Abmessungen von LEGO-Steinen angepasst ist. Es kann hilfreich sein, erst auf dem Papier verschiedene Teilekombinationen auszuprobieren, bevor du tatsächlich anfängst, Steine zusammenzustecken.

Auf diesen Rastern kannst du einzelne Abschnitte eines größeren Modells, aber auch ein ganzes Mosaik planen. Letzten Endes liegt es an dir, wie du sie nutzen willst. Im Folgenden findest du aber einige Vorschläge, um sie möglichst gewinnbringend einzusetzen.

Die Raster herunterladen

Lade dir die Designraster herunter, sodass du sie so oft ausdrucken kannst wie nötig. Sie stehen in Form von PDF-Dateien auf *www.dpunkt.de/lego_bauen* zum Download zur Verfügung.

Das PDF weist ein amerikanisches Papierformat auf. Beim Ausdrucken in DIN A4 musst du aufpassen, dass nicht die Option zur Anpassung der Seitengröße gewählt ist, wodurch das Raster verkleinert würde. Du musst es im ursprünglichen Maßstab ausdrucken, wobei dann nur der weiße Rand etwas kleiner wird.

Die vier Raster im Überblick

Jedes Designraster dient einem bestimmten Zweck. Die Raster Nr. 1 und 2 sind geeignet, um horizontale Mosaike oder Modelle in der Draufsicht zu skizzieren. Mit den Rastern Nr. 3 und 4 kannst du LEGO-Modelle in der Seitenansicht planen.

Designraster Nr. 1

Auf dem Designraster Nr. 1 kannst du eine Skizze so anlegen, als würdest du von oben auf die Noppen deines Modells blicken. Wie du in Abbildung B–1 siehst, hat jedes Kästchen genau die Größe eines echten 1 × 1-Elements.

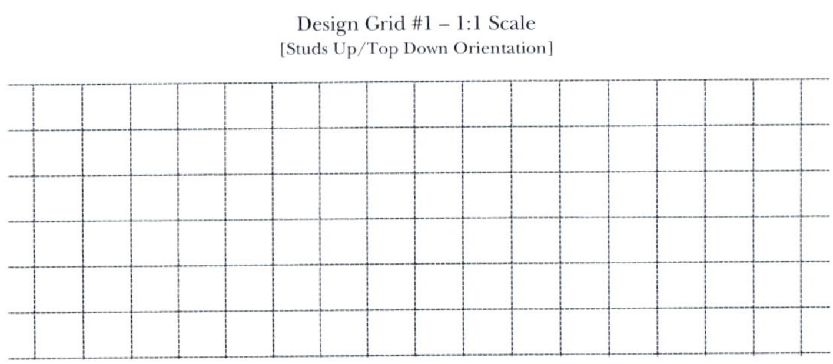

Abbildung B–1: Die Kästchen des Designrasters Nr. 1 haben die Größe der Oberseite eines 1 × 1-Elements.

Designraster Nr. 2

Designraster Nr. 2 fällt ein bisschen aus den anderen heraus, da die Kästchen genau die Größe von LEGO-Elementen haben. Es besteht aus einem seitenfüllenden Feld von 32 × 32 Quadraten und dient dazu, Mosaike auf der gebräuchlichen LEGO-Grundplatte der Größe 32 × 32 zu planen.

Wie du in Abbildung B–2 siehst, kannst du bei diesem Raster auch jede Position auf der Grundplatte anhand der Buchstaben und Zahlen an den Rändern genau ermitteln. Beispielsweise habe ich in Abbildung B–3 einige Felder des Rasters mit einem X markiert. Diese Positionen kann ich anhand der Kombination aus der Ziffer für die Spalte und dem Buchstaben für die Zeile eindeutig bestimmen.

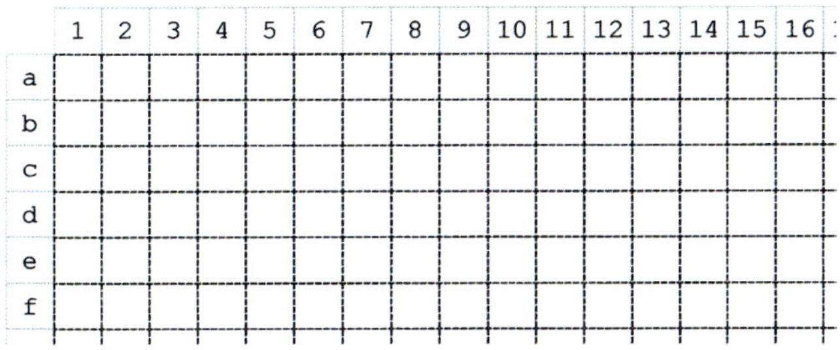

Abbildung B–2: Ähnlich wie die Planquadrateinteilung auf einer Landkarte helfen dir die Zahlen und Buchstaben auf dem Raster, genau abzulesen, wohin welcher Stein gehört.

Diese Koordinaten sind sehr hilfreich, wenn du den Mosaikentwurf vom Papier auf die Grundplatte überträgst. Beispielsweise zeigen die drei X auf dem Designraster in Abbildung B–3, wohin die entsprechenden Teile gehören. Rechts daneben siehst du die LEGO-Elemente an den zugehörigen Positionen der Grundplatte. Die rote 1 × 1-Platte befindet sich auf Position A1, die blaue auf B2 und die gelbe auf C3.

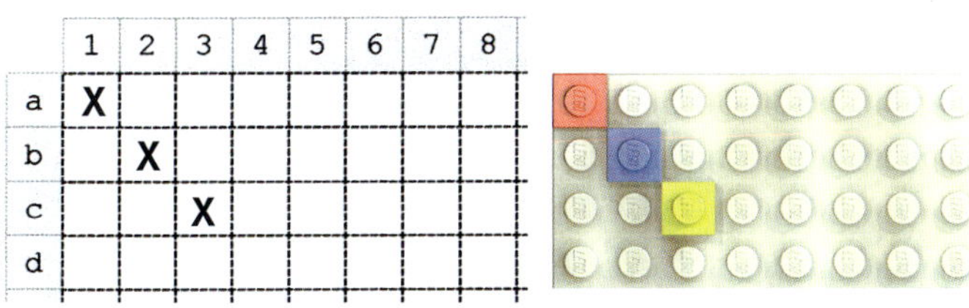

Abbildung B–3: Diese Gegenüberstellung zeigt, wie Markierungen auf dem Raster den Positionen der LEGO-Elemente auf der Grundplatte entsprechen.

Designraster Nr. 3

Auf Designraster Nr. 3 kannst du ein Modell in der Seitenansicht planen. In Abbildung B–4 siehst du einen Ausschnitt aus diesem Raster. Die einzelnen Kästchen (oder *Zellen*) sind flacher als die von Raster Nr. 2. Tatsächlich weisen sie die Höhe und Breite einer von der Seite gesehenen 1 × 1-Standardplatte auf.

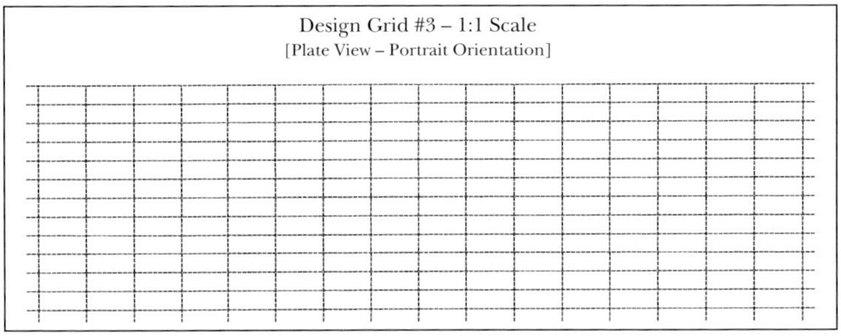

Abbildung B–4: Dieser Ausschnitt aus dem Designraster Nr. 4 zeigt die Gestalt der Kästchen.

Wie echte Platten ergeben auch hier drei Kästchen übereinander die Höhe eines 1 × 1-Standardsteins. Die Seite ist im gebräuchlichen *Hochformat* ausgerichtet (siehe Abbildung B–5).

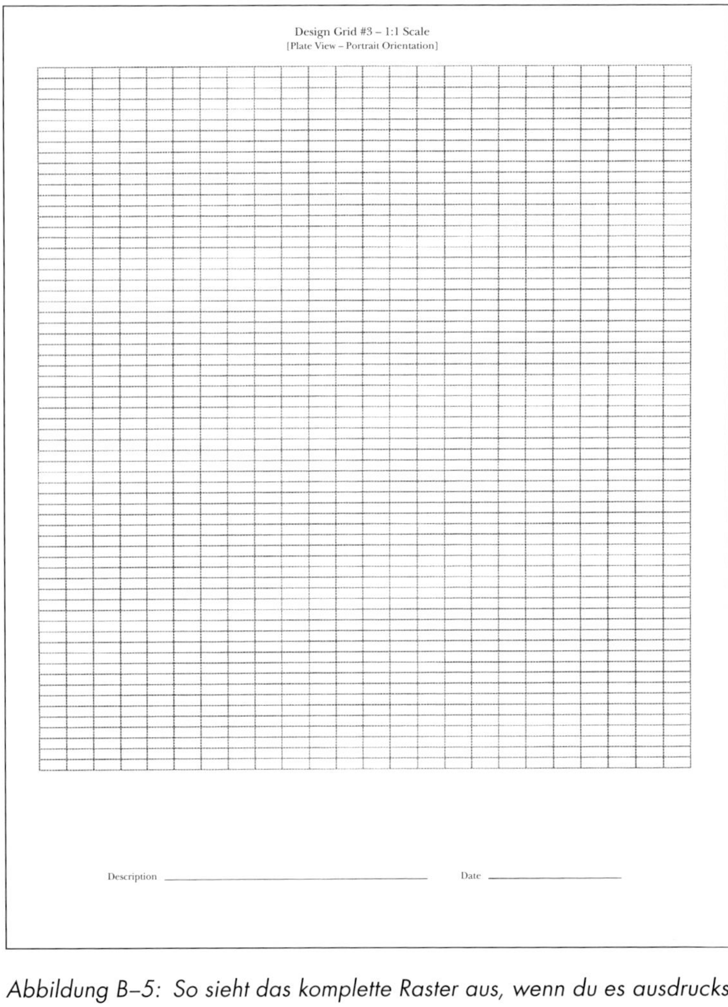

Abbildung B–5: So sieht das komplette Raster aus, wenn du es ausdruckst.

Designraster Nr. 4

Die Kästchen von Designraster Nr. 4 sind genauso groß wie die von Raster Nr. 3, allerdings ist die ganze Seite im *Querformat* ausgerichtet. In Abbildung B–6 ist das Raster verkleinert dargestellt, um die ganze Seite in ihrer natürlichen Anordnung wiedergeben zu können.

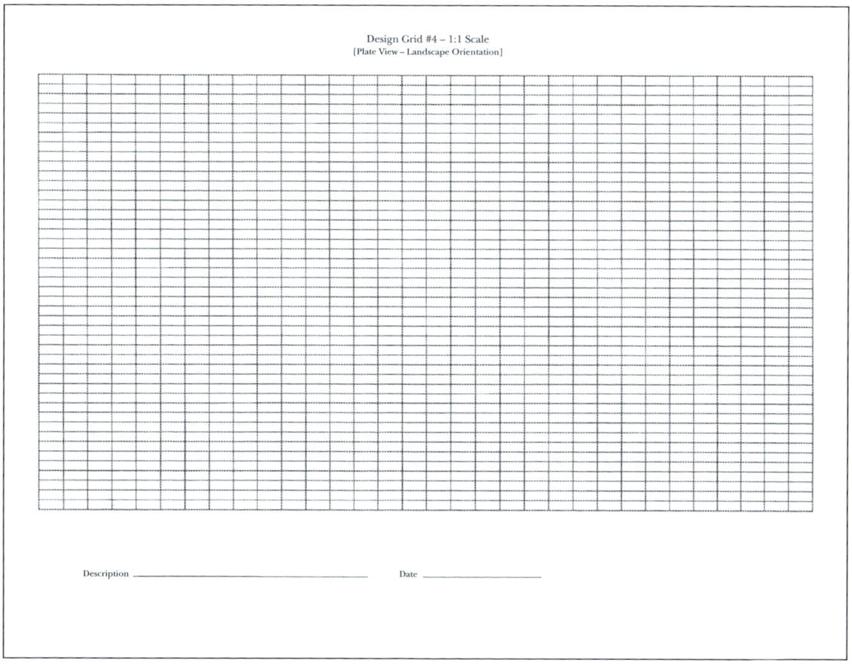

Abbildung B–6: Dieses Raster eignet sich zur Planung von Modellen, deren Länge oder Breite größer ist als ihre Höhe.

Die Raster wirkungsvoll nutzen

Wie bereits erwähnt, teilen sich die Raster in zwei Kategorien. Raster Nr. 1 ist besonders nützlich, um Dinge wie den Grundriss eines Bürogebäudes, die Tragflächen eines Flugzeugs oder die Anordnung von Burgmauern zu planen. Für die Vorbereitung kleiner horizontaler Mosaike eignet sich am besten Raster Nr. 2. Auf den Rastern Nr. 3 und 4 dagegen kannst du die Höhe eines Modells und die Seitenansicht von Elementen wie Schrägsteinen und Platten skizzieren. Außerdem kannst du darauf vertikale Mosaike entwerfen und die Konstruktion eigener Bögen aus umgekehrten Schrägsteinen planen.

Welches Raster du jeweils wählen musst, hängt davon ab, was für ein Modell du entwerfen möchtest. Wenn ein großes Modell nicht auf eine einzige Seite passt, dann teile es in Abschnitte auf oder klebe mehrere Blätter zusammen, bis du genug Platz für das Gesamtdesign hast.

Du solltest bei der Planung eines Modells ruhig zwei, drei oder alle vier Rasterarten verwenden. Wenn du beispielsweise deine eigene Version des Bahnhofsgebäudes aus Kapitel 3 entwerfen möchtest, kannst du den Grundriss der Wände einschließlich Fahrkartenschalter und Eingangsbereich auf Raster Nr. 1 planen, auf Raster Nr. 3 Kombinationen von Bauteilen als Ersatzlösungen für fehlende Elemente ausprobieren und auf Nr. 4 die Vorderansicht des Gebäudes samt Fenstern und Sitzbank skizzieren.

Da die Raster genau die Größe von LEGO-Steinen haben, kannst du damit einerseits eine einfache Skizze ohne Berücksichtigung der genauen Lage von Steinen anfertigen, aber auch einzelne Teile in bestimmte Kästchen malen, um auszuprobieren, wie sie an dieser Stelle aussehen.

Bring Farbe in deine Ideen!

Auf den Rastern kannst du auch Farbkombinationen ausprobieren. Dazu zeichnest du die Umrisse der gewünschten Elemente und malst sie mit Buntstiften, Kreiden oder Filzstiften aus. Damit kannst du auch vorab testen, wie Steine in Farben wirken mögen, die du noch gar nicht hast.

Beschreibung und Datum zur späteren Orientierung

Am unteren Rand jedes Rasters ist Platz für eine kurze Beschreibung des Modells und das Datum vorgesehen, an dem du die Skizze angefertigt hast. In Abbildung B–7 siehst du ein Beispiel.

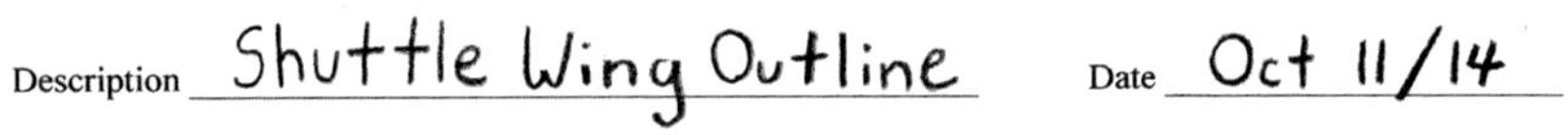

Abbildung B–7: Beschreibungen müssen nicht ausführlich sein. Notiere einfach so viel, wie du brauchst, um dich später daran erinnern zu können, wozu der Entwurf gut war.

Bewahre deine Entwürfe in einem Schnellhefter oder Aktenordner auf, sodass du bei neuen Projekten jederzeit wieder nachschlagen kannst, was sich schon einmal bewährt hat und was nicht funktioniert.

Zeichnen auf Designraster Nr. 1

Wie du bereits weißt, bietet Designraster Nr. 1 eine Draufsicht auf das Modell, als würdest von oben darauf blicken. Bei dieser Ansicht kannst du nur die Spitzen der einzelnen Bestandteile erkennen. Wenn du beispielsweise das Mikromodell des Empire State Building (aus Kapitel 6) auf Raster Nr. 1 skizzierst, führt das zu der Zeichnung aus Abbildung B–8.

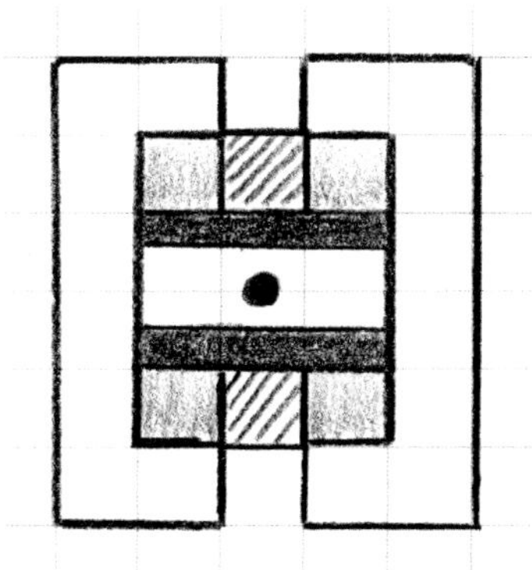

Abbildung B–8: Das Empire State Building im Mikromaßstab von oben

Auf diesem Raster kannst du auch die verschiedenen Höhen der einzelnen Abschnitte eines Modells bestimmen. Beispielsweise habe ich in Abbildung B–8 die unterschiedlich hohen Gebäudeteile durch verschiedene Darstellungsarten gekennzeichnet – hell- und dunkelgrau, diagonal schraffiert und leer. Diese Schattierungen erinnern mich beim Bauen daran, nicht alles gleich hoch zu bauen, und ermöglichen es mir, auf einem zweidimensionalen Diagramm drei Dimensionen darzustellen.

Mit Raster Nr. 1 kannst du auch den Umriss eines Modells oder eines Modellteils festlegen (wie bei den Shuttle-Tragflächen in Kapitel 9) oder die Abstände zwischen den Wänden eines Gebäudes (etwa des Bahnhofs aus Kapitel 3) oder zwischen zwei kleinen Gebäuden bestimmen.

Wenn du das Raster auf diese Weise einsetzt, zeichnest du erst den gewünschten Umriss und füllst ihn dann auf dem Raster mit den passenden Elementen aus. Abbildung B–10 zeigt einen Ausschnitt aus der Shuttle-Tragfläche, die wir in Kapitel 9 auf diese Weise gestaltet haben.

Bei Gebäuden kannst du auf dem Raster Wände, Türen und Fenster einzeichnen. Abbildung B–10 zeigt einen Teil des Bahnhofsgebäudes aus Kapitel 3.

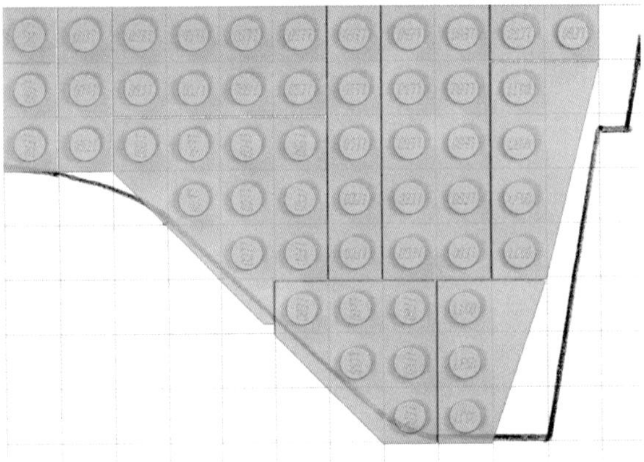

Abbildung B–9: Auf dem Designraster kannst du ein Modell zusammenpuzzeln, indem du LEGO-Elemente auf der Skizze auslegst.

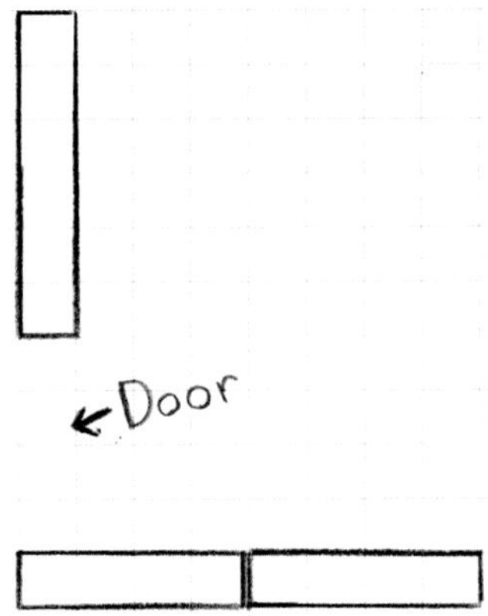

Abbildung B–10: Notiere dir als Erinnerungsstütze, wo bestimmte Elemente oder Teilstrukturen hingehören.

Mit Designraster Nr. 1 kannst du auch horizontale Mosaike planen. Damit lassen sich nicht so feine Einzelheiten nachbilden wie mit vertikalen Mosaiken, aber es macht Spaß, sie zu entwerfen und zu bauen (siehe Abbildung B–11).

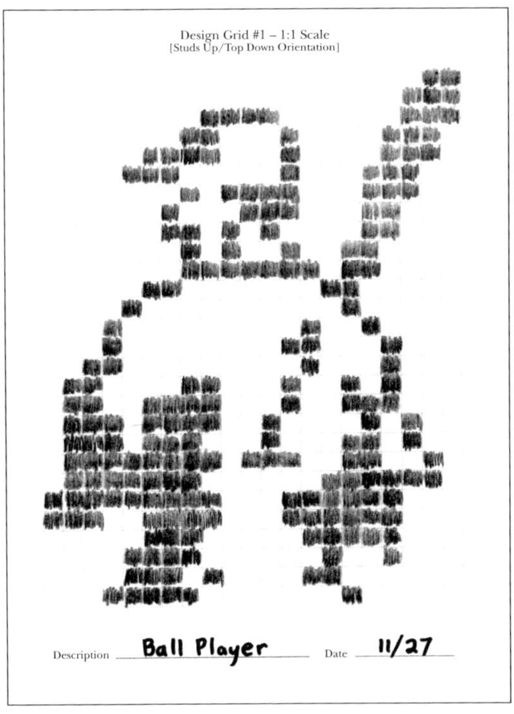

Abbildung B–11: Einfache Figuren und Motive eignen sich am besten als Vorlage für horizontale Mosaike.

Wenn das Originalbild nicht gut durch das Designraster hindurch zu erkennen ist, kannst du versuchen, es von hinten zu beleuchten, wie ich es in Abbildung B–12 getan habe. Dadurch kann ich die Figur besser auf dem Raster durchpausen.

Abbildung B–12: Drucke das Designraster auf möglichst dünnem Papier aus, damit deine Vorlage gut durchscheint.

Zeichnen auf Designraster Nr. 2

Hast du ein Bild, das du als 32 × 32-Mosaik nachbauen möchtest, ohne es am Computer zu bearbeiten? Anstatt dein Bild zu verpixeln (wie ich es im Abschnitt »Fotomosaike erstellen« auf Seite 135 getan habe), kannst du es auch mit der in Abbildung B–12 gezeigten Methode durchpausen. Um ein Mosaik auf diese Weise zu planen, druckst du dir Designraster Nr. 2 sowie dein Bild in passender Größe (quadratisch und mit einer Kantenlänge von 16,5 cm) aus. Anschließend legst du das Raster auf das Bild und zeichnest die durchscheinenden Flächen und Linien nach.

Zeichnen auf Designraster Nr. 3

Designraster Nr. 3 zeigt eine Seitenansicht deiner Modelle. Eine 1 × 1-Standardplatte sieht darauf so aus wie in Abbildung B–13, ein 1 × 1-Standardstein wie in Abbildung B–14.

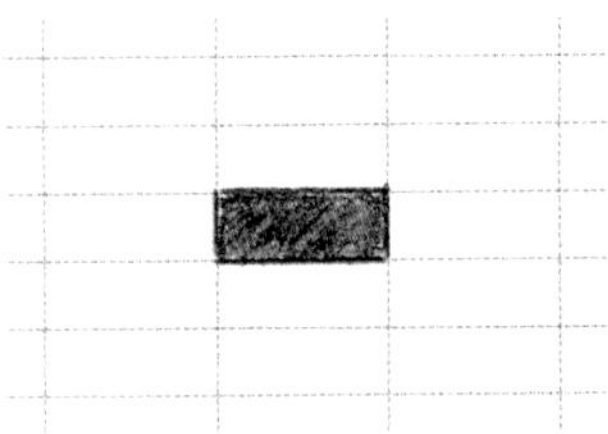

Abbildung B–13: Dies ist der einfachste Fall: eine 1 × 1-Platte auf dem Raster.

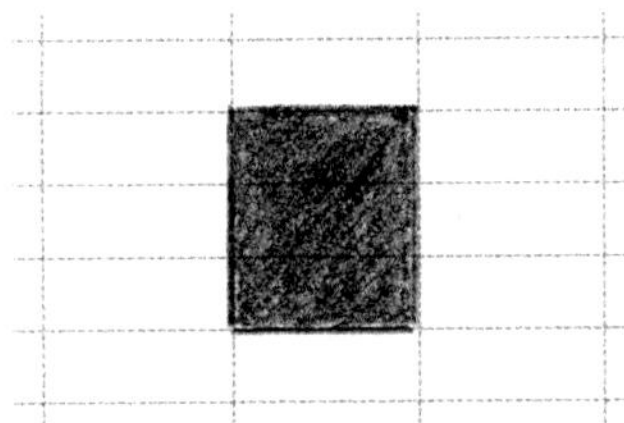

Abbildung B–14: Drei 1 × 1-Platten übereinander ergeben einen 1 × 1-Stein.

Wenn du einen 1 × 1-Stein in voller Höhe einzeichnen möchtest, musst du einfach drei übereinanderliegende Kästchen ausfüllen. Für längere Steine, etwa in der Größe 1 × *n*, erweiterst du die Schraffur einfach nach rechts oder links, bis du die gewünschte Länge erreicht hast.

Bei deinen Skizzen bist du natürlich nicht auf Standardplatten und -steine beschränkt, sondern kannst auch andere Teile genauso einfach zeichnen. Abbildung B–15 zeigt einen 1 × 4-Bogenstein auf dem Raster.

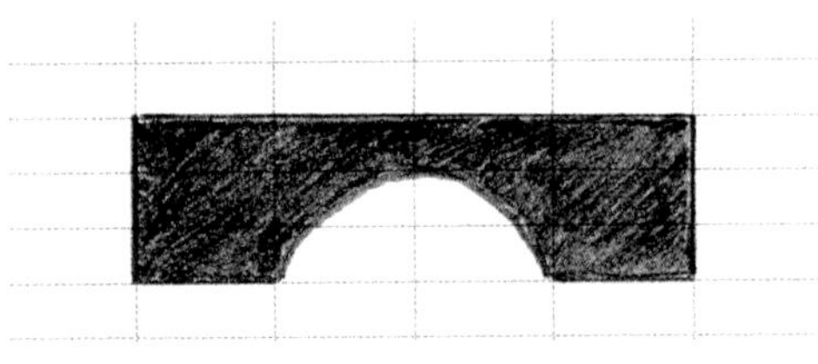

Abbildung B–15: Auch Teile mit komplizierten Formen wie dieser Bogenstein lassen sich auf den Designrastern leicht einzeichnen.

Für Schrägsteine verbindest du die Ober- und Unterkante des gezeichneten Elements durch eine diagonale Linie mit passender Neigung (siehe Abbildung B–16).

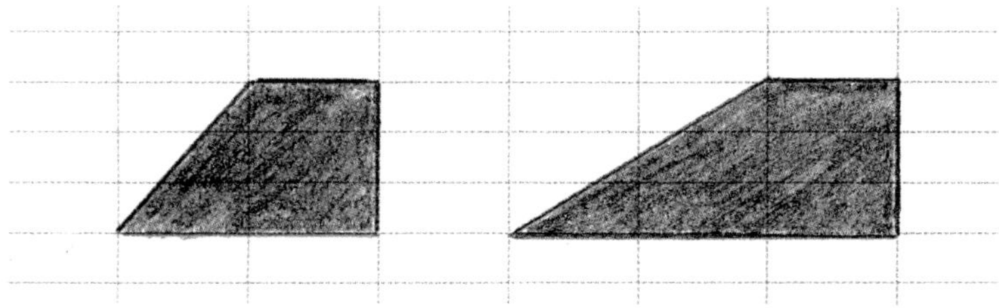

Abbildung B–16: Richte dich nach der Geometrie des Originalteils, um die Zeichnung korrekt zu gestalten.

Beispielsweise siehst du in Abbildung B–16 einen 2 × 1-Schrägstein mit 45°-Neigung und einen 3 × 1-Schrägstein mit 33°, wobei die diagonalen Linien die Rasterlinien kreuzen. Wenn du nicht genau erkennen kannst, wie stark du die diagonale Linie neigen musst, ziehe einfach einen passenden Schrägstein deiner Sammlung als Vorbild heran und schaue, von welcher Stelle der Oberkante bis zu welcher Stelle der Unterkante die Schräge verläuft. (Vergiss nicht den flachen Bereich auf der Oberseite, auf dem die Noppe sitzt!)

Zeichnen auf Designraster Nr. 4

Wenn du mit Designraster Nr. 3 umgehen kannst, weißt du auch, wie du Raster Nr. 4 verwenden musst. Der einzige Unterschied zwischen diesen beiden Versionen besteht nämlich in der Ausrichtung auf dem Papier: Raster Nr. 3 liegt im Hochformat vor, Nr. 4 im Querformat. Damit eignet sich Version 3 vor allem für Modelle, die höher als breit sind, und Nr. 4 für diejenigen, bei denen das Verhältnis genau umgekehrt ist.

In Abbildung B–17 siehst du, wie du die endgültige Optik von zusammengebauten Teilen schon im Voraus überprüfen kannst, ohne erst irgendwelche LEGO-Steine aus deinem Vorrat hervorzukramen. Die Zeichnung ist nicht perfekt, kann aber bei konstruktiven Entscheidungen wichtige Anhaltspunkte liefern.

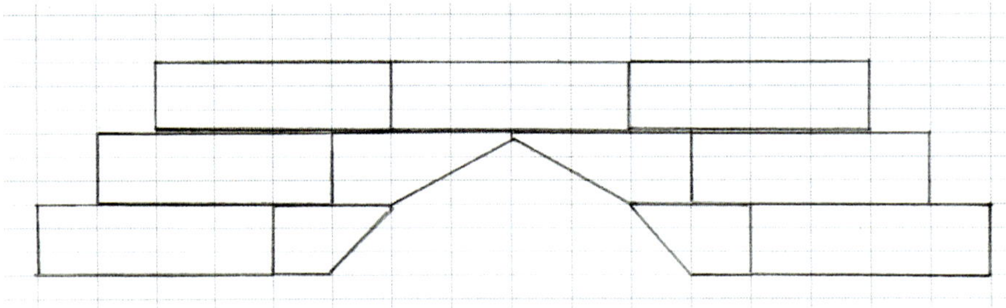

Abbildung B–17: Umgekehrte Schrägsteine lassen sich genauso einfach zeichnen wie ihre regulären Gegenstücke. Hier habe ich einen Ersatzbogen wie in dem Beispiel aus Kapitel 3 skizziert (siehe Abbildung 3–25).

Rückblick: Vom Raster zum Modell

Wenn du deine Skizze in eine Konstruktion übersetzt, wirst du immer noch Änderungen und Anpassungen vornehmen müssen, um letzten Endes zu einem besseren Design zu kommen. Die Zeichnung, die du auf dem Raster anlegst, ist nur eine Richtschnur, der du nicht sklavisch Stein für Stein folgen musst. Am besten ist es, eine Entwurfsskizze anzufertigen und dann gleich mit dem Bauen zu beginnen. Halte während der Arbeit öfter inne und sieh dir deine Konstruktion unter dem Gesichtspunkt an, welche Steine oder Platten du lieber austauschen solltest. Ob du nun nur wenige Steine zusammenbaust oder ein komplettes Porträt als Mosaik legst, als Ergebnis erhältst du in jedem Fall ein Kunstwerk, das ganz dein eigenes ist.

Hinweis des Illustrators

Die meisten Abbildungen in diesem Buch wurden mit kostenlos erhältlicher, von der LEGO-Bastlergemeinde erstellter Software am Computer erstellt. Die Kernsoftware LDraw wurde ursprünglich 1995 von James Jessiman mit einer DOS-Schnittstelle entwickelt. Das LDraw-Dateiformat wird noch heute zur Pflege einer Bibliothek aus Tausenden von LEGO-Steinen verwendet, die von Benutzern modelliert werden. Um die virtuellen Bauteile für die Bilder in diesem Buch zusammenzustellen, habe ich den (von Michael Lachmann entwickelten) LDraw-Editor MLCad verwendet und die Modelle dann in den (von Travis Cobbs entwickelten) Viewer LDView importiert, um die richtige Ausrichtung und Perspektive zu finden. LDView hat die LDraw-Dateien dann konvertiert und in einem Format ausgegeben, die von POV-Ray (Persistance and Vision Raytracer) verarbeitet werden kann, einer Open-Source-3-D-Grafiksoftware. Mit diesem Programm habe ich Beleuchtung, Farben und Reflexionen angepasst, um die fotorealistischen Bilder zu gestalten, die du in diesem Buch siehst. Zu den erweiterten Funktionen dieser Software gehören Radiosität und Beleuchtung mit hohem Dynamikumfang (HDR). Im Durchschnitt dauerte das Rendering eines einzelnen Bildes auf einem modernen Computer etwa 20 Minuten. Auch kompliziertere Modelle können auf diese Weise dargestellt werden, und mit erweiterten Effekten wie Schleier, Unschärfe, Bewegungsunschärfe und komplexen Hintergründen lassen sich anspruchsvolle Bilder gestalten. Das kann allerdings Stunden oder gar Tage für das Rendering verschlingen.

Die gesamte erwähnte Software kannst du von *http://www.ldraw.org/* herunterladen. Viele weitere Beispiele computergenerierter LEGO-Bilder findest du in meinem Brickshelf-Ordner auf *http://www.brickshelf.com/cgi-bin/gallery.cgi?f=353519*.

Index

E

F

G

H

I

J

K

L

M

N

P

R

S

T

U

V

W

Z

Wieblinger Weg 17 · 69123 Heidelberg
fon 0 62 21/14 83 40
fax 0 62 21/14 83 99
e-mail hallo@dpunkt.de
http://www.dpunkt.de